KB068717

들어가며: 우주도 지구와 다름없는 생존과 안보의 공간이다.

약 1만 7,000년 이전 인류는 우주를 신화와 종교로 이해했고, 동굴 벽화에 그들이 이해한 우주를 남겼다. 약 400년 이전 인류는 망원경으로 우주를 관찰하면서 과학으로 우주를 이해하기 시작하였다. 이제 우주는 안보 영역으로 이해해야 할 때다. 이유는 간단하다. 바라만 보던 우주에서 다가갈 수 있는 우주가 되었으니, 인류가 지구상에서 다툼을 피할 수 없는 것처럼 우주에서도 다툼을 피할 수 없기 때문이다. 우리나라도 예외는 아니다.

그런데 2020년부터 우주 안보를 강의하면서 지켜본 우주에 대한 우리나라의 관심사는 우주 경제와 우주 기술에 집중되었다. 우주가 전장(battlefield)이라는 사실을 인식한 우주 강대국들이 우주 안보에 관한 보고서와 연구를 쏟아내는 것과 사뭇 다른 분위기였다. 다행히 지금은 우리나라에서도 우주 안보에 대한 학회 활동과 논의가 점점 많아지고 있으며, 국방 분야에서도 우주 안보에 대한 교육을 시작하였다. 이 책도 처음 우주를 접한 독자들이 안보 영역으로서 우주를 이해하고 분석하는 데 도움을 주고자 국제정치와 현대전략 관점에서 다양한 문제를 다루었다.

개인적으로 우주 안보의 시대가 다가왔다고 느낀 전환점은 2015년 12월 21일 미국 우주기업 스페이스X가 개발한 펠컨-9(Falcon-9)의 1단 발사체가 수직으로 다시 착륙하는 장면이었다. 지금도 유튜브에서 종종 이 영상을 보면 가슴이 뛸 때가 있다. 펠컨-9의 높이는 대략 건물 15층(42.6m)인데 이런 건물이 우주에 올라갔다 다시 착륙한다는 사실을 믿을 수 없었다. 사실, 우주안보의 시대는 새로운 일도, 새로 시작된 것도 아니다. 우주는 1957년 소련이 최초의 인공위성 스푸트니크-1(Sputnik-1)을 발사할 때부터 군사적 공간이었다. 당시 소련과 미국이 치열하게 개발했던 우주발사체들은 군사적 목적에서 진행되었다. 우주 안보는 현재 그리고 미래에 개인, 사회, 국가와 인류 공동체의 발전과 뗄 수 없는 문제이다. 지금도 우주는 군사적 공간이면서, 경제적 공간이자 외교적 공간이다. 따라서, 우주를 어떻게 바라보는가는 어떤 활동에 주목할 것이며, 왜 그런지 이해하고 분석하는 데 중요하다. 지구상 안보의 주체가 국가이듯이 우주 안보의 주체도 국가이다. 우주에서도 국가안보를 위한 각국의 행동과 다툼이 군사, 경제, 외교 영역에서 치열하게 전개되고 있다.

2022년 이후 우리나라에도 우주활동 열풍이 불면서 많은 연구와 책들이 발간되었다. 하지만, 우주 기술과 과학 그리고 비즈니스에 대한 관심과 성과에 비해 국제정치와 군사전략 측면의 우주 안보를 논의하는 기회는 부족하였다. 그 이유는 여러 가지라고 생각한다. 첫째, 우주 안보에 대한 논의를 우주의 평화적 활용에 대한 거부나 이탈로 여기는 오해가 자리 잡고 있었다. 오랜 시간 군사적 대치를 이어온 우리나라에서 이러한 정서는 당연하다. 우주 안보가 우주를 군사화, 무기화하려는 의도를 뒷받침하는 것은 아닌지 우려하는 눈길이 교육과 연구의 장애가 될 수 있다. 둘째, 우주 안보에 대한 연구와 교육을 하려고 해도 이를 뒷받침할 수 있는 경험적 내용이 부족하였다. 우주 안보를 우주 영역에서 벌이는 전쟁이나 우주 자산을 활용한 전투로 생각해볼 때 우주 안보를 논의할 수 있는 전쟁사 경험이나 연구를 찾기 어려웠다. 비록 1991년 걸프전도 최초의 우주전이라고 평가되지만, 여전히 경험적 내용은 제한적이었다. 하지만 2022년 러시아-우크라이나 전쟁은 우주전의 경험을 보여주는 최근 사례로 주목받고 있으며 향후 우주 안보의 논의도 활발해질 수 있는 여건이 조성되고 있다. 마지막으로 우주 안보에 대한 국제정치, 군사전략 접근은 기존의 전쟁 연구와 달리 우주 과학과 기술에 대한 지식이 필요하기 때문에 특정 분야의 전문가가 접근하는데 어려움이 있었다. 저자도 우주 안보를 교육하고 연구하면서 이공학 지식이나 설명에 지속적인 관심을 기울 수밖에 없었다. 다행히 2021년 이후 우주 물리학, 우주 천문학, 우주 시스템 공학 등 다가가기 어려웠던 우주 분야의 대중 서적들이 대거 출판되면서 이러한 이해에 도움이 되었다. 덧붙여 우리나라에서도 국제정치나 주변국 안보 차원에서 우주 경쟁과 우주 문제를 다룬 논문과 학술서적이 출판되기 시작했다.

하지만, 우리나라에는 우주 안보를 종합적으로 다룬 개설서가 아직 없는 실정이다. 저자도 2020년부터 공군사관학교에서 우주 안보를 주제로 강의를 시작하면서, 해외 우주 안보 서적에 의존할 수밖에 없었다. 이런 아쉬움을 조금이나마 해소하고자 4년간 우주 안보에 대한 강의와 교육을 바탕으로 이 책을 출판하게 되었다. 이 책이 학생들뿐 아니라 우주 분야에 종사하는 분들에게, 각자의 분야가 우주 안보와 어떻게 연계되는지 이해하는 데 도움을 주길 바란다. 나아가 일반인들이 우주 안보에 관심을 가질 수 있는 안내서가 되기를 바라는 마음이다.

당연히 이 책은 그동안 학회나 지면으로 만났던 많은 국내외 전문가와 관계관들의 노력 위에 이루어진 작은 성과에 불과하다. 몇 해 동안 우주 안보를 강의하고 연구하면서 우주 안보 전체를 아우르고자 노력했지만, 부족할 수밖에 없다. 이 책에서 균형 있게 다루지 못하였거나 잘못된 우주 안보 내용이 있다면 전적으로 저자의 책임이며, 이 책을 시작으로 우주 안보에 대한 더 종합적이며 깊이 있는 작업을 계속하여 빠르게 보완할 것을 약속드린다. 끝으로, 저자의 관심과 노력을 한 권의 책으로 묶는데 열정을 다해주신 박영사 장유나 차장, 최동인 대리님께 감사드린다.

2024년 1월 성무대에서
엄정식

용어 표현에 대한 설명[1]

우리나라에서 우주 안보를 이해하는데 첫 번째 걸림돌은 대부분 영어로 표현된 우주 안보 용어를 통일된 우리나라 말로 표현하는 일이다. 예를 들어 위성이나 우주선을 발사하는 우주발사체는 space launch vehicle 혹은 space rocket을 우리나라 말로 표현한 것이다. 그런데, 정확히 말해 로켓(rocket)이라는 용어는 우주발사체의 엔진 혹은 부스터를 의미한다. 발사체(launch vehicle)는 로켓과 탑재체 부분을 포함한 용어이다. 그러므로 로켓과 같은 발사체의 일부로 전체와 동일하게 사용하는 것은 맞지 않다. 이런 경우는 재사용 발사체라는 용어에서도 나타난다. 인류 최초의 재사용 발사체인 스페이스X의 펠컨-9에서 재사용되는 부분은 처음에는 1단 로켓이었다. 따라서 재사용 발사체가 아니라 재사용 로켓이 정확한 용어이다. 하지만, 재사용 부분이 위성이나 우주선을 보호하는 최상부 덮개까지 확대되면서 재사용 발사체로도 쓰일 수 있다. 즉 재사용 로켓인지 재사용 덮개인지 구분될 필요가 있지만 편의상 재사용 발사체로 표현하고 있다.

우주비행체(space vehicle)의 우리나라 표현은 더 복잡하다. 우주비행체(space vehicle)은 우주비행선 혹은 우주선(space ship)과 같은 의미로 쓰이는 경우도 많다. 그런데 영어로는 space vehicle과 space flight이 따로 쓰이기도 한다. 엄밀히 말해 비행체는 대기를 이용해 3차원 공간을 이동하는(날아다니는) 비행기와 동일어였기 때문에 대기가 없는 우주에서는 적합하지 않다. 하지만 대기가 아니더라도 어떤 힘을 이용하여 3차원 공간을 이동하는 인공물체라는 의미로 확대하면 우주비행체도 우주에서 중력을 이용하거나 추력을 이용하여 공간을 이동하므로 틀린 용어가 아니다.

Space vehicle을 우주비행선으로 표현하느냐 우주비행체로 표현하느냐의 차이는 우주를 이동하는 인공물체를 배(ship)에 비유하느냐 비행기(flight)에 비유하느냐에서 비롯된다. 고대로부터 인류는 우주를 상상하면서 당시로는 끝을 알 수 없는 바다와 같이 우주를 인식했다. 비행기도 없었던 시기였으니 우주를 바다에 비유하여 우주를 이동하는 인공물체를 우주선으로 표현하는 건 자연스러운 일이었다. 하지만, 더 이상 바다는 우주와 같이 끝없는 공간은 아니다. 심해가 아직 인간에게 미지의 영역이지만 적어도 우리는 유한한 심해 지도를 꽤 정확하게 그릴 수 있고 머지않은 미래에 도달할 수도 있다. 반면, 우주는 그 끝을 알 수도 없고, 언제 도달할 수 있을지도 미지수이다.

중요한 것은 우주를 이동하는 인공물체는 공중과 같이 3차원 공간을 이용한다는 점이다. 3차원 공간의 특성이 우주비행체를 활용하고 우주 안보를 이해하는데 더 적합한 용어이기 때문에 이 책은 우주를 이동하는 인공물체를 통칭하여 우주비행체(space

우주 안보의 이해와 분석

vehicle, space flight를 포함)로 쓴다. 그런데 이 용어가 복잡한 이유는 우주비행체로 쓰는 space vehicle과 space flight가 원어에서는 조금 다른 의미이기 때문이다. 우리가 비행기(flight)라고 쓸 때는 조종사가 탑승한 유인비행기를 의미한다. 과학기술의 발전으로 조종사가 탑승하지 않아도 되는 비행체(unmanned vehicle)가 등장하면서 이러한 구분은 더 명확해졌다. 우리는 사람이 탑승하지 않는 비행기를 그냥 비행기라고 부르기보다 무인기라고 부른다. 반면 우주비행체는 처음부터 조종사가 탑승하지 않는 인공위성부터 개발되었다가 나중에 사람이 탑승하여 조종하는 우주비행체로 발전했다. 그래서 공중에서 비행기는 일반적으로 유인기를 의미하지만, 우주에서 비행체는 일반적으로 무인기를 의미한다. 이런 이유로 원어에서는 우주비행체에 사람이 탑승할 경우 space flight로 표현하기도 한다.

이 책에서는 유인 우주비행체(space flight)와 무인 우주비행체(unmanned space vehicle)를 따로 구분하지 않고 통칭하여 우주비행체(space vehicle)로 표현한다. 다만, 우주를 이동하는 모든 인공물체를 우주비행체라고 부르더라도 개별적으로 이루어지는 무인 임무와 유인 임무에 따라 부여된 고유한 명칭을 사용한다. 예를 들어 우주비행체 중에서도 지구 궤도를 일정하게 돌고 있는 인공위성(satellite)은 무인 우주비행체이고 사람이 탑승하는 우주정거장(space station)은 유인 우주비행체이다. 또한 1977년 발사되어 아직도 심우주를 탐사하고 있는 보이저(Voyager)는 무인 우주비행체이고 1969년 인류 최초로 달착륙에 성공했던 아폴로-11(Apollo-11)은 유인 우주비행체였다. 이처럼 우주비행체는 통칭일 뿐 개별적인 체계는 고유한 명칭이나 구체적인 명칭을 사용한다.

추천사

1957년 10월, 인류 최초의 인공위성이 발사되고 65년이 흐른 오늘날, 세계 각국은 우주의 군사적, 경제적, 과학적 가치를 인식하고 다양한 우주개발을 추진하는 등 우주 분야의 패권 경쟁이 가속화되고 있으며 우주 분야의 활용은 군과 민간 분야를 넘나들며 실로 다양해지고, 로봇, 인공지능, 빅데이터 등 4차산업혁명 과학기술의 발달과 함께 한 국가의 첨단 과학기술 수준을 나타내는 바로미터가 되고 있습니다. 미국은 이미 걸프전, 코소보전, 아프간전과 이라크전 등에서 전장에서 우주를 활용하는 전쟁 양상을 보여주었으며, 우주의 군사적 활용이 크게 증대되면서 전장 영역도 지상 해상 공중을 넘어 우주와 사이버 영역까지 확대되었습니다. 최근에는 세계적으로 민간의 우주 자산을 군사적 목적으로 활용하는 사례도 증가하고 있어 우주는 우리의 일상을 넘어 국가안보의 핵심 영역으로 자리매김하였고, 2022년 2월에 발발한 우크라이나와 러시아의 전쟁에서는 민간의 우주 자산 활용이 보편화되는 새로운 양상을 보여주기도 했습니다.

2023년 12월 2일, 우리 군 최초의 정찰위성 1호기가 미국 우주기업 스페이스X의 발사체 펠컨-9에 탑재되어 성공적으로 발사되었고, 12월 4일에는 국방과학연구소에서 개발 중인 고체 연료추진 우주 발사체에 약 100kg 중량의 민간 SAR 위성을 탑재한 3차 시험발사가 성공적으로 이루어지기도 했습니다. 우주는 군사와 非군사 영역의 경계가 모호하고 누구나 접근하여 활용할 수 있으며 막대한 예산과 시간이 소요된다는 점에서 우주 안보를 위해서는 민·관·군의 적극적인 협력과 국제 협력이 매우 중요합니다. '뉴 스페이스' 시대에서 이런 다양한 협력은 우리 군의 우주 역량을 더욱 강화하고 국방 우주력 발전과 국가 우주 안보에 크게 기여하게 될 것입니다. 한편, 우주 관련 정책과 법령의 보완, 민간 주도 첨단 과학기술의 군내 도입과 활용, 군의 실질적인 우주작전 수행 능력 강화 등 우주 안보를 효과적으로 수호하기 위한 다양한 현안과 과제들이 산재해 있습니다.

우주 안보의 이해와 분석

이와 같은 시점에 공군사관학교 군사전략학과에서 우주 안보의 군사적, 전략적 중요성과 활용성을 연구하면서, 국가안보와 미래전에 관해 사관생도를 교육하고 있는 엄정식 교수님께서 '우주 안보의 이해와 분석'이라는 책을 출간한다는 소식은 너무나 반갑고 감사한 일이 아닐 수 없습니다. 저자는 조기경보위성체계 운용요구서, 공군우주조직, 해군우주작전 등 국방 우주 연구에 참여해 왔고, 우주전문교육 합동과정, 공군우주전문과정, 해군우주실무교육, 학군단과 민간대학에서 우주 안보에 관련된 강의를 하고 계시는 우주 안보 전문가이기도 합니다.

그동안 우주과학, 우주기술, 우주산업, 우주 정책이나 우주의 국제정치를 다룬 책들이 다수 출판되었지만, 우주 안보를 종합적으로 다룬 개설서는 이 책이 첫 번째가 아닐까 생각합니다. 이 책에서는 우주 안보를 군사 우주, 우주 경제, 우주 외교의 3가지 축으로 제시했는데, 세 가지 요소를 모두 다루었지만, 저자는 국방 분야에 몸담은 입장에서 군사 우주에 특히 관심을 가졌다고 생각합니다. 우주에 흥미를 갖고 입문하는 분들과 우주 안보에 대한 보다 깊은 지식을 알고자 하는 분들 모두에게 이 책은 큰 도움이 되리라 생각합니다.

저는 공군참모총장 재임 시절에 우주의 중요성에 주목하면서 민군 공동 공군 우주력발전위원회 출범, 공군본부 우주센터 신설, 美 우주군과 우주정책협의체 개설, 세계 우주지휘관회의에 2년 연속 참석, 공군 비전을 "대한민국을 지키는 가장 높은 힘! 정예 우주공군"으로 변경하는 등 공군의 우주력 강화에 많은 관심을 갖고 국내외적으로 국방 우주 분야 발전과 교류 협력 강화를 위해 노력하였습니다. 시의적절하게 우주 안보와 관련한 종합적 개설서를 펴낸 저자께 다시 한 번 감사드리며, 우주를 사랑하는 많은 사람들이 이 책을 통해 더욱 깊이 있는 이해와 분석에 다가가기를 소망해 봅니다.

前 공군참모총장 예비역 대장 박인호
한국 국방우주학회 공동회장

차 례

I

우주 안보의 역사   11

II

우주 안보의 토대   23

III

우주 안보의 영역   85

우주 안보의 이해와 분석

Ⅳ

우주 안보를 이해하는 관점   167

Ⅴ

우주 안보의 분석   193

I

우주 안보의 역사

군사적 목적에서 시작된 우주활동

미소 우주 경쟁

군사적 목적에서 시작된 우주활동

우주에 대한 도전과 탐구는 인간의 상상 속에서 시작되었다. 인간이 우주에 도달하는 상상은 프랑스의 소설가 쥘 베른(Jules Verne, 1828~1905)이 1865년에 발표한 『지구에서 달까지』에서 이야기되면서 많은 사람들에게 영감을 주었다.[1] 이 소설에서는 대포를 이용하여 달까지 도달하는 방법이 나오는데, 이 방법은 아래와 같이 '뉴턴의 대포'라는 상상 실험이었다.

🛰 뉴턴의 대포

'뉴턴의 대포'란 고도가 높은 산 위에서 대포를 수평 방향으로 발사했을 때 포탄의 궤적을 상상한 것이다. 보통 지구에서 수평으로 발사한 포탄은 당연히 점차 속도를 잃으면서 지면에 도달한다. 발사 속도를 높이면 포탄은 더 멀리까지 날아가서 지면에 닿는다. 만약 지면에 닿지 않을 정도로 빠르게 발사한다면 어떻게 될까? 지구는 평형하지 않고 둥글다. 따라서 <그림 1(좌)>과 같이 초속 8km 속도로 포탄을 쏜다면, 1초 뒤엔 수평으로 8km를 날아가는 동안 5m가 낮아진다. 그런데 이 정도 낮아지는 비율은 지표면이 둥근 비율과 같다. 즉 포탄은 8km를 날아가는 동안 5m가 낮아졌지만 여전히 지표면에 닿지 않는다. 이렇게 발사된 포탄은 <그림 1(우)>과 같이 지구를 한 바퀴 돌아서 발사한 자리로 다시 돌아온다. 게다가 우주에는 공기가 없으므로 지구처럼 공기 저항도 없다면 빠르게 발사된 포탄은 지구가 둥근 모양만큼 떨어지면서 무한히 지구를 공전하게 된다.

🚀 <그림 1> 지구의 둥근 비율과 뉴턴의 대포

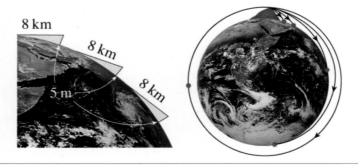

© Wikipedia Commons

우주에 도달할 수 있는 방법을 연구한 최초의 과학자 중 한 명은 19세기 말 러시아의 콘스탄틴 치올코프스키(Konstantín Tsiolkovsky, 1857~1935)였다. 쥘 베른의 소설은 그에게도 영감을 주었다고 알려져 있다. 독학으로 수학과 물리학을 공부한 치올코프스키는 1897년 로켓 방정식을 발표했는데 오늘날에도 그의 방정식은 로켓을 설계하는 데 사용된다. 미국에서는 로버트 고다드(Robert Goddard, 1882~1945)가 세계 최초로 로켓을 만들었다. 그는 치올코프스키의 연구를 토대로 액체추진 로켓을 연구했으며, 1926년 3월 미국 메사추세츠에서 시험한 로켓 발사로 2.5초 동안 56m를 비행했다. 고다드는 자이로스코프*를 이용한 유도장치도 개발하여 로켓 비행을 더욱 정밀하게 만들었다.

인류가 우주로 나아가는 계기는 처음부터 군사적 목적과 연관되었고, 자연스럽게 서로에게 위협으로 인식되었다. 우주활동의 역사는 우주 안보의 역사와 궤적을 함께 한다. 미국과 소련의 우주발사체 개발은 핵무기 운반체로서 탄도미사일 발사와 정찰위성을 궤도에 올리기 위한 경쟁이었다.[2] 물론 냉전기 우주 경쟁을 다양한 관점에서 분석한 연구들도 있지만[3] 이 책에서는 냉전기 양극체제와 군사경쟁에 초점을 두고 우주 안보의 역사를 기술한다.[4]

1957년 인류 최초의 인공위성인 소련의 스프트니크-1은 미국에게는 공포를 안겨주었고, 인류에게는 새로운 영역을 열어주었다. 하지만, 미국과 소련 사이의 우주경쟁이 진공 상태에서 갑자기 등장한 것은 아니다. 우주발사체의 기원은 1944년 제2차 대전 말기 독일이 개발한 V-2 탄도미사일이다. 독일은 1936년부터 발트해 연안의 작은 섬 페네뮌데에 대규모 미사일연구소와 공장을 건설했다. V-2 탄도미사일의 시험발사가 처음 성공한 것은 1942년 10월이었다. 영국 공군은 독일의 미사일 개발 첩보를 입수하고 폭격기로 공습을 감행했으나 핵심 시설을 파괴하는 데 실패했다. 이후 독일은 전쟁이 끝날 때까지 약 3,000여 발의 V-2 탄도미사일을 발사하여 9,000여 명의 사상자를 냈다. V-2 탄도미사일은 최고 고도 174km까지 도달한 것으로 알려졌으며 관성의 법칙에 따라 포물선 궤도를 그리며 음속의 4배 가까운 속도로 목표 지역에 떨어졌다. 오늘날 우주의 경계로 인정되는 카르만

---

* 자이로스코프는 회전을 감지하는 장치로, 특히 항공기, 우주비행체 등에서 사용된다. 이 장치는 회전하는 물체의 각 운동에 대한 정보를 제공하고, 우주비행체 자세 제어에 중요한 역할을 한다. 또한 자이로스코프는 탐지된 회전에 대한 정확한 정보를 유지하는 데 도움이 되며, 이는 항법 및 안정성 시스템에서 핵심적인 장치이다.

라인 100km를 넘어선 성능이었다. 당시의 기술로는 V−2 탄도미사일을 막을 방법이 없었다.

<그림 2> V−2 로켓(좌)과 미국으로 망명한 폰 브라운 박사(우)

© Wikipedia Commons

　　전쟁이 끝나고 V−2 탄도미사일의 군사적 잠재력을 파악한 미국, 소련, 영국 등이 패망한 독일의 기술, 인력, 장비를 차지하기 위해 경쟁했던 일화도 흥미롭다. 당시 각국은 겉으로는 나치 독일에 협력했던 인물들을 자국에 취업시키거나 활용하는데 부정적이었지만, 실제로는 과학자들을 먼저 빼돌리기 위해 노력했다. 미국은 페이퍼클립(Paper Clip)이라는 비밀작전을 통해 V−2 탄도미사일 핵심 개발자인 베르너 폰 브라운(Wernher von Braun) 박사와 연구진 그리고 연구자료를 확보했다. 소련은 독일에 남겨진 V−2 로켓 개발 부품과 장비를 확보했으나 뒤늦게 노력했던 영국은 별다른 소득을 얻지 못했다. 브라운 박사는 미국에서 우주발사체 연구를 계속하여 알코올, 물의 혼합체에 액체산소를 연료로 사용하는 액체로켓 추

　　　　　　　　　　　　　　　　　　　　　　우주 안보의 이해와 분석

진체를 개발했다. 특히 탄도미사일 개발에 적극적이었던 쪽은 소련이었다. 제2차 세계대전 직후 미국은 원자폭탄, 대형폭격기, 해외 군사기지 확대 등 군사력에서 소련을 앞서 나갔다. 이에 대응하고자 소련은 핵무기 투발 수단으로서 탄도미사일의 유용성에 주목했다.[5] 소련은 V-2 탄도미사일 개발자를 거의 확보하지 못했지만 자체적인 우주발사체 개발에 성공했다. 그 중심에는 세르게이 코룔로프(Sergey Korolyov, 1906~1966)가 있었다. 코룔로프는 스탈린 시기 대숙청을 견디고 1950~60년대 소련의 우주발사체 개발을 이끌었던 과학자이다. 그가 개발한 R-2 발사체는 V-2 발사체보다 2배를 비행할 수 있었고, 이를 발전시킨 R-7 발사체로 1957년 10월 스푸트니크-1 발사에 성공했다. 소련은 같은 발사체로 ICBM 발사 시험에도 성공했다. 이렇게 탄생한 ICBM은 장거리를 빠르게 이동할 수 있고, 원격으로 운용할 수 있으며, 폭탄을 폭발시키는데 사람이 불필요했다. 반면 미국은 소련보다 일찍 개발한 핵폭탄의 파괴력과 수량에서 우위였으며 투발 수단으로서 대형폭격기를 충분히 갖추었기 때문에 상대적으로 탄도미사일 개발에는 적극적이지 않았다.

그러던 미국이 1950년대 초 탄도미사일 개발에 관심을 가진 이유는 세 가지이다.[6] 첫째, 소련의 방공 능력이 강화되면서 미군의 폭격기 우위가 점차 약해지기 시작했다. 소련의 영공을 침투하는 위험이 높아지면서 폭격기의 전략적 효용성도 낮아졌다. 둘째, 1953년 미국 원자력위원회는 원자폭탄보다 더 작고 폭발력이 큰 수소폭탄을 개발했다. 이처럼 핵탄두가 작아지면서 미국도 탄도미사일을 활용할 수 있는 여건이 조성되었다. 셋째, 1955년 소련도 수소폭탄 시험에 성공하면서 다양한 탄도미사일 개발하기 시작했다. 특히 수소폭탄과 중거리탄도미사일 개발은 미국에게 큰 위협으로 인식되었다. 당시 미국은 ICBM 개발에 뒤쳐질 경우 10년 후 소련의 군사적 패권을 막을 수 없다고 평가했다. 미 공군은 아틀라스(Atlas), 타이탄(Titan), 토르(Thor) 발사체 프로그램을 진행 중이었고 미 육군은 주피터(Jupiter) 발사체 프로그램을 추진했다.[7]

미소 우주 경쟁

1960년대 미국과 소련 사이의 핵무기 경쟁은 우주발사체 발전의 배경이었다.[8]

우주발사체 기술과 탄도미사일 기술은 동일한 구조였기 때문에 냉전기 우주경쟁은 본질적으로 군비경쟁이었다.[9] 소련이 우주발사체로 인공위성을 궤도에 올린 시도는 국제과학자들의 제안에서 비롯되었다. 1950년 과학자들의 국제적 모임은 우주에 대한 과학적 탐사를 추진하면서 1957~1958년을 국제지구물리년(International Geophysical Year)으로 지정했다. 과학자들은 1882년과 1932년 극지방을 탐사하려는 국제적 도전을 시도했는데, 1957~1958년에는 우주를 대상으로 도전을 재현하고자 했다.[10] 1954년 로마에서 열린 과학자 국제회의에서 우주의 과학적 탐사를 위해 인공위성을 궤도에 올리자는 제안이 채택되었다. 1955년 미국과 소련은 이 제안을 수용했는데, 소련은 국제적 명성과 미국보다 앞선 능력을 과시할 목적에서 인공위성 개발에 박차를 가했다.[11]

반면 미국은 최초의 인공위성 발사라는 명성에는 큰 관심이 없었다. 미국의 목표는 위성을 이용하여 소련의 군사정보를 수집하는 일이었다.[12] 소련의 방공 능력이 발전하면서 미국의 고고도 정찰비행이 제한되었고 정보력도 약해졌기 때문이었다. 당시 아이젠하워 행정부는 정찰위성을 활용하려는 명분으로 하늘 위 영역, 즉 우주의 자유로운 이용을 상호 인정하자는 정책, 즉 오픈스카이(Open Skies) 정책을 주장했다.[13] 이는 국제해양법에 적용되던 항행의 자유를 우주에 적용한 시도였다. 오픈스카이 정책이 수용될 경우 정찰위성 활용이 국제법적으로 정당한 행동이 될 수 있었다. 결국 미국의 주장은 수용되었지만, 그 사이 소련은 스푸트니크 위성을 성공적으로 발사하여 국제적 명성을 얻게 되었다.[14]

스푸트니크의 발사 성공은 국제사회와 미국 국내에서 소련의 우위와 군사적 공포를 확산시켰다. 소련의 체제가 미국보다 우월하다는 이미지도 담겨 있었다. 이후 소련은 더 많은 최초를 갱신하며 미국보다 한 발 앞섰다. 1957년 11월에는 스푸트니크-2에 최초로 라이카라는 생명체(개)를 탑승시켰고, 1961년 4월에는 유인 우주비행사 유리 가가린(Yuri Gagarin, 1934~1968)이 보스토크-1(Vostok-1)에 탑승해 궤도 비행 후 돌아왔다. 1963년 6월에는 최초의 여성 우주인 발렌티나 테레시코바(Valentina Tereshkova, 1937~), 1965년에는 알렉세이 레오노프(Alexeí Leonov, 1934~2019)가 최초로 우주 유영에 성공했다. 소련은 미국과 달 탐사 경쟁에서도 앞서고 있었는데 무인 우주선을 달에 충돌시키는 시험, 달 궤도에 도달하는 시험에도 성공했다. 유인 달탐사를 하려면 달 궤도를 진입할 수 있는 달 궤도선이 필요하고, 달 표면에 착륙하려면 달 착륙선이 필요하다.

그런데, 인간이 달 표면에 도달하려면 달 표면에 추락하거나 충돌하는 경착륙이 아닌, 달 표면에 충격 없이 내려앉는 연착륙을 해야 한다. 달 표면에 도착하는 순간 착륙선의 속도를 거의 0이 되도록 착륙선의 속도를 줄여야 한다. 달 표면에는 대기가 없어서 공기저항으로 우주선의 속도를 줄일 수 없고 낙하산도 쓸 수 없기 때문에 로켓 추진만으로 속도를 줄여야 한다. 달 표면에 처음으로 연착륙한 무인 우주선은 1966년 1월 발사된 소련의 루나-9(Luna-9)였다. 루나-9는 달 상공에서 로켓 역추진으로 감속하다가 달 표면에 닿기 직전에 에어백에 둘러싸인 착륙선을 분리시켜 달에 착륙했으며 지구와 통신도 성공했다. 결과적으로 1969년 미국이 먼저 아폴로-11로 유인 달착륙에 성공하면서 치열한 달탐사 경쟁은 일단락되었지만,[15] 당시 소련은 우주발사체 기술과 유인우주비행으로 축적한 우주의학에서 미국을 앞선 것으로 평가된다.

한편 미국은 소련의 스푸트니크 발사 직후인 1957년 12월 6일 해군이 개발한 뱅가드(Vanguard) 발사체로 인공위성 발사를 시도했지만 발사대에서 폭발했다. 이를 만회하기 위해 미국은 익스플로러-1(Explorer-1)을 주노(Juno) 발사체로 1958년 1월 발사하는데 성공했다. 이 발사체 개발에는 독일에서 건너온 폰 브라운 박사도 참여했다. 미국은 우주활동을 위한 조직과 정책도 갖추기 시작했다. 아이젠하워 행정부는 1955년 5월 국가우주정책(National Aeronautics and Space Act)을 수립하고 1958년 7월 국가항공우주국(NASA)을 창설했다.

미국은 소련과 유인 달 탐사 경쟁을 벌이면서도 지속적으로 소련의 ICBM 능력을 파악하기 위한 정찰위성 개발에 노력했다. 1960년 5월 소련의 지대공 미사일이 터키 상공에서 미국 고고도 정찰기(U-2)를 격추하는 사건 이후 정찰위성의 활용성은 더욱 높아졌다. 실제로 1960년 8월 18일 발사된 디스커버리-14(Discoverer-14)는 U-2 비행 중단으로 제한되었던 미국의 정보력을 상당 부분 회복시켰다. 디스커버리-14는 촬영한 사진을 다시 지구로 보낼 수 있는 최초의 위성이었다. 1962년 쿠바 미사일 위기에서도 미국의 정찰위성은 소련의 핵능력이 제한적이라는 정보를 파악하여 케네디 대통령과 흐루시초프 서기장의 협상에서 미국의 공세적 입장을 유지하는 데 도움을 주었다.

이처럼 미국이 정찰위성 활용을 강화하자 소련도 이에 대응하기 위해 1960년대 대위성(ASAT) 공격 능력 개발에 착수했다. 1968년 이후 소련은 15차례에 걸쳐 코스모스 위성과 ICBM 발사체를 사용하여 킬러위성을 개발했다. 고도 1,100km 이하에서 스스로 궤도를 변경, 접근하여 자폭함으로써 미국 위성에게 금속 파편을 뿌리는 방식이다. 당시 인공위성은 수적으로 많지 않아 위치 파악이 쉽고 방호 능력을 갖추진 못했기 때문에 외부 공격에 매우 취약했다. 물론 미국도 소련의 우주 자산에 대한 ASAT 무기를 개발하기 시작했다. 나아가 미국은 의도하진 않았지만 우주에서 핵폭발로 공격할 수 있는 능력을 갖추었다. 쿠바 미사일 위기가 발생하기 3개월 전인 1962년, 미국은 스타피시프라임(Starfish Prime) 프로젝트라는 공중 핵실험을 실시했다. 1.4메가톤의 핵무기를 약 400km 상공에서 폭발시킨 결과, 핵무기가 무차별적으로 위성을 파괴할 수 있음을 확인했다. 우주에서 일어난 핵폭발로 전자기 펄스가 발생하면서 가시권에 있는 위성이 즉시 파괴되었으며, 밴 앨런 방사선 벨트가 강화되어 저궤도에 방사선 고리가 형성되면서 몇 개월에 걸쳐 다른 위성들의 작동에도 악영향을 끼쳤다. 일부 추정에 따르면 당시 궤도에 있던 모든 인공위성의 3분의 1 정도가 이 실험으로 파괴되었다고 한다. 다음 해 우주에서 핵실험은 부분핵실험금지조약(Limited Test Ban Treaty)으로 금지되었다.[16] 그럼에도 불구하고 미국은 소련의 ICBM을 요격하기 위해 자국의 저궤도 위성에 핵폭발 ASAT 기능을 탑재했다. 당시 정확하게 적의 위성을 타격할 기술이 미흡했기 때문에 목표물 근처에서 핵폭발을 시도하는 방식을 선호한 것이다.

1960년대 소련은 궤도상 폭탄을 탑재한 우주무기도 개발했다. 궤도상 폭탄은 저궤도에 위치하다가 지구상 표적이 결정되면 투하하는 공격 방식이었다. 우주에서 공격하기 때문에 공격 시점과 목표 지역을 파악하기 어렵고 사정거리에 제한이 없다. 냉전기 미국은 소련의 ICBM을 공격 방향으로 예상된 북반구에서 방어했는데 궤도상 폭탄은 남반구에서 공격할 수 있기 때문에 조기경보체계로도 대응하기 어려웠다. 1963년 소련은 저궤도 위성을 파괴할 수 있는 동궤도(co-orbital) ASAT 체계도 개발하기 시작했다. 동궤도 ASAT 체계는 적의 위성과 같은 궤도로 발사되어 서서히 근접하는 방식이다. 당시 소련은 1970년대 NASA가 개발한 우주왕복선도 잠재적인 ASAT 무기로 간주했다. 우주왕복선은 궤도에서 자유롭게 이동하면서 위성을 회수하고 궤도를 이탈시킬 수 있었기 때문에 무기로 활용될 수 있었다. 이처럼 미국과 소련은 ASAT 무기 개발을 통해 우주 군비경쟁을 지속했다. 비록

1967년 우주조약 수립으로 공개적인 ASAT 개발은 제한이 있었지만, 미 공군은 1985년 F-15 전투기에서 발사할 수 있는 공중 발사형 ASAT 미사일을 개발하였다. 미국의 ASAT 무기는 소련의 킬러위성보다 저궤도 위성에 공격할 수 있는 장점이 있지만, 정지궤도나 고타원 궤도의 조기경보위성이나 통신위성은 공격할 수 없는 단점도 있었다. 미 공군의 ASAT 미사일 시험은 고도 555km에서 이루어졌으며 수백 개의 잔해물을 발생시켰다. 당시 미 공군은 추가 시험도 계획했지만, 우주위험 증가를 우려한 의회가 개입하여 중단되었다.

1980년대 미국 레이건 행정부는 우주의 군사적 활용을 본격적으로 추진하였다. 1982년 레이건 대통령은 우주왕복선 프로그램을 국가안보의 최우선 순위에 두었으며 국방부가 NASA보다 주도권을 행사하도록 했다. 당시 미국은 국가우주정책에서 우주에 대한 확실한 접근 능력을 강조했다. 미국은 우주 자산에도 주권 원칙을 적용하여 보호를 위한 우주무기 개발을 확대했다. 1983년 3월에는 전략방위구상(Strategic Defense Initiative, SDI)을 발표하여 우주기반 미사일방어체계를 개발하여 소련의 ICBM을 무력화하고자 했다. 당시 미국은 소련과 탄도미사일요격금지(Anti Ballistic Missile, ABM) 조약을 체결한 상황이었으나, 실전 배치가 아닌 연구 개발은 예외라는 입장이었다. 이 시기 미국은 우주 영역을 지구상 군사작전에서 중요하게 인식했으며 공군우주사령부를 창설하는 등 우주 조직과 능력을 발전시켰다.

한편 우주 영역이 군사적으로 중요해지면서 두 강대국은 우주 영역에 대한 정치적 영향력을 넓혀갔다.[17] 미국과 소련의 목표는 상대방보다 우주에서 전략적 우위를 확보하고 상대방의 우주 능력은 제한하려는 것이었다. 한편으로는 우주 능력을 발전시키면서 다른 한편으로는 국제적으로 우주활동을 규제하는 조약을 논의하였다. 양국은 우주의 군사적 가치를 인정하면서도 핵경쟁이 우주까지 확대되는 것은 막자는 데 공통의 이해가 있었다.

그러나, 미국과 소련은 우주에 관한 국제규범을 수립하는 과정에서도 입장이 달랐다. 첫 번째 차이는 우주에서 무엇을 합법적인 행동으로 볼 것인가였다. 미국과 소련 모두 우주에서 평화적 활동에 동의했지만, 평화의 정의에 대해서는 일치하지 않았다. 소련은 군사와 민간의 이용을 구분해야 하며, 민간의 이용만 평화적 활동에 해당한다고 주장했다. 반면 미국은 평화적 활동과 공격적 활동을 구분하자고 주장했는데[18] 이는 평화적 활동에 군사적 활동이 포함될 수 있다는 해석이었다.

다음 장애물은 조약의 내용에 자국의 이익을 반영하려는 시도였다. 미국과 소련은 상대방이 절대 수용할 수 없는 제안을 주고받는 정치적 게임을 이어갔다. 아이젠하워는 민간 우주 자산을 파괴할 수 있는 ICBM을 폐기하자고 제안했다. 소련이 우주에서 군사용과 민간용을 구분하자고 주장한다면 민간에 위협이 되는 ICBM 개발도 제한해야 한다는 논리였다. 미국은 핵무기를 투하할 수 있는 전략폭격기에서 우위를 유지하고 소련의 핵탄도미사일은 제한하고자 했다. 반면 흐루시초프는 미국이 우주는 물론 지구상에도 본토 이외 지역에서 기지를 철수하면 ICBM 폐기를 수용하겠다고 맞받아쳤다. 소연은 해외에 주둔하던 미군기지를 제한하려는 의도였다.[19]

협상에 진전이 없자 미국은 유엔에서 협상을 이어가고자 했다. 1958년 국제우주협력을 모색하고자 '우주 공간의 평화적 이용에 관한 임시 위원회'가 만들어졌다. 그러나 임시위원회에서도 미국과 소련의 일방적 입장은 변함이 없었다. 국제우주탐사 프로젝트에 참여할 국가 9개 중 8개가 서방 국가였는데 소련은 우주 강대국으로서 더 많은 권한을 요구하는 상황이었다. 결국 국제우주탐사 프로젝트에서 소련이 이탈하고 새로운 상임위원회 신설에 합의가 이루어지면서 서방 국가 12개국, 동구권과 중립국 12개국으로 구성되었다.[20]

그 결과 1959년 유엔 총회에서 우주에 관한 첫 번째 국제협력 상설위원회인 우주의 평화적 이용 위원회(Committee on the Peaceful Uses of Outer Space, 이하 COPUOS로 표기)가 설립되었다. COPUOS는 우주협력을 위한 5개 조약을 제출했다. 첫 번째 조약은 1967년 우주조약(Treaty of Outer Space)으로 달과 기타 천체를 포함한 우주의 탐사 및 이용에 관한 국가의 활동을 규율하는 원칙이다. 이 조약에서 국가는 우주의 평화와 안정을 증진하도록 지침을 제시했다. 두 번째 조약은 1968년 우주비행사의 구조, 우주비행사의 귀환 및 우주공간으로 발사된 물체의 귀환에 관한 협정(구조 협정)으로, 위험에 처한 우주인을 조난으로부터 구출하여 국적과 관계없이 본국으로 귀환시키는 절차를 규정한다. 세 번째 조약은 1972년 우주 물체에 의한 손해에 대한 국제 책임에 관한 협약(책임 협약)으로, 우주 자산이 우주나 지구 표면에서 다른 국가의 재산을 손상시키는 경우 국가가 이를 책임지도록 규정한다. 네 번째 조약은 1975년 우주로 발사된 물체의 등록에 관한 협약(등록 협약)으로 우주 물체에 대한 공식적인 식별 수단과 유엔에서 우주 물체의 등록을

우주 안보의 이해와 분석

감독할 포럼을 설립했다. 다섯 번째 조약은 1979년 달 및 기타 천체에 대한 국가의 활동에 관한 협약(달 협약)으로 달을 비롯한 천체의 환경 보전과 재산에 관한 지침을 제시했다.

1990년대 이후 우주 안보는 걸프전에서 전환점을 맞는다. 걸프전은 우주기술을 군사작전에 광범위하게 사용한 최초의 우주전으로 평가받는다. 전쟁의 시작은 기상위성에서 제공한 기상정보에 의존했다. 전쟁 중에는 최적의 공습 시기, 병력 이동시간 등을 결정하는 데 기상정보가 반영되었다. 한편 미국은 전쟁 개시와 함께 장거리 정밀유도무기를 발사하여 이라크의 방공체계, 방송통신, 지휘통제 시설을 공격했다. 이때 미국은 위성항법체계인 GPS(Global Positioning System)를 광범위하게 활용하였다. GPS는 미군에게 익숙하지 않은 전장에서 아군과 적군의 위치를 파악하고 병력과 장비를 정밀하게 운용하는 데 활용되었다. 또한 미국은 위성통신체계를 활용하여 전장과 본토를 연결하였으며 전장에 분산된 병력 간의 실시간 정보를 공유했다. 감시정찰위성도 걸프전에서 중요한 군사적 임무를 수행했다. 미군의 감시정찰위성은 아군과 적군의 이동, 적의 방어태세, 주요 전략적 지점의 실시간 상황 등을 제공했다. 특히, 적의 지휘부나 전략 표적에 대한 정보는 정밀타격과 공습의 결정적 역할을 했다. 우주 기술은 적의 미사일 발사를 탐지하고 경고하는 데에도 활용되었다. 조기경보위성은 이라크의 스커드 미사일 발사를 탐지하여 미군에 전달함으로써 피해를 최소화하고 효과적인 방어 태세를 갖추는데 기여했다.

1990년대 이후 우주의 군사화는 냉전 시기보다 복잡하게 발전하였다. 이러한 경향은 우주의 상업화, 민주화와 관련이 깊다. 우주의 상업화는 정부와 군이 주도했던 국가안보 영역에 우주 기업이 기여할 수 있는 배경이 되었다. 우주 기업은 창의적이고 도전적인 방식으로 우주 기술을 발전시켰으며, 다양한 국가안보 분야에서 무기체계 개발에 도움이 되었다. 동시에 우주의 상업화는 우주 자산의 취약성도 증대시켰다. 민간 위성과 같은 우주 자산은 공격에 취약하며, 이로 인한 국가안보와 경제에 심각한 영향을 줄 수 있다. 이처럼 우주 안보의 종합적 관점은 다음 장에서부터 체계적으로 다룬다.

우주 안보의 토대

우주 안보의 중요성과 심화

우주 안보는 먼 미래에 대비해야 할 문제가 아니다. 국가안보는 우주 안보와 긴밀히 연관되어 있으며, 4차 산업혁명의 신기술 발전은 우주 안보 활동의 범위를 계속 확장시키고 있다. 우주 안보는 우주 공간 내의 안전만 의미하진 않는다. 지구상 인간의 안전, 안보, 지속가능성은 우주 공간과 직접 연관된다. 우주는 개인, 사회, 국가, 국제 차원에서 생존과 이익, 가치를 창출하고 있다. 조직, 국가가 안전할 수 있어야 하고 안보를 확보해야 하며, 장기 지속가능성을 보장하도록 노력해야 한다. 일상 생활뿐 아니라 전쟁 상황에서도 우리는 안전하고 편리하며 번영된 삶을 위해 우주 안보를 이해해야 하며 만일의 상황에 대비해야 한다. 여기에는 네 가지 중요한 이유가 있다.

첫째, 개인 차원에서 우주의 위험과 위협은 자신의 삶을 공포와 불안에 빠뜨릴 수 있다. 우리는 안전보장, 즉 안보를 다룰 때 여러 가지 요소를 생각해볼 수 있다. 이 책에서는 안보의 두 가지 요소로서 위험과 위협을 구분한다. 쉽게 말해, 위험은 자신의 안전을 불안하게 하는 자연적인 현상으로 태풍, 지진과 같이 상대방에 의도된 행위가 아니다. 그렇지만 공포와 불안을 떨쳐버릴 수는 없다. 위협은 협박, 공격과 같이 자신의 공포와 불안이 상대방의 의도된 행위로부터 일어나는 현상이다. 우주 위험의 출발은 우주 자체이다. 우주는 누구나 우주복, 우주비행체 없이 한 순간도 살 수 없는 개인에게 매우 위험한 공간이다. 태풍과 쓰나미가 우리를 공포에 빠뜨리듯이 강력한 태양풍도 마찬가지다. 태양풍은 태양의 강력한 활동으로 인해 우주 전체로 방출되는 고에너지 입자를 말하는데 엄청난 양과 빠른 속도로 지구를 지나는 태양풍은 지구자기장(이하 지자기)과 충돌하여 핵폭발과 같은 전자기파열(EMP) 효과를 일으킬 수도 있다. 1989년 캐나다 퀘벡(Quebec) 지역과 2003년 스웨덴 말뫼(Malmö) 지역은 태양풍으로 인해 발생한 지자기 폭풍으로 전기가 중단되고 교통, 통신, 금융 서비스가 마비되는 등 큰 피해를 입었다. 오늘날은 전기와 통신 문제에 영향을 더 크게 받기 때문에 태양풍 위험은 개인의 안전과 삶에 불안과 공포를 줄 수 있다.

둘째, 사회 차원에서 우주의 위험과 위협은 사회를 언제든지 공포와 불안에 빠뜨릴 수 있다. 우주의 위험과 위협은 개인만 경험하게 되는 현상은 아니다. 앞서 이야기한 수준으로 태양풍 위험이 다시 발생한다면, 사회 전체가 무질서나 혼란으로 불안과 공포를 겪을 수 있다. 오늘날 자연 재난은 영상과 통신으로 상황을 파악하거나 공유함으로써 대처할 수 있는데 태양풍 피해는 전기, 통신 마비로 인해 기본적인 상황 파악과 전달이 거의 불가능하고 대처하기 위한 통제시스템도 작동하기 어렵다. 태양풍과 관련해서 좋은 소식과 나쁜 소식이 있다. 먼저 좋은 소식은 큰 피해를 일으킬 만큼 강력한 태양 활동은 몇 십년에 한번 꼴로 드물다는 점이다. 알려진 뉴스에 따르면 1859년 유럽과 북아메리카에 역사상 가장 큰 지자기 폭풍 피해가 발생했으며, 그보다 덜 심각했지만 1921년과 1960년에도 지자기 폭풍 피해가 보고되었다. 나쁜 소식은 2024년에 강력한 태양 활동이 전망된다는 점이다. 태양 활동은 태양 흑점(태양 표면의 어두운 지역)의 수와 관련이 있는데 그동안 관측 결과 2024년 태양 흑점의 수가 가장 늘어나면서 태양풍도 거세게 지구로 날아올 것으로 보인다. 이처럼 우주 위험으로 발생할 수 있는 사회적 혼란은 치안과 같은 공공안전 시스템이 기능하지 못하는 상황을 초래할 수도 있다. 나아가 경제활동의 장애와 중단은 물자 생산과 유통에 문제로 이어져서 사회가 돌아가지 못하는 중요한 문제가 된다.

셋째, 국가 차원에서 우주의 위험과 위협은 국가안보의 문제로 다뤄진다. 미국과 소련의 우주프로그램이 처음부터 핵 군사력과 직접 연계되었다는 사실을 고려하면, 우주 안보가 국가안보 문제인 것은 자연스럽다.[1] 이미 우주 영역은 군사적으로도 지상, 해양, 공중을 넘어 새로운 전장으로 인정된다. 국가안보 이슈로서 우주 안보는 자연물체에 의한 위험도 포함되지만 주로 경쟁국과 적대국으로부터 일어나는 군사적 위협에 주목한다. 미국, 중국, 러시아 등 우주 강대국들은 우주 자산을 경쟁적으로 지구 궤도에 올리고 있으며, 이제는 달 남극탐사 경쟁과 함께 지구-달 사이에 시스루나(cislunar) 공간을 선점하려는 노력을 전개하고 있다. 이런 노력이 당장은 군사적 위협을 의미하진 않지만, 지구 궤도와 달 남극 지역 등 제한된 공간과 자원을 놓고 경쟁하는 과정에서 충돌을 일으킬 수 있다. 우주 강대국들은 대위성(Anti-satellite, 이하 ASAT로 표기) 무기 시험을 통해 상대방 위성을 파괴할 수 있는 능력을 갖추었으며, 비운동성 무기를 경쟁적으로 개발함으로써 상대방의 우주활동을 마비, 제한, 파괴하려는 목적에 한발 다가서고 있다. 이미 이들 국가들은 국가우주 전략과 국방우주 전략을 통해 우주 영역을 국익 창출의 핵심 요소로 분명히 밝히고 있다. 미국이 창설한 우주군을 비롯해 많은 우주활동 국가들도 우주부대나 우주군사력을 창설하고 강화하는 추세이다. 냉전 시기부터 지구상에서 전개되어 온 군사적 억제, 공격과 방어 전략이 우주 영역에서도 다시 한번 반복되는 상황이다.

넷째, 국제 차원에서도 우주의 위험과 위협은 국제규범과 협력의 문제이다. 미소 우주 경쟁이 치열하게 전개되고 있었던 1967년 최초의 우주조약이 체결된 점이 이를 상징적으로 보여준다. 우주 영역은 아무리 강대국이라도 한 국가가 개발하거나 영향력을 행사하기에 너무나 광활하고 자원이 많이 소모되는 곳이다. 마찬가지로 우주 공간에서 벌어지는 경쟁과 갈등도 우주활동 국가와 기업 등 우주행위자들이 함께 논의하고 해결해야 하는 문제로 인식되어 왔다. 우주조약을 비롯해 달 조약 등 현재 존재하는 국제규범들은 이런 문제의식을 담고 있다. 다만, 이들 국제규범은 오늘날과 같이 우주활동에 참여하는 국가와 기업이 급증한 상황을 조정하고 규율하는데 한계를 보인다. 미중 우주 경쟁이 가속화되는 상황에서 우주조약 등은 핵과 대량살상무기를 우주에 배치하고 사용하는 것을 금지할 뿐 재래식 무기를 금지하지 않고 있으며, 달과 천체에서 군사적 활동을 제한하고 있지만, 군대의 활동을 제한하진 않고 있다. 이러한 상황은 우주와 관련된 국제규범이 수립되던 당시에는 미국과 소련 모두 상대방을 압도할 수 없는 현실을 인정하고 나름의 타협점을 찾았기 때문이다. 우주활동 중에는 정지궤도에 위성 배치, 주파수 배분 등 한정된 자원을 평화적으로 관리하는 성과도 있다. 또한 증가하는 우주 잔해물에 대한 국제적 경감심이 높아지면서 처리 방안에 대한 국제협력도 논의되고 있다. 하지만, 여전히 국제협력은 미국과 중국·러시아를 중심으로 양분되는 경향을 보여주고 있다. 우주활동은 국가만 참여하는 것이 아니며 많은 민간 기업과 조직들이 관여하는 영역이므로 국제협력과 규범 수립에도 이들 비국가 행위자의 역할이 증대될 것이다.

우리나라도 개인, 사회, 국가, 국제 수준에서 우주 안보의 예외가 아니다. 국가수준에서 우리나라는 2023년 북한과 군정찰위성을 나란히 발사하며 본격적인 우주 경쟁에 돌입했다. <그림 1>과 같이 북한의 만리경-1은 매일 두 차례 한반도 상공을 지나가며 한미 군사자산과 주요 시설을 감시하고 있다. 2023년 1월 9일 우리나라 울진 인근 바다에 추락한 우주 잔해물(미국 지구관측위성)과 같은 위험은 언제든지 우리나라 개인, 사회, 국가를 재난에 빠뜨릴 수 있다.[2] 2024년 극대기로 예상되는 태양풍의 위험도 국제사회가 주목하는 우주 위험의 하나이다.

 <그림 1> 북한 만리경-1의 한반도 감시 범위

© SPACEMAP

2020년 이전 우주에 관한 소식은 허블 우주망원경이나 우주탐사선에서 보내온 새로운 우주의 모습들이 대부분이었다. 우리에게 우주는 평화롭고 광활한 공간이자 과학과 도전의 영역으로 생각되었다. 하지만 지금 우주는 혼잡(congested)하고, 대립적(contested)이며, 경쟁적(competitive) 공간이다.[3] 혼잡의 공간은 우주 공간에 위치한 위성과 비행체 그리고 잔해물(debris)＊＊뿐 아니라 이해관계를 가진 국

＊＊ 이 책은 space debris의 우리나라 말로 일반적으로 많이 쓰이는 '우주 쓰레기'보다 '우주 잔해물'을 선택하였다. 쓰레기는 오염되거나 버려진 의미가 강하지만, 우주 공간에 떠다니는 잔해물은 오염의 의미보다 우주 시스템의 일부라는 의미가 중요하다. 우주 잔해물은 군사 차원에서 공격 수단으로 활용될 수 있으며, 경제 차원에서 비즈니스의 대

가, 기업, 개인이 많아지면서 빚어진 상황을 일컫는다. 예를 들어 지구 궤도는 운용을 중단한 위성을 포함해 23,000여 개의 우주 물체가 돌고 있어 위성에 언제든지 피해가 발생할 수 있는 혼잡한 공간이다. 대립의 공간은 ASAT 무기를 비롯해 상대방에 대한 공격과 방어를 둘러싼 군비경쟁이 지속되는 상황을 뜻한다. 대립이 의미하듯이 우주는 먼저 우위를 점하기 위해 상대방을 방해, 저하, 파괴하려는 위협이 잠재되어 있고 우주 시스템에서 상대방의 취약성을 파악하려는 공간이다. 경쟁의 공간은 수많은 행위자들이 상대방보다 더 높은 능력을 갖추고 더 많은 영향력을 행사하고자 벌이는 상황을 의미한다. 시간이 갈수록 우주에서 얻을 수 있는 군사적, 정치적, 경제적 이익이 크게 증가하고 우주기술의 문턱이 낮아지면서 많은 행위자가 경쟁하는 상황이 심화되고 있다.[4]

🚀 **< 그림 2 > 미국 지구관측위성 추락 예상 범위 (2023년 1월 9일)[5]**

© 과학기술정보통신부

상이고, 외교 차원에서 감축을 위한 규범의 대상이다.

✦ Space, Universe, Cosmos 우주를 의미하는 용어들은 어떻게 다를까?

우리가 일상에서 접하는 우주라는 용어는 한 가지가 아니다. 가장 많이 들어본 용어는 스페이스(Space)일 것이다. 스페이스는 인공물체가 존재하는 공간이며, 탐사의 대상으로서 우주를 의미한다. 따라서 스페이스는 지구로부터 범위가 확장된 우주를 지칭하며, 근우주(Geospace), 외우주 혹은 외기권(Outerspace), 행성간우주(Interplanetary Space), 성간우주(Interstellar Space), 은하간우주(Intergalactic Space), 심우주(Deep Space)[6] 등이 해당된다. 현대우주론은 우주가 팽창하고 있다고 믿으므로 우주탐사의 성과가 확장되는 만큼 스페이스라는 용어도 더 다양하게 사용될 것으로 생각된다.

영화에서도 많이 나오는 또 다른 우주는 유니버스(Universe)라는 용어이다. 유니버스는 우리에게 주어진 자연으로서 우주이다. 별, 먼지, 행성과 우리 생명체를 포함한 모든 것이 존재하는 시공간이자 환경이다. 유니버스는 우주의 물질, 별까지의 거리, 은하의 나이, 우주의 크기 등 물리학과 천문학의 대상으로서 우주를 의미한다. 트루먼 대통령은 히로시마에 투하된 원자폭탄의 원리를 설명하면서 우주(universe)의 기본적 힘을 활용한 폭탄이라고 표현했다.

코스모스(Cosmos)는 카오스(무질서)에 대비되는 개념으로 질서와 조화로서 우주이다. 코스모스는 우주의 기원과 우주라는 대자연의 작동 원리 등을 다루며, 이러한 내용을 다룬 칼 세이건의 대표적인 저서도 Cosmos이다. 코스모스는 철학적 대상으로서 우주를 의미하며, 우주의 기원을 살펴보는 분야를 우주론(cosmology)이라고 한다.[7]

이러한 상황은 계속 심화되고 있으며 더 이상 우주는 평화로운 공간이 아니며, 인류 모두가 무한하게 누릴 수 있는 공공재도 아니다. 원칙적으로 우주는 비배타적, 비배제적 성격을 가진 공공재(public goods)로서 평화적인 활용 원칙이 공표되어 왔다. 그러나, 우주공간은 냉전시기 미소가 독점한 사유재였고, 우주공간의 상업화가 진전되면서 비배제적이지만 경합적인 공유재(common goods)의 성격을 가지게 되었다. 그러나, 군사적 활용을 배제할 수 없는 우주플랫폼의 특성상 뉴스페이스 혁명이 심화되면 우월한 우주력을 가진 강대국이 독점하는 사유재가 되거나, 특정 클럽 또는 진영 국가가 배타적으로 활용하는 클럽재(club goods)가 될 가능성이 높다. 이처럼 우주 경쟁 속에서 남용, 오용, 파괴가 확산될 경우 우주는 공유지의 비극에[8] 빠질 수 있다.

1957년 첫 번째 인공위성을 우주로 보낼 때 만해도 무한하고 광활한 우주는 인류 모두가 무한히 혜택을 누릴 수 있는 공공재로 여겨졌다.[9] 하지만, 60년이 지난 오늘날 우주는 인류 모두가 자유롭게 사용할 수 있지만, 지구 궤도를 중심으로 한 공간과 서비스가 제한되어 공동의 규칙과 관리가 필요한 공유지가 되고 있다. 약 35,800km 고도인 지구 정지궤도에 위치한 인공위성은 지구의 자전주기와 같은 공전주기로 인해 지구에서 볼 때 한 곳에 정지되어 있는 것처럼 보이며 24시간 상시 서비스를 제공할 수 있다. 무한히 넓은 우주와 달리 정지궤도에 인공위성이 일렬로 늘어설 경우 언젠가는 새로운 인공위성이 위치할 수 없는 한정된 공간이다. 더욱이 영토가 구분된 지구상 국가들에게 수직으로 서비스를 제공할 수 있는 정지궤도는 영토의 크기에 비례하여 한정된다. 따라서 우주활동에 뛰어든 개인, 기업이나 국가가 추구하는 이익으로 인해 우주의 사용이 제한될 지도 모른다.

🛸 우주 환경의 특성과 대응 방안

구분	환경	대응 방안
혼잡 congested	지구 궤도에는 23,000개 우주 물체(8,000여 개 운영 중인 위성) 외에 위성에 피해를 줄 수 있는 수십만 개의 잔해물	우주의 평화적이고 책임감 있는 활동 의지를 확산시키고 다른 국가도 이를 준수하도록 촉구 - 규범, 투명성, 신뢰성 구축 조치 확립 - 우주상황인식 향상 - 투명성 및 우주 시스템에 기인한 정보공유 추진
대립 contested	우주 시스템은 사용불능, 악화, 파괴 등의 위협 가능성에 직면할 수 있고, 우주 취약성을 이용한 공격이 잠재	다층적인 억제 접근법 적용 - 책임감 있는 우주 활동에 관한 규범을 촉진하는 노력 지원 - 공격 인식능력 향상, 복원력 강화, 억제 실패 시 공격에 대한 총괄적 대응 권한 마련
경쟁 competitive	현재 미국은 우주역량 우위에 있으나, 시장진입 장벽이 낮아지고 다른 국가의 기술 발전으로 경쟁 우위 및 기술 선도 약화 가능	복원력, 건실성, 유연성 높은 우주 산업기반 중요 - 국내 우주 역량 강화 - 획득절차 개선 - 우주 산업 기반 강화 - 국제협력 및 공조 강화

우주 안보의 문제는 우주가 군사적 영역이자 제5의 전장이라는 인식으로도 알 수 있다. 소련이 스푸트니크-1를 발사하는데 성공하자, 즉시 미국은 우주를 지나

우주 안보의 이해와 분석

서 본토를 공격할 수 있는 미사일 위협에 휩싸였다. 미사일 격차(Missile Gap)라고 불렸던 당시 미국 사회의 공포와 논란은 과장과 오류가 혼재되긴 했지만, 아이젠하워 행정부에게 곤혹스러운 일이었다. 실제 미국의 우주기술이 사회적 우려만큼 소련보다 뒤쳐졌거나 미국이 군사적 위협에 노출된 것은 아니었지만, 미국도 우주 발사와 인공위성 능력을 입증하지 않을 수 없었다. 다시말해, 인류의 우주활동은 처음부터 군사적 목적에서 출발하였으며, 이를 이끌었던 동력도 군사적 영역으로서 우주에 대한 도전이었다.**10**

다만, 군사적 영역으로 시작된 우주활동은 제4장에서 살펴볼 역사와 같이 1960년대 말까지 짧은 기간을 제외하면 약 50여 년 동안 대체로 느린 군사화의 과정을 밟아왔다. 이 시기 우주 군사화(space militarization)는 일부 군사용 우주 자산을 제외하면 지구관측, 위성통신, 위성항법, 우주 환경 연구 등 대체로 민간 우주 자산을 부분적으로 군사적 목적에 활용하는 수준으로 정의되었다. 우주기술은 민군 이중용도(dual-use)라는 특징 때문에 정부와 상업 분야에서 우주 군사화를 촉진하였다. 민간 우주기술이 다양한 분야로 응용되었으며, 군사용 우주 자산 발전으로도 이어졌다.

냉전이 종식된 1990년대 이후 활성화되기 시작한 미국의 우주 상업화(space commecialization)도 우주 군사화를 촉진하였다. 우주 상업화는 정부 주도의 우주 개발과 군사적 활용이 갖는 부담을 완화하고자, 민간 기업의 참여를 활성화한 경향이다. 미국은 1996년『우주 상업화 촉진법』, 2년 뒤에는『상업적우주법』등 상업적 우주활동에 관한 법률을 제정하여 민간 부문의 우주활동을 지원하고 장려하였다. 다만, 이 시기 우주 상업화는 여전히 정부가 주요 예산 공급처였으며 정부와 긴밀한 관계에 있는 민간 방위산업체를 중심으로 이루어진 기술이전과 우주 자산 개발이 주류였다. 그럼에도 불구하고, 민간 방위산업체로 이전된 기술과 우주 자산의 연구개발은 우주 경제와 공공안전에 참여자를 확대하는 등 우주를 군사화하는 데 기여하였다.

끝으로 우주활동의 참여 국가와 기업이 증가한 우주 민주화(space democrat-zation)도 우주 군사화를 촉진하였다. 우주활동의 역사를 보면 소련의 우주발사 이후 위성을 발사할 수 있는 우주발사체 보유국가만이 우주활동의 주체로 인식되었다. 실용급 위성을 기준으로 우리나라가 2022년 우주발사체 누리호 발사에 성공하기 전까지 자체 우주발사체를 보유한 국가는 러시아, 미국, 프랑스, 일본, 중국, 인도 등 6개 국가였다. 그러나 우주발사체를 보유하지 않더라도 위성개발 및 관제 능력을 비롯해 우주과학, 우주 정보 활용 능력 등 다양한 분야에서 경쟁력과 능력을 갖춘 국가 및 기업이 급속도로 증가하고 있다. 우주활동의 행위자 증가는 앞서 살펴본 민군 이중용도 기술과 우주 상업화와 상승효과를 발휘하면서 우주 군사화를 촉진해왔다.

우주가 새로운 전장인가? 우주의 무기 배치가 현실로 다가올 것인가?라는 논쟁은 더 이상 중요하지 않다. 지속적으로 진행된 우주 군사화는 이제 우주 무기화(space weaponization)로 빠르게 전환되고 있다. 이러한 경향은 중국의 우주기술 발전과 군사적 위협이 강화되는 추세와 맞물려 있다. 특히 중국의 우주력 강화에 대응하고자 미국이 2019년 우주사령부를 통합전투사령부의 일환으로 재창설하고 별도의 군종으로 우주군을 만들면서 우주 무기화는 피할 수 없는 상황이 되었다.

🚀 <그림 3> 우주 무기화의 확대 추세

Space Militarization
우주 군사화 ➡️ Space Weaponization
우주 무기화

우주 상업화

이중용도 기술		우주 민주화
민군 이중용도(Dual-Use)라는 우주기술의 특징으로 기술발전이 우주 군사화를 촉진	우주 상업화는 우주경제와 공공안전에 우주 기업 참여를 확대하여 우주 무기화를 촉진	강대국 이외에도 중진국, 신흥국 등 우주활동의 행위자 증가는 경쟁과 능력 발전을 통해 우주 무기화를 촉진

ⓒ 저자

우주 안보의 이해와 분석

우주 안보의 개념과 영역

우주 안보란 우주를 어떠한 간섭이나 방해 없이 접근하고 이용할 수 있는 안전 (secure)하고 지속가능한(sustainable) 상태로서, 우주관련 지구상 활동과 우주 내 활동에 모두 적용된다. 우주 안보는 우주 활동의 군사, 경제, 외교적 요소를 포괄한 다.[11] 우주는 글로벌 공유지(global commons)이므로 자유로운 접근과 이용이 중요 하다. 안보란 공포로부터 자유롭다는 느낌(feeling) 또는 상태(state)이다. 즉, 우주 안보는 우주 공간에서 자유로운 접근과 이용을 제한하는 공포와 불안으로부터 안 전과 지속가능성을 보장하는 일이다. 공포는 위험(danger)과 위협(threat)으로부터 일어나는 심리적인 현상이다. 위협은 상대방이 의도적으로 일으키는 행위에서 비 롯되지만, 위험은 의도되지 않은 자연 현상이다. 우주 안보에서는 소행성과 같은 자연우주 물체가 초래하는 위험과 적대 국가가 아군의 위성을 공격하는 위협을 구 분한다.

안보라는 가치는 공공재이다. 공공재는 소비하려는 사람이 많아도 부족하지 않아 경쟁하지 않아도 된다. 즉 경쟁성이 없다. 예를 들어 내가 공원에서 공기나 경 치를 소비하더라도 다른 사람들과 경쟁할 필요는 없다. 또한 공공재는 소비하려는 사람을 구별하거나 배제하지 않는다. 즉 배제성이 없다. 내가 나무를 심어 공기를 공급하더라도 특정 사람만 소비하게 하거나 다른 사람의 소비를 배제할 수 없다. 따라서 국가가 제공하는 안보라는 공공재는 경쟁과 배제에 따른 갈등을 일으키진 않는다. 정부는 공공재를 제공함으로써 질서를 유지하고 불필요한 소모가 일어나 지 않는 역할을 한다.[12]

우주 안보는 대부분 의도를 가진 상대로부터 비롯된 위협을 주로 다루지만, 지 구상 모든 주체가 협력하거나 대응해야 할 위험도 다루게 된다. 이 책에서는 우주 위험도 우주 안보의 이슈로서 다루지만, 주로 우주 안보 경쟁으로 인한 위협 이슈 를 다룰 것이다. 또한 국가안보의 일환으로 우주 안보를 이해하고 분석한다. 실제 로 우주 안보는 신흥안보의 이슈로서 국가안보의 확장된 영역으로 다뤄진다. 따라 서 우주 안보는 국가안보의 분석과 마찬가지로 대외적으로 위협(threat), 대내적으 로 취약성(vulnerability)을 다뤄야 한다. 국가 외부로부터 중요한 이익과 가치를 훼 손하려는 위협이 우주 안보 대상인 것처럼 국가 내부로부터 대응할 수 있는 능력과 의도를 약화시키는 취약성도 우주 안보의 대상이다.

우주 안보는 인류가 우주 공간이라는 영역에 진출하면서 등장한 신안보(new security)로서 복합적이고 창발적인(emerging) 성격을 갖는다. 우주 안보는 우주로부터 일어나는 알려지지 않은 재난을 비롯하여 우주와 지구 사이 상호작용 속에서 여러 요인이 연계된 복잡계 현상을 배경으로 한다. 뿐만 아니라 국가를 비롯한 다양한 행위자들이 경쟁하고 위협함으로써 분쟁을 일어나는 상황을 포함한다. 이처럼 우주 안보의 부상은 안보영역, 안보주체의 범위를 확대시키고 국제정치의 양상을 변화시키고 있다. 우주 안보는 군사적 위협뿐 아니라 정치적 갈등, 경제와 기술 경쟁, 환경적 위기 등 복합적 안보 양상을 나타내며, 상호영향으로 새로운 효과가 발생하는 창발적 특성을 보인다. 우주 안보 문제는 피해의 범위가 지구와 우주에서 발생하는 초국가적 이슈인 동시에 국가와 기업, 개인까지 다층적인 영향을 끼친다. 따라서 우주 안보 문제를 해결하기 위해서는 개별 국가 차원을 넘어서 지역 및 글로벌 차원에서 모색되는 중층적이고 복합적인 거버넌스의 메커니즘을 마련하는 것이 필요하다.

우주에서 경쟁과 다툼이 일어나는 이유는 지구상에서 인간과 국가가 경쟁하고 다투는 이유와 다르지 않다. 지구상에서 국가는 생존, 이익, 명예를 위해 경쟁하고 싸운다. 정치철학자 토마스 홉스(Thomas Hobbes, 1588~1679)는 싸움이 일어나는 이유로 세 가지를 들었다. 개인으로서 인간은 두려움으로부터 벗어나기 위해 국가라는 공동체에 자유를 위임하는 대신 생존을 보장받는다. 이처럼 생명을 위협하는 두려움은 국가가 대응해야 하는 군사 영역이다. 또한 국가는 개인과 공동체의 이익이 침해되지 않도록 대응해야 한다. 이익을 극대화하기 위해 국가는 번영 전략을 수립하고 시행한다. 국가경제전략이 이에 해당한다. 마지막으로 개인과 국가는 명예가 침해될 때 싸움을 벌일 수 있다. 명예는 국가의 정체성을 구성하는 한 요소이다. 사회적으로 공유된 믿음, 자유나 평등과 같은 특정 가치를 다른 국가나 국민이 공격하고 훼손한다면 싸움의 명분이 될 수 있다. 물론 이런 싸움은 군사적으로도 대응할 수 있지만, 타협과 인정을 통해 외교적으로도 해결할 수 있다.

<그림 4> 우주 안보의 3축

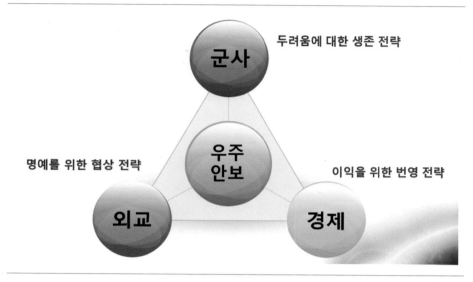

ⓒ저자

　국가안보의 일부로서 우주 안보의 영역은 국가 차원의 우주력을 활용하는 분야들이다. 우주력(space power)는 국가목표 달성을 위해 전시나 평시에 군사, 경제, 외교 활동에 우주를 활용하는 국가 능력의 총합이다. 우주 안보는 군사, 경제, 외교 분야가 유기적으로 연결된 영역이다.[13]

　먼저 군사 우주는 우주 안보를 뒷받침하는 힘의 토대로서 대외적 위협에 대응하기 위한 국가의 핵심적인 수단이다. 우주공간은 다영역 전장의 하나이며 무기화 경쟁이 치열하다는 점에서 군사 우주의 영역이다. 지구상 안보와 마찬가지로 국가들은 국가안보를 위한 우주활동 능력과 의도를 확장하고 있다. 군사 우주는 우주력 건설과 우주 전략 수립을 책임지는 영역이다. 우주력은 우주 내 전력(power in space)뿐 아니라 지상통제소, 지구와 우주를 연결하는 네트워크를 포괄한다. 우주 전략은 우주력을 활용하여 군사적 목적을 달성하고 영향력을 행사하는 방법이다. 군사 우주는 우주와 관련된 국가이익을 보호하기 위해 군사력 사용에만 초점을 둘 것이 아니라 우주 경제 및 우주 외교와 연계하여 발전되어야 한다.

　다음 우주 경제는 우주 안보를 뒷받침하는 물질적 토대로서 국가경제 발전에 기여하며, 신기술 개발과 새로운 시장 속에서 치열한 경쟁이 이루어지는 영역이다. 우주의 활용 범위가 넓어지면서 국가경제에서 우주 경제가 차지하는 영역도 확대되고 있다. 우주 경제는 연구개발과 인프라 구축을 통해 생산을 담당하는 우주 산업 분야, 사업, 투자와 거래를 통해 시장을 활성하는 우주 경제를 포괄한다. 우주 안보와 우주 경제 발전을 위해서는 민군협력이 필수적이다. 우주 경제는 국가의 지원에 의존해서는 안 되며, 자생적인 우주생태계를 통해 기술 축적과 투자, 생산과 거래가 순환될 수 있어야 한다. 우주 경제는 국가경제 전반과 긴밀히 연계되어 있을 뿐 아니라 군사 우주에 필요한 전력과 기술 개발을 제공하는 토대이다.

마지막으로 우주 외교는 우주 안보의 정당성과 활동을 규제하는 규범적 토대로서 국제조약이나 기구를 통해 국제협력과 경쟁을 조율한다. 우주활동이 활발해지고 참여하는 국가와 기업이 증가하면서 지구 궤도를 둘러싼 경쟁과 위험을 조율하는 일은 한 국가의 능력을 벗어나기 때문에 국제협력은 필수적이다. 또한 광활한 우주활동과 도전적인 우주탐사를 지속하는 일도 개별 국가와 기업이 달성하는 데 한계가 있다. 우주 외교의 출발점은 우주가 평화적 목적으로 이용되어야 한다는 인식과 새로운 행위자와 이슈가 계속 등장하는 영역으로서 협력과 합의가 공통의 이익이 될 것이라는 신념이다. 국가뿐만 아니라 비국가 행위자들도 이러한 신념을 발전시키고 있다. 세계위성사업자협회(Global Satellite Operators Association)는 우주의 지속가능성에 대한 행동 강령을 발표하고 충돌 위험, 잔해물 최소화, 인간과 천문학에 대한 보호 등 책임 있는 관행을 촉구하였다. 이처럼 인류의 계속된 우주탐사는 국제적 협력과 자발적 노력 속에서 이루어져야 하며 우주 외교는 이를 뒷받침한다.

우주 안보 영역은 군사, 경제, 외교가 서로 맞물려 토대를 구축하고 발전한다. 따라서 우주 안보의 분석틀은 전체 체계 내에서 핵심 요소들이 상호 작용하는 과정과 내용을 통해 살펴볼 수 있다. 군사 우주는 우주의 무기화와 우주 위험이 심화되는 상황에서 군사적 경쟁과 충돌이 일어나는 영역이다. 우주공간은 국가 안보 차원에서 안보화 대상이 되었으며, 지상, 해양, 공중에 이어 전투공간(전장)으로 인식된다. 이미 다영역작전과 같은 군사작전에 포함된 영역이다. 우주 강대국을 포함한 많은 국가들이 우주에서 자유를 확보하는 것이 국익이라는 공감대를 가지고 있으며 국방우주 전략이나 우주정책에 반영하고 있다.

우주 안보의 이해와 분석

🛰 우주력 기준 우주활동(spacefaring) 국가 분류

　　이 책에서는 우주력을 기준으로 우주활동국을 우주 강대국, 우주 중진국, 우주 신흥국으로 구분한다. 우주관련 문헌들을 보면 별다른 기준 없이 우주활동국을 강대국이나 약소국으로 지칭하는 것을 흔히 볼 수 있다. 또한 우주력과 관계없이 지구상 국력에 비례하여 우주 강대국으로 지칭하는 경우도 있다. 하지만, 지구상 국력이 약한 UAE와 같은 국가도 화성탐사선을 보낼 정도로 우주력은 높다. 우주 안보가 지구상 세력균형과 다른 지형을 창출할 가능성도 있다.

　　우주 강대국은 우주활동 영역 대부분을 수행하는 국가로서 우주발사체를 비롯한 우주 시스템을 모두 갖추고 우주임무를 수행하고 있으며, 유인우주비행 능력을 갖춘 국가이다. 예를 들어 미국, 러시아, 중국이다. 우주 중진국은 우주발사체를 비롯한 우주 시스템의 일부를 갖추고 우주임무를 수행하고 있으며, 유인우주비행 능력이 부족한 국가이다. 유럽우주국, 일본, 인도를 비롯해 우리나라, 캐나다, 호주 등 그 숫자가 계속 증가하고 있다. 우주 신흥국은 우주발사체를 갖추지 못했으나 우주 시스템의 일부를 갖추거나 우주임무를 추진하고 있는 국가들이다.

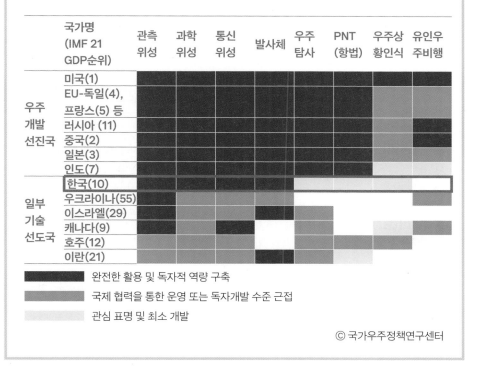

	국가명 (IMF 21 GDP순위)	관측 위성	과학 위성	통신 위성	발사체	우주 탐사	PNT (항법)	우주상 황인식	유인우 주비행
우주 개발 선진국	미국(1)	■	■	■	■	■	■	■	■
	EU-독일(4), 프랑스(5) 등	■	■	■	■	■	■	■	■
	러시아 (11)	■	■	■	■	■	■	■	■
	중국(2)	■	■	■	■	■	■	■	■
	일본(3)	■	■	■	■	■	■	■	■
	인도(7)	■	■	■	■	■	■	■	
일부 기술 선도국	한국(10)	■	■	■					
	우크라이나(55)	■			■				■
	이스라엘(29)	■		■	■				
	캐나다(9)	■		■		■		■	■
	호주(12)	■		■		■		■	
	이란(21)	■		■	■				

■ 완전한 활용 및 독자적 역량 구축

■ 국제 협력을 통한 운영 또는 독자개발 수준 근접

■ 관심 표명 및 최소 개발

© 국가우주정책연구센터

우주 안보 영역에서 활동하는 행위자들도 다양하다. 국가를 중심으로 볼 때, 세 가지 우주 안보의 영역에서 주체가 되는 행위자는 다음과 같다. 군사 우주 영역의 행위자는 국방부와 우주군을 포함한 각군, 국방연구기관 등이다. 이들은 우주 전략을 수립하고 군사 우주기술의 개발과 군사 우주작전을 수행함으로써 우주 안보를 달성하는 행위자이다. 우주 경제 영역에서는 우주 산업과 상업에서 기술개발, 상품생산과 유통을 통해 시장에서 이익을 창출하는 기업들이 주요 행위자이다. 이들은 더 많은 이익을 얻기 위해 비용을 절감하는 새로운 기술을 개발한다. 또한 우주관련 소비시장을 활성화하기 위해 새로운 비즈니스 영역을 개척하는데 투자한다. 이들은 군사 우주 행위자를 비롯한 정부와 민간 영역과 협력함으로써 수요 창출을 지속하고 안보 능력을 공급하는 역할을 수행한다. 우주 외교 영역의 행위자는 과학기술, 외교 관련 정부 및 비정부 조직 등이다. 이들은 우주과학기술개발과 우주탐사를 주도함으로써 공공안전과 국민편익을 증진한다. 또한 군사 우주 및 우주 경제 행위자들이 경쟁하는 분야에서 파괴적인 행위나 군비경쟁이 확산되지 않도록 규제와 협력을 추구하기도 한다. 이들은 다른 국가나 기업과 협의의 장을 조성하고 국제기구에서 규범 형성과 이행을 수행하는 행위자이다.

 < 그림 5 > 우주 안보의 행위자

Civil 민간	- 국가우주정책(외교 포함), 국가안보전략을 수립하고 우주과학기술개발과 우주탐사를 주도함으로써, 국가이익, 공공안전과 국민편익을 증진하는 정부와 비정부 행위자 - 국가우주개발 및 연구가관(국가우주위원회, 우주항공청(예정), 과학기술정보통신부, 외교부, 한국항공우주연구원, 한국천문연구원 등)
Military 군사	- 국방우주전력을 수립하고 군사우주기술의 개발과 군사우주작전 수행을 통해 국가안보와 군사우주력을 확보하는 행위자 - 국방부(미사일우주정책과), 합참(군사우주과), 각군본부, 전력사령부(예정), 방위사업청, 국방과학연구소 등
Commercial 상업	- 우주상업활동(사업, 투자, 무역 등)을 통해 이윤을 창출하고 시장을 활성화하는 경제 행위자 - 발사체, 지상체, 위성체 제조 분야, 우주정보 활용 분야, 우주 보험 등 기타 분야에서 우주 상업과 우주 산업에 종사하는 기업(한화에어로스페이스, 한국항공우주산업 등)

ⓒ 저자

우주 안보의 이해와 분석

국가 차원에서 우주 안보의 행위자는 전통적으로 정부의 우주개발 조직과 군을 포함한 국방조직이 주도적인 역할을 했다. 오늘날에는 민간 우주기업 등 상업 행위자들과 정부 및 비정부 조직을 포함한 민간 행위자까지 협력을 확대하고 있다. 미국의 경우 국가우주활동을 주도한 민간 조직으로 NASA와 함께 각군을 포함한 국방부가 우주 안보의 주요 행위자로 역할을 해왔다. 미 우주군(Space Force)이 창설된 이후 군사 우주를 주도하고 있으며, 정부 조직 내 상무부는 민간 우주기업과 시장 확대에 노력하고 있다.

특히 민간 우주기업의 역할은 우주 자산의 연구개발과 수익 창출에 머물지 않고 군사적 정보를 제공하고자 우주 자산을 운용하는 범위로 확대되었다. 2022년 9월 우크라이나 군대가 크림반도에 있는 러시아 해군 함정을 공격하기 위해 미국 우주기업 스페이스X에 통신위성 스타링크(Starlink) 지원을 요청한 사례가 대표적이다. 스페이스X는 전쟁 중인 우크라이나 정부의 요청이 기업의 전쟁 연루로 이어질 것을 우려하여 거절하였다.[14] 우크라이나 전쟁은 상업 우주 자산이 많은 부분 전략적 효과에 기여한 최초의 전쟁이다. 러시아는 우크라이나를 지원하는 스페이스X 위성에 대해 공격 가능성으로 위협하기도 했다.

이에 대응하여 미국은 국가안보에 활용되는 상업위성의 안전을 보장하는 프레임워크를 수립했다. '상업용 우주 보호 트라이실 전략 프레임워크'(Commercial Space Protection Tri-Seal Strategic Framework)의 핵심은 정보당국과 우주군이 잠재적 위협에 관한 정보를 위성 운영 기업과 공유하고, 상업용 위성의 피해를 줄이거나 막는 조치를 실행하는 것이다. 따라서 우주기업들은 정부든 상업용이든 적절한 데이터를 제때 제공할 수 있도록 역량을 강화하게 된다.[15] 이처럼 국가안보를 지원하는 우주기업의 적절한 역할과 이를 보호해야 하는 정부의 책임이 계속 이슈가 될 전망이다.

실제로 우주 상업 분야의 발전은 군사 우주 분야에 큰 도움이 된다. 우주 기업들은 규모의 경제를 창출하고 비용을 절감하며, 변화하는 전장 현실에 맞춰 군사력을 개선한다. 또한 우주 기업들은 광범위한 민간과 군사 시스템을 대량 생산하는데 민군겸용 기술을 활용함으로써 민간 기술과 상업 능력으로 군대 임무를 보완하고 지원하는데 효과적이다. 민군협력의 필요성은 민간 우주기업의 기술력이 국방분야 기술보다 일반적으로 앞서기 때문이다. 우리나라의 경우에도 우주 분야의 국내 국방기술 수준은 최고선진국 대비 58.8%, 기술격차는 9.1년이며, 국내 민간 기술 수준은 61.9%, 기술격차는 8.8년으로 평가되어 전체적으로 기술 격차가 크고, 주로 기술협력/기술도입을 통한 기술개발이 필요하며 기술자립도가 낮은 수준인 것으로 분석되었다.

그러나 스타링크 사례와 같이 민간 우주기업의 역할에는 위험도 따른다. 스페이스X는 우크라이나를 지원하면서 미국 정부의 비용 지불을 안게 되는 상황이 발생했다. 또한 전쟁 상황에 따라 공격적인 군사 임무에는 스페이스X의 위성 사용을 제한하겠다는 입장으로 논란이 되었다. 물론 민간 우주기업은 정부와 다른 목적으로 활동하기 때문에 그렇게 놀라운 일은 아니다.

하지만 일반적으로 민간 우주기업이 발전할 수 있었던 우주기술은 정부의 연구지원과 기술이전 등 많은 혜택을 통해 이뤄진 것이므로 국가안보를 위한 봉사 의무도 있다. 따라서 전쟁에서 상업 행위자의 역할에 의존도가 높아질수록 공공－상업 우주 관계의 불균형이 내부적 문제를 일으킬 수 있다. 군대를 포함한 국방 조직이 민간 우주기업의 역량에 의존할수록 전쟁에서 이들의 영향력을 통제하기 어려울 수도 있다. 우주에서 민관군 협력의 필요성과 균형을 맞추기 위해서는 우주 안보 차원에서 민간, 군사, 외교 행위자의 노력이 국가우주 전략으로 통합되어 국가이익을 달성하기 위한 명확한 방향과 책임을 마련할 필요가 있다. 예를 들어 정부가 민간 우주기업과 체결하는 계약에는 전쟁이 발생했을 때 상업 서비스를 사용할 수 있다는 내용을 포함할 수 있다. 또한 중국과 러시아가 우주기업 자산을 전쟁의 표적으로 간주할 경우를 고려하여, 정부는 상업 우주 자산을 국가안보 자산으로 지정할지를 고민해야 한다. 끝으로 정부는 민간 우주기업과의 문제를 남겨두기보다는 중국과 같은 우주 강대국과 전쟁에서 필수적인 우주 자산을 안정적이고 강력하게 구축하는데 우선순위를 두어야 한다.

정부뿐 아니라 비정부 조직들도 우주 안보에서 역할을 확대하고 있다. 기존 우주관련 비정부 조직들은 주로 우주과학에서 다양한 활동에 참여하며 대중적 역할을 수행했다. 우주과학의 범위는 지구와 지구를 벗어난 영역까지 포함된다. 예를 들어 다국적 비영리 과학단체인 행성협회(Planetary Society)는 1980년 천문학자 칼 세이건 등이 설립하였으며 세계 125개국 이상의 과학자, 시민들이 참여하고 있다. 행성협의의 비전은 "또 다른 세상을 탐구하고 우리가 사는 세상을 이해하며 다른 곳의 생명을 찾도록 지구상 사람들에게 영감을 주자."이다.

행성협의의 대표적 활동은 2019년 6월 발사한 태양돛 우주비행체 라이트세일
−2(Lightsail−2)이다. 라이트세일−2는 칼 세이건의 아이디어를 실현한 우주비행
체로 범선의 돛으로 바람을 이용한 것처럼 얇은 사각형 플라스틱 필름을 펼쳐 태
양빛에서 나오는 알갱이 같은 광자를 이용해 추진력을 얻는다. 라이트세일−2는
약 3년 반 동안 우주 환경 정보를 수집하는 임무를 수행하고 2022년 말 지구 재진
입과 함께 소멸되었다.

 < 그림 6 > 라이트세일-2의 태양돛을 펼친 장면

ⓒ 행성협회(planetray.org)[16]

우주 잔해물(space debris)

    우주 잔해물은 임무 종료 또는 기능이 정지된 우주비행체/위성과 관련된 부속품, 충돌이나 폭발 등으로 생성된 파편으로 지구 궤도에 존재하는 모든 인공 우주물체를 의미한다.[17]

    우주 잔해물의 위험은 1978년 NASA의 과학자 도널드 케슬러(Donald J. Kessler)가 발표한 시나리오로 알려졌다. 당시에는 별다른 관심을 끌지 못했지만, 50여 년이 지난 현재 파국이 현실화되는 게 아니냐는 우려가 높아지고 있다. 케슬러는 지구 저궤도의 우주 잔해물 규모가 일정 수준에 도달하면 인공위성에 충돌할 확률도 높아지며, 작은 우주 잔해물과 충돌한 위성이라도 수백 개의 잔해물을 다시 만든다고 강조한다. 새로 만들어진 우주 잔해물 때문에 다른 위성이 충돌할 확률은 더욱 높아진다. 이렇게 기하급수적으로 우주 잔해물이 증가하면 결국 더 이상 위성을 사용할 수 없는 단계까지 이를 수 있다는 시나리오이다.

    이 밖에도 다른 위성이나 우주 잔해물과 충돌로 인해 발생한 새로운 잔해물, 인공위성에서 떨어져나온 부품이나 페인트 등 지름 1cm 이하의 미세한 물질도 우주 잔해물로 분류된다. 아무리 작은 잔해물도 저궤도에서는 총알보다 훨씬 빠른 초속 7km가 넘는 속도로 지구를 공전하므로 우주인과 우주비행체에 치명적인 피해를 입힐 수 있다. 실제로 1cm 크기의 잔해물도 이런 속도로 충돌할 경우 20배에 달하는 20cm 보호벽을 파괴할 수 있다. 우주 잔해물은 10cm 이상 크기가 36,500여 개, 1~10cm 크기가 1백만 개, 1mm~1cm 크기가 1.3억 개이며 우주 잔해물의 총 무게는 1만 톤을 넘는다. 이 중에서 현재 우주영역인식 능력이 가장 앞선 미국이 추적하고 있는 우주 잔해물은 32,000여 개에 불과하다.

    우주 잔해물은 우주로 발사체가 올라가는 과정부터 발생한다. 우주발사체가 올라가는 과정에서 대부분 추진체(연료＋산화제)로 채워진 1단 발사체는 바다로 떨어지거나 재사용을 위해 지구상에 착륙한다. 2023년 7월 호주 해변에서 발견된 인도 발사체 잔해물처럼 큰 물체가 지속적으로 추락하고 있으며 매년 급증하는 추세다. 한국천문연구원에 따르면 전세계 우주 잔해물이 추락하는 사고가 최근 5년간 884% 이상 증가하였다. 우리나라에서도 2023년 1월 9일 임무를 다한 미국 지구관측위성(무게 2.4톤)이 대기권을 뚫고 지구상에 추락할 것으로 예상되면서 경계경보가 발령되었다. 이 위성은 예상보다 한반도에 가까운 울진 근처 앞바다에 떨어지며 우주 위험에 대한 경보와 대응이 중요함을 보여주었다. 이처럼 2010년 이후에만 한반도가 위험할 수 있는 상황은 중국의 우주정거장 추락을 포함해 모두 8건이었다.

호주 해변에서 발견된 인도 우주잔해물

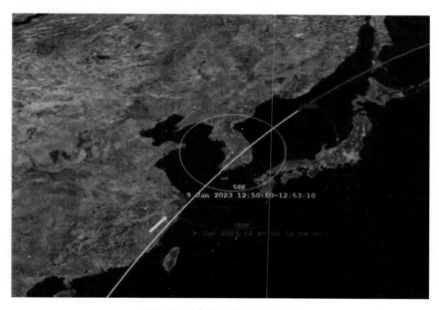

미국 지구관측위성 추락 예상 궤도

ⓒ 과기정보통신부

고도 100km를 넘어 분리되는 2단 발사체(발세체에 따라서는 3단)는 곧바로 지구에 떨어지지 않고 지구 궤도를 돌게 된다. 이처럼 발사 과정에서 분리된 발사체 일부가 우주 잔해물이 된다. 우주로 발사된 위성도 수명을 다하거나 중간에 고장 등으로 기능을 하지 못할 경우 우주 잔해물이 된다. 수명을 마친 위성이나 잔해물이 저궤도에 있다면 지구 대기권으로 재진입시켜 불타 없어지게 하거나 크기가 커서 모두 불탈 수 없다면 남태평양에 인적이 없는 지역(포인트 니모)으로 추락시켜 심해에 수장시킨다.

만약 큰 우주 잔해물이 지구정지궤도에 있다면 지구 대기권으로 재진입시키는데 많은 연료가 필요하다. 따라서 그보다 200~300km 높은 고도에 있는 무덤궤도 (graveyard orbit) 혹은 폐기궤도(disposal orbit)로 이동시킨다. 무덤궤도에서는 지구정지궤도 활동을 방해하지 않으면서도 태양이나 달 중력의 영향을 받지 않고 한 지역에 머물 수 있다.

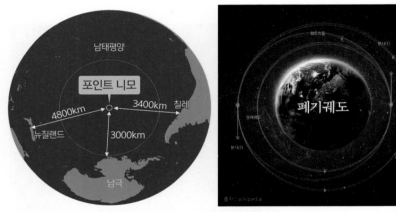

포인트 니모(좌)와 폐기궤도(무덤궤도)(우)

© Wikipedia Commons

우주 안보의 이해와 분석

<그림 7> 저궤도 우주 물체 및 잔해물 이미지 (2023년 기준)

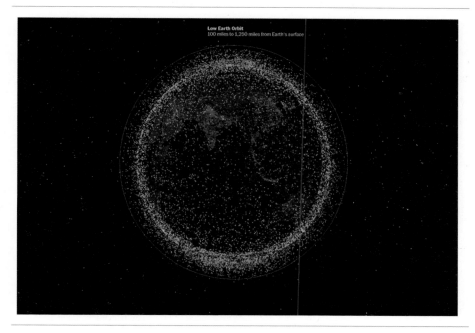

　이처럼 우주 잔해물은 궤도가 낮을수록 지구 대기권으로 진입하여 소멸하거나 지구상에 추락한다. 우주 잔해물이 줄어드는 유일한 경우이다. 예로 들어 저궤도에 있는 잔해물은 지구 대기의 상층부와 상호작용하면서 대기 마찰에 의해 점차 속도가 줄어든다. 속도가 줄면 잔해물은 궤도가 더욱 낮아지며 더 많은 대기 마찰을 겪게 되어 결국 대기권으로 재진입한다. 이때 작은 잔해물은 고온으로 인해 불타 없어지고, 큰 잔해물은 지구상에 추락할 수 있다. 저궤도 잔해물 중에서도 가장 낮은 고도 200km에 떠도는 경우에는 몇 일내로 대기권에 재진입할 수 있지만, 1,000km 이상의 저궤도 잔해물은 100년 이상 지구 궤도를 떠돌 수도 있다. 따라서 약 36,000km에 위치한 지구정지궤도에서 수명이 다한 인공위성은 영원히 우주에 남을 가능성이 높다.

<그림 8> 우주 잔해물의 궤도별 소멸 소요 기간

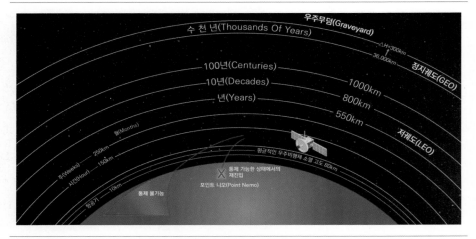

우주 환경과 우주 안보

태양 활동

우주 안보는 지구상 활동을 포함하지만 지구와 물리적 특성이 다른 우주 환경으로부터 영향을 받는다. 유인우주활동이나 우주 자산의 활용을 위해서는 전문적인 우주물리학이나 천문학이 아니라도 기초적인 우주 환경 지식이 필요하다. 지구가 속한 태양계는 태양의 절대적인 영향을 받고 있다. 먼저 태양이 우주 안보에 미치는 영향을 살펴본다. 태양이 우주와 지구에 위험을 초래할 수 있는 대표적인 요인은 태양 플레어와 코로나 질량 방출에 따른 태양풍이다. 태양풍은 태양 폭발로 인해 지구로 전달되는 전자기파와 고에너지 입자들이다. 태양 폭발은 태양 표면에서 발생하는 거대한 폭발 현상으로 대량의 엑스선, 감마선, 고에너지 입자 등을 방출한다. 강력한 고에너지 입자가 지구를 강타할 경우 지구를 둘러싼 자기장이 불규칙해지면서 자기폭풍이 일어날 수 있다.

태양풍은 지구 자기장과 대기권의 영향으로 대부분 소멸하지만, 일부 플라스마 입자는 지구 전리층에 강한 영향을 미쳐 일시적인 지자기 변동을 일으키면서 발전소나 변전소 같은 전력 시설에 영향을 주기도 한다. 극지방의 하늘을 아름답게 수놓는 오로라(Aurora)도 태양풍으로 인해 지구 자기장이 불규칙하게 변하는 현상이다. 태양풍에 포함된 이온들이 지구의 자기장과 상호작용하면서, 지구 자기장에 갇힌다. 이러한 이온들 중 일부가 자기장의 남북극 근처의 상층대기와 만나 오로라를 형성한다. 우리는 화려한 오로라 뒤에 도사리고 있는 우주 위험을 이해해야 한다.

태양풍에 의해 방출된 전자파 등은 속도의 차이에 따라 3단계로 나뉘어 지구에 도달한다. 가장 먼저 도달하는 것은 빛의 속도로 이동하는 전자파로 약 8분이 걸린다. 전자파는 주로 전파 장해를 일으키고 많은 통신시스템(인공위성, 비행기의 무선 등)을 사용할 수 없게 만든다. 두 번째는 방사선으로, 몇 시간이 걸린다. 이때 우주인은 방사선을 차단할 수 있는 시설로 대피해야 할 정도로 위력이 있다. 마지막은 코로나 질량 방출로 1~2일 정도가 걸린다. 이 단계가 가장 위험하며 자기권 내에 생성되는 전기에너지로 인해 발생한 지자기 유도 전류가 송전선과 배전선을 타게 되면 전류를 방해하여 정전, 전력 시스템과 철도 등 교통, 통신 인프라를 파괴할 수 있다.

 <그림 9> 태양풍 위험

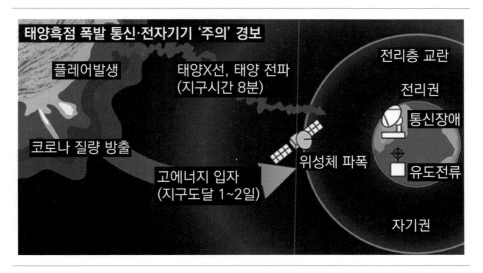

문제는 이런 위험이 주기적으로 반복된다는 점이다. 태양 흑점의 활동은 약 11년 주기로 높아졌다가 낮아지기를 반복한다. 2024년은 태양 흑점이 거세지는 시기이며, 2024~27년 정점에 이를 것으로 전망된다. 태양풍 전문가들은 향후 수년간 이러한 문제가 반복될 수 있으며 빈도는 낮지만 과거보다 심각하게 받아들여야 한다고 경고한다.

2022년 3월에는 스페이스X가 발사한 스타링크 위성 49기 중 40기가 지자기폭풍의 영향으로 쓸려나가 소멸되기도 했다. 태양에서 고에너지 입자가 방출되는 태양풍으로 지자기폭풍이 발생했기 때문이다. 스타링크 위성은 태양풍으로 인해 대기 온도가 상승하고 대기 밀도가 증가하면서 대기로부터 더 많은 저항을 받았다. 이처럼 태양풍은 화성이나 달 등 유인 우주탐사를 계획할 때도 필수적으로 고려해야 한다. 우주에서는 지구의 대기권처럼 태양풍을 막아 줄 수 있는 보호막이 없기 때문에 우주인은 인체에 치명적인 우주방사선과 전자파에 노출될 수 있다. 과학자들은 우주인이 태양 폭발을 관측하고 대피할 수 있는 시간을 15분 정도로 계산했다.

한편 NASA는 화성을 생명체가 살 수 없는 불모지로 만든 원인이 태양이라고 발표했다. NASA는 화성 대기 탐사위성 메이븐(Maven)이 보내온 자료를 분석한 결과 태양풍이 화성의 대기권을 사라지게 만들었다고 밝혔다. 한때 물과 산소가 풍부한 대기를 가졌을 화성이 태양풍으로 현재는 지구 대기의 0.6%만 남은 상황이다. 반면 지구는 대기와 자기장이 있어 태양풍에 의한 많은 전자파(자외선, 가시광선, 적외선, 전파), 입자 등을 막아준다. 유일하게 지표에 도달하는 것이 가시광선과 적외선이다.

또한 지구 주위에는 밴 앨런대라는 보호막이 있다.[18] 밴 앨런대는 지구 대기권 밖에서 지구의 자기장에 붙잡힌 입자들이 자력선을 따라 벨트처럼 휘어진 모양으로 지구를 감싸고 있는 방사능대를 말한다. 지금까지는 우주로부터 빠르게 날아오는 유해 전자들 대부분이 지구 대기에 들어올 때, 대기 입자와 충돌해서 사라지는 것으로 알려져 있었다. 하지만, 밴 앨런대도 태양 활동이 강해지면 교란을 받는다. 그 결과 밴 앨런대에서도 지자기폭풍이 일어나고 오로라를 형성한다. 밴 앨런대가 교란되면 장거리 무선통신이 방해받는 등 지구 생활에 혼란이 일어날 수 있다.

우주 안보의 이해와 분석

<그림 10 > 태양풍과 밴 앨런대

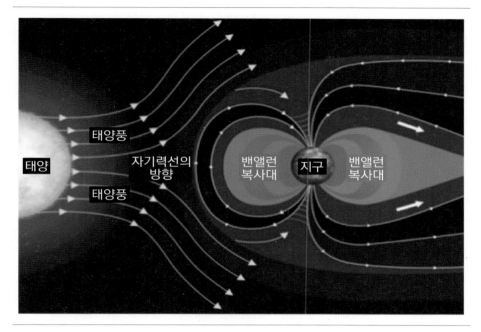

© doopedia

　　태양풍은 광범위한 영향을 미치기에 완벽하게 대비할 수 없다. 하지만 정확한
예측을 바탕으로 최대한 피해를 줄일 수는 있다. 심각한 피해를 줄이기 위해서는
태양 활동을 관측하는 위성을 활용하여 위험을 전달하고, 이를 바탕으로 발전소
등을 정지시키고 강제로 정전을 실시할 필요가 있다. 처음의 전자파를 넘기면
뒤이어 태양풍이 도달하기까지 정보를 발신하여 필요한 조치를 취할 수 있으므로
태양 활동을 관측하는 위성을 활용해야 한다. NASA는 태양 탐사위성 에이스
(Advanced Composition Explorer, 이하 ACE로 표기)를 1997년 발사하여 지구와 태양
사이 라그랑주 점(L1)에 보냈다. ACE 위성은 태양을 감시하며 태양풍의 고에너지
입자 등 물질을 연구하며, 태양풍이 지구에 도달하기 1시간 전 이를 예측할 수 있
다.[19] ACE 위성이 원거리에서 태양을 관측한다면 태양에 근접하여 연구하는 탐사
위성도 있다. NASA가 2018년 발사한 파커 솔라 프로브(Parker Solar Probe, 이하
PSP로 표기)는 태양 표면에서 약 620만km 거리까지 근접하여 태양풍과 태양의 표

면 온도가 높아지는 현상인 코로나 활동을 관측한다. 태양과 지구 사이의 거리를 100m라고 하면 PSP 위성은 4m까지 근접하는 셈이다. PSP 위성의 프로젝트가 "태양을 만져라(Touch the Sun)"인 이유이다. 이로 인해 PSP 위성은 태양의 엄청난 열을 견디기 위해 표면을 탄소복합체 열보호체계로 덮었다. PSP는 태양의 엄청난 중력도 견뎌내야 한다. 하지만 탐사위성의 추력기로는 태양의 중력을 피할 수 없기 때문에 금성과 태양 사이를 오가는 스윙바이(swing by) 기술을 사용한다. 즉 금성을 지나며 중력으로부터 얻은 가속으로 태양에 근접하여 돌아오는 원리이다.

 < 그림 11 > 태양 탐사위성 에이스(좌)와 파커 솔라 프로브(우)

© Wikipedia Commons

우주에 아무 것도 존재하지 않다면 우주는 무엇으로 이루어져 있을까?

과학자들은 암흑 물질과 암흑 에너지의 가능성을 밝히고자 노력 중이다. 현재 우리가 우주 물질에 대해 알고 있는 것은 5%에 지나지 않는다. 25%의 암흑물질, 70%의 암흑에너지로 채워져 있다고 추정한다. 알려진 물질은 원자를 구성하는 전자(렙톤)와 양성자, 중성자(더 작게는 쿼크) 등이다. 우주에는 이러한 입자로 구성되지 않은 빛을 낼 수 없는 어두운 물질이 존재한다고 알려져 있다. 이를 암흑물질이라고 한다. 우리는 아직도 암흑물질을 구성하고 있는 입자의 정체를 모른다. 우주의 구성에서 더 많은 부분을 차지하고 있는 암흑에너지는 물질도 아니고 빛에너지도 아닌, 알 수 없는 에너지라는 뜻에서 암흑물질과 대칭적으로 이름이 붙여졌다. 암흑에너지의 정체도 아직 모른다.

우주 안보의 이해와 분석

중력

우주 안보를 위해 우주 자산의 위치나 이동을 활용하려면 중력을 이해해야 한다. 중력은 우주의 어느 곳에서나 작용하는 힘이다. 흔히 우리는 우주를 무중력 상태로 알고 있지만, 정확히 말해 무중력 상태가 중력이 없는 상태를 의미하진 않는다. 지구에서 약 400km 고도에 위치한 국제우주정거장에는 지구에서보다 12% 적은 중력이 작용한다. 즉 지구에서 1g은 국제우주정거장에서는 0.88g이 된다. 그런데 국제우주정거장에서 우주인들이 무중력 상태로 보이는 것은 실제로 중력이 없어서가 아니라 다른 위성과 마찬가지로 국제우주정거장이 지구 궤도를 빠르게 돌면서 생긴 원심력으로 인해 중력을 느끼지 못하기 때문이다.

이러한 원리는 비행기를 이용한 무중력 체험에도 적용된다. 비행기가 공중에서 포물선 모양으로 자유낙하하는 상태를 만들면 비행기 안에 있는 사람은 무중력 상태가 된다. 군사 우주 차원에서 이러한 원리는 우주인 양성을 위한 훈련에 활용된다. 우리나라에서도 유인 우주비행 프로젝트를 다시 시작한다면 공군 항공기를 이용하여 우주인 훈련과 우주의학 프로그램을 운영할 수 있다. 항공기를 이용한 우주인 무중력 훈련은 한 번 이륙하면 고도에 따라 여러 차례 수행할 수 있다는 장점이 있다. 우리나라 최초의 우주인 이소연씨도 러시아에서 진행된 우주인 훈련에서 이 과정을 통과했다. 우주 경제 차원에서는 같은 원리가 체험상품이 될 수 있다. 미국에서는 2008년부터 제로지(Zero G)라는 기업이 비행기를 이용하여 상업용 무중력 비행체험을 운영하고 있다.

인공위성과 같은 우주 물체는 중력과 원심력으로 인해 궤도에서 지구로 떨어지지 않고 빠르게 돌고 있다. 궤도에서는 대기가 없기 때문에 우주 물체의 속력을 늦추는 항력(마찰)이 없으므로 일정한 속도를 유지할 수 있다. 따라서 정지궤도 이하에 위치한 위성은 지구의 특정 지역을 빠르게 지나간다. 우리나라가 저궤도에서 운용하는 군정찰위성은 위성 1개당 하루에 2~3회만 한반도 상공을 통과한다. 이렇게 특정 지역을 반복해서 지나는 기간을 재방문 주기라고 한다. 군정찰위성 5기가 운영되는 경우 한반도 재방문 주기는 하루 2시간으로 예상되며, 영상을 촬영할 수 있는 시간은 2~3분 정도이다. 군정찰위성의 임무는 표적을 24시간 감시할 수 있어야 효과적이다. 그래서 우리나라는 초소형위성을 군집으로 발사하여 재방문

주기를 30분까지 단축하고자 한다.[20]

🛰️ 인공위성과 중력

인공위성이 지구로 추락하지 않고 궤도를 도는 원리도 중력과 관련이 있다. 지구에서 발사한 인공위성은 지구를 벗어나려는 원심력과 지구에서 중력이 끌어당기는 만유인력이 같을 때 일정한 궤도를 유지하며 지구를 돌게 된다. 이때 저궤도(100km)를 기준으로 위성이 일정하게 도는 속도는 초속 7.9km이고 이를 제1우주속도라고 한다. 이제 지구에서 달로 이동해보자. 지구를 돌고 있는 위성이 달을 향하기 위해서는 원심력을 높여야 하며 따라서 제1우주속도보다 빨라야 한다. 이때 지구의 중력을 벗어날 수 있는 최소한의 속도를 일명 탈출속도라고 하는데, 이것이 제2우주속도이다. 제2우주속도는 초속 11.2km이다. 참고로 달 궤도에서 달 중력을 벗어나기 위한 탈출속도는 초속 2.4km이다. 그러므로 지구에서 발사하여 달에 착륙하기 위한 우주선은 제2우주속도로 지구를 벗어난 이후 달 궤도를 지나치지 않기 위해 속도를 초속 2.4km로 줄여야 한다. 우주는 관성의 법칙에 따라 공기 저항이 없는 상태에서 물체가 같은 속도를 움직이는 공간이기 때문이다. 지구에서 화성으로 이동하는 것보다 달에서 화성으로 이동하는 방식이 갖는 여러 가지 이점 중 달 궤도의 탈출속도가 지구보다 낮기 때문에 연료가 적게 드는 점도 포함된다.

🛰️ 위성은 무게에 따라 다음과 같이 구분된다.

대형위성 : 1000kg 이상
중형위성 : 500~1000kg
소형위성 : 100~500kg
초소형위성 100kg 이하
- 마이크로위성(Micro) : 10~100kg
- 나노위성(Nano)(큐브위성) : 1~10kg
- 미소위성(Pico) : 0.1~1kg
- 극소위성(Femto) : 0.1kg 이하

중력에 대한 이해에 가장 큰 공헌을 한 과학자는 뉴턴(Isaac Newton, 1643~

1727)과 아인슈타인(Albert Einstein, 1879~1955)이다. 뉴턴은 1687년 프린키피아라는 책에서 중력을 만유인력(universal gravity)이라고 불렀다. 뉴턴은 중력에 관한 공식을 수립했으며,[21] 중력이 지구뿐 아니라 우주에도 보편적으로 작용하는 힘임을 알아냈다. 나무에서 떨어지는 사과, 바다의 조수간만, 지구를 공전하는 달 등도 두 물체가 서로 끌어당기는 현상이라고 설명한다. 인류가 다른 생명체와 달리 지구를 지배하고 우주를 탐사할 수 있었던 것은 이처럼 보이지 않는 것을 생각하고 상상할 수 있는 능력 때문이다.[22] 뉴턴의 중력 법칙 때문에 과학자들은 행성의 움직임을 정확히 예측할 수 있게 되었다.

아인슈타인은 뉴턴의 완벽하지 않았던 부분을 보완하였다. 1915년 아인슈타인은 행성의 중력 때문에 행성 주변의 시공간이 왜곡되며 그러한 구조로 인해 행성들이 주위를 돈다고 주장했다. 또한 아인슈타인은 빛도 중력에 의해 휘어진다고 주장하고 이를 검증할 수 있는 실험을 제안했다. 개기일식 때, 태양 뒤에 있는 다른 별의 빛이 태양 중력으로 휘면서 태양 옆에서 볼 수 있다는 제안이었다. 1919년 아서 에딩턴(Arthur S. Eddington)이 이 실험을 관측으로 증명하여 아인슈타인은 세계적으로 명성을 얻게 되었다. 이처럼 중력에 대한 과학적 지식은 과학의 영역에만 머물지 않는다. 예를 들어 중력에 의해 우리가 움직이는 물체(항공기나 우주비행체 등)에 있다면 지구상에 고정된 위치에서보다 시간이 늦게 간다. 이런 시차는 거리가 멀수록 더 커진다. 우주에서는 중력이 작으므로 시간은 더 빠르게 간다. 따라서 위성과 지구의 시차는 거리와 이동 속도에 따라 달라진다. 이러한 원리는 일상생활과 군사용으로 필수적인 위성항법체계에 오차를 발생시킨다. 위성항법체계로 지구상 위치를 정확히 파악하려면 거리와 이동 속도에 따른 차이를 보정해야 한다. 처음 미 공군에서도 글로벌위치시스템(Global Positioning System, 이하 GPS로 표기)이라는 위성항법체계를 만들면서 오차가 왜 발생하는지 이해하지 못했다.

전략적 요충지

지구상 전장과 마찬가지로 우주에도 전략적 요충지가 있다. 흔히 우주는 우주비행체의 추진력으로 자유롭게 이동할 수 있는 공간으로 생각한다. 틀린 생각은 아니다. 하지만, 우주에서 추진체를 사용하는 만큼 우주 자산의 수명은 줄어들게 된다. 현재는 지구상과 달리 우주 자산의 재급유나 보급이 어렵기 때문이다. 평시에도 우주 자산은 자세제어, 잔해물 회피 등 필수적인 활동에만 추친체를 사용해야 하므로 자유로운 이동은 제한될 수밖에 없다.

우주 안보의 세 가지 측면에서도 마찬가지다. 군사 우주 측면에서 적을 상대하기 유리한 위치, 우주 경제 측면에서 상업 기능(통신, 관광 등)을 효과적으로 할 수 있는 위치, 우주 외교 측면에서 먼저 선점하면 규범을 선도할 수 있는 위치가 모두 요충지이다. 이처럼 전략적 요충지는 우주 자산이 거점을 운영하거나 이동하는데 유리한 지점들이다. 우주에서 거점은 우주 자산이 안정적으로 임무를 수행하고, 자원을 쉽게 보급받거나 지원할 수 있으며, 본 임무를 효율적으로 수행할 뿐 아니라 다음 거점으로 이동하기 쉬운 위치이다. 우주라는 거대한 공간에도 불구하고, 전략적 요충지는 유한하기 때문에 경쟁과 갈등의 원인이 될 수 있다. 여기서는 우주의 전략적 요충지로 지구와 같은 천체 궤도, 라그랑주 점, 시스루나 공간에 대해 살펴본다.

천체 궤도(지구)

우주 물체는 천체가 가진 중력으로 인해 천체 주위를 일정한 경로로 돌게 되는데 이를 궤도라고 한다. 모든 우주 자산의 움직임은 중력의 영향을 받기 때문에 우주를 활용하려면 궤도의 힘을 이해해야 한다. 모든 행성은 중력에 의해 궤도를 갖는다. 현재 활발히 진행되고 있는 달 탐사도 달 궤도에 우주정거장을 건설하는 등 우주 안보 차원에서 궤도 활용성을 고려해야 한다. 여기서는 지구를 예로 들어 천체의 궤도 활용성을 이해한다.

지구 궤도는 지구 해수면으로부터 고도와 궤적에 따라 크게 저궤도(Low Earth Orbit, 이하 LEO로 표기), 중궤도(Medium Earth Orbit, 이하 MEO로 표기), 정지궤도(Geostationary Earth Orbit, 이하 GEO로 표기), 고타원궤도(Highly Elliptic Orbit, 이하 HEO로 표기) 등으로 구분된다. 궤도의 특성에 따라 인공위성의 활동 범위가 달라지기 때문에 궤도별 위성의 임무도 달라진다.

일반적인 궤도 구분은 저궤도에서 시작한다. 하지만 과학기술의 발전과 궤도별 활용 목적이 다양해지면서 최근에는 저궤도 이하의 초저궤도(Ultra – Low Earth Orbit, 이하 UEO로 표기) 위성도 개발되고 있다. 이런 점에서 공중과 우주의 경계는 과거보다 명확하지 않다. 공중과 우주는 물리적으로 다른 것은 사실이지만, 우주

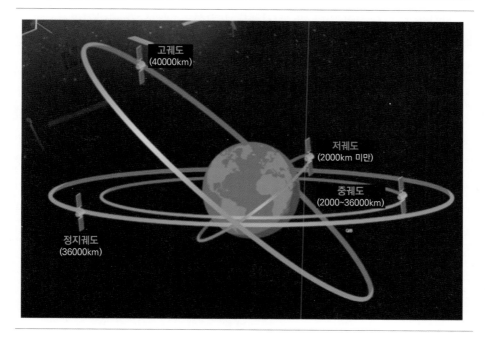

ⓒ 게티이미지뱅크

    안보 차원에서 군사적, 경제적, 외교적으로 발생하는 경쟁과 협력은 높은 공중 영역과 낮은 우주 영역의 경계를 허물고 있기 때문이다. 우주는 고도 100km(카르만 라인)부터 시작되지만 초저궤도로 구분되는 고도 200km 미만에서는 대기 밀도로 인해 발생하는 항력이 있어 고도를 유지하는데 많은 연료를 소비해야 한다. 초저궤도는 지구와 가까운 만큼 세밀한 지구관측이 가능한다. 따라서 군사적 감시정찰위성에 적합하며, 기상 변화와 기후 패턴을 분석하기 대기 상층부의 기압, 구름의 움직임 등을 연구하는 데에도 유용하다.

    저궤도는 고도 200 ~ 2,000km에 해당한다. 저궤도는 지구와 가까운 고도이므로 고화질의 이미지가 필요한 군사적 감시정찰에 적합하며, 지상의 다양한 변화를 확인할 수 있는 지구관측위성도 운용된다. 저궤도에서는 전파의 송수신 시차가 짧아 빠른 통신과 정보 전달이 가능하기 때문에 통신위성의 기능에도 유리하다. 지구에서 전파가 위성을 왕복한 시간을 전파지연시간이라고 하는데 약 36,000km인정지궤도가 0.5초일 때 저궤도는 0.025초이다. 저궤도는 정지궤도보다 전파의 송수신에 유리하지만 지구상 특정 지역을 빠르게 지나가므로 송수신을 지속할 수 있는 시간은 짧은 단점이 있다. 또한 저궤도는 위성의 해상도가 좋아지면서 급증하는 데이터 용량에 대응하기 수월하다. 지구상에는 자율주행 자동차, 도심항공 모빌리티 등 무선데이터에 기반한 새로운 기술과 제품이 증가할 것이다. 지상 무선데이터 네트워크로는 이를 감당하기 어렵다.

대신 저궤도에서는 위성이 지구를 빠르게 돌기 때문에 한 지점을 오래 감시할 수 없고, 넓은 면적을 관할하기 위해 많은 위성이 필요하며 원활한 지휘통제를 위해 다양한 지상시설에 의존한다. 또한 궤도상 대기와 근접한 저항이나 중력에 맞서기 위해 반복적인 연료 분사가 필요하며, 만약 궤도 유지에 실패하면 24시간 이내에 대기권으로 재진입할 수 있다. 저궤도는 정지궤도보다 송수신에 유리하지만 지상의 좁은 영역만 담당할 수 있기 때문에, 다수의 위성을 배치하여 끊김이 없이 접속을 유지할 필요가 있다. 저궤도 위성이 점차 대규모 군집형태를 갖추는 이유이다.

중궤도는 고도 2,000~36,000km 영역으로 최소 24개 위성의 군집으로 운용할 경우 지구의 모든 지역을 지속적으로 관측할 수 있으며, 통신위성도 운용할 수 있다. 중궤도에서는 고에너지 입자가 지구 자기장에 붙잡혀 만들어진 밴 앨런대를 피해서 위성을 배치해야 한다. 이 영역에서는 방사능 수치가 높아 인공위성의 내부가 피해를 입기 쉽고 우주인도 활동을 피해야 한다. 밴 앨런대는 지구와 가까운 1,500~5,000km에 위치한 내측 영역과 15,000~30,000km에 위치한 외측 영역인 이중 구조로 되어 있다. 중궤도에서는 위성속도가 저궤도보다 늦고 위치계산 확률이 낮으며 위성 수도 적게 필요하므로 위성항법체계에 효율적이다.

정지궤도는 고도 약 36,000km 영역으로 지상에서 보면 정지궤도에 위치한 위성은 24시간 내내 그대로 정지해 있는 것처럼 보인다.[23] 정지궤도 위성과는 송수신을 위해서 지구의 안테나를 움직일 필요가 없으므로 중단없이 전파와 데이터를 주고받을 수 있다. 전파지연시간에도 불구하고 많은 통신위성을 정지궤도에서 운용하는 이유이다. 또한 정지궤도에서는 3개의 위성만으로도 지구 전체를 커버할 수 있으므로 글로벌 수준에서 지속적인 임무가 필요한 기상위성, 항법위성, 탄도미사일 조기경보위성도 적합하다. 정지궤도에서는 자전과 동일한 회전주기로 인해 저궤도 위성과 달리 지상국과 위치확인을 위한 통신이 불필요하며, 지상 수신 안테나는 위성정보를 받기 위한 위치조정이 필요없다.

정지궤도에서 가장 효과적인 위치는 적도 면을 따라 위치한 지구동기궤도이다. 지구동기궤도는 특정 적도 지점 위에 24시간 자리할 수 있으며, 타원형인 지구 모양을 고려할 때 적도에서 남북한 지역까지 지구 대부분에서 임무를 수행할 수 있다. 그러나 지구동기궤도는 적도면을 따라 360도에만 위성을 위치시킬 수 있기 때문에 위성 배치가 제한된다. 평균 3도 간격으로 위성을 배치할 경우 동일궤도면에서 총 120기만 지구동기궤도에 올릴 수 있다. 이처럼 지구동기궤도에 위치한 위성들은 이웃 위성과 간섭 현상이 발생할 수 있으며 위성이 더 많아질수록 정지궤도 환경은 열악해진다. 따라서 정지궤도를 선점하는 것은 우주 안보 차원에서 중요하다. 특히 정지궤도는 한 곳을 지속적으로 감시하거나 끊김이 없는 통신을 할 수 있기 때문에 군사 우주 측면에서 활용도가 높다. 정지궤도는 저궤도나 중궤도보다 높고 일정한 위치를 유지하기 때문에 통신중계를 통해 지구 반대편으로 데이터와 통신을 전송할 수도 있다. 반면 저궤도는 약 90분에 지구를 한 바퀴 도는 속도로 이동해야 한다. 이때 저궤도를 도는 위성은 지구를 한 바퀴 돌아도 원래 위치로 돌아오지 않는다. 위성이 한 바퀴 도는 동안 지구가 자전하므로, 위성은 서쪽으로 더 이동해서 지나간다. 이러한 원리를 이용하면 북극과 남극을 지나는 극궤도(polar orbit) 위성은 전 세계를 커버할 수 있다.[24] 실제로 군사 우주 분야에서는 극궤도 위성으로 전 세계 군사시설을 정찰하고 핵무기를 감시한다. 또한 태양돛이나 소형추진체를 사용하는 위성은 극정지궤도(Pole – Sitter Orbit)에 계속 머물며 북극이나 남극 수직 상공에서 특정 지역 혹은 반구 전체를 지속해서 커버할 수 있다.

고타원궤도는 지구를 가까이 지나는 근지점(약 1,000km)과 멀리 지나는 원지점(약 40,000km)을 거치는 긴 타원형 궤도이다. 고타원궤도를 지나는 위성은 지구에서 가장 먼 지점을 지날 때, 가장 천천히 움직이므로 특정 지역 상공에서 오래 머무를 수 있다. 고타원궤도의 원일점에서 위성 3개를 교대로 운영하면 지구 전체를 커버할 수 있다. 반대로 가장 가까운 지점을 지날 때는 위성의 속도도 빠르므로 이 지점에서 활용도는 높지 않다. 고타원 궤도는 중위도와 고위도 지역에서 높은 각도를 유지할 수 있어 고층 건물이 많은 대도시에서 위성정보를 제공하는데 수월하다. 고타원궤도 위성은 다른 궤도의 위성시스템을 간섭하지 않도록 운용하는 것이 중요하며 항법, 통신, 조기경보위성에 적합하다. 특수한 궤도를 지나는 특성 탓에 전체 위성 중 고타원궤도 위성은 약 1.7%에 불과하다. 지구 북반구에 넓게 위치한 러시아가 고타원궤도를 활용한 위성에 적극적이다. 러시아는 2021년 첫 북극 기상 위성을 고타원궤도에 발사하여 15~30분 간격으로 북극의 기후와 환경을 관찰하고 있다.[25]

🛸 궤도별 활용 분야

구분	고도	활용 분야
초저궤도(UEO)	~ 200km	감시정찰위성, 기상위성
저궤도(LEO)	200 ~ 2,000km	통신위성, 감시정찰위성, 유인 우주비행선
중궤도(MEO)	2,000 ~ 20,000km	통신위성, 항법위성
고타원궤도(HEO)	저궤도 ~ 40,000km	통신위성, 감시정찰위성, 조기경보위성
지구동기궤도(GEO)	약 36,000km	통신위성, 감시정찰위성, 조기경보위성, 기상위성

🛰 우주의 경계

우주의 경계에 대한 합의된 정의는 없다. 1959년에 유엔이 설립한 "우주의 평화적 이용을 위한 위원회"에서도 반세기가 넘도록 우주의 경제를 논의했지만, 100~110㎞를 주장한 구 소련의 국가들과 달리 미국, 영국 등 상당수 국가는 과학적 분석 아래 경계선을 결정해야 한다는 입장이었다. 이에 따르면 우주는 지구 대기의 영향이 지구 중력의 영향보다 약해지는 곳부터라는 주장이다. 대기가 희박해 양력을 만들 수 없어 항공기가 날 수 없고 궤도를 일정 높이로 유지할 수 있는 위치가 우주의 경계라는 것이다.

현재 가장 널리 인정받는 우주의 경계는 고도 100km의 카르만 라인이다. 카르만 라인은 지구의 대기가 옅어지면서 항공기가 날지 못하는 높이를 처음으로 계산한 헝가리 수학자 시어도어 폰 카르만의 이름을 땄다. 국제법적으로 해수면 고도 100km 이하에서는 항공법을 적용하는 것과 달리 고도 100km 이상에서는 우주법을 적용한다. 미국 연방항공국도 카르만 라인을 우주의 경계로 인정한다. 하지만 다른 기관에서는 이를 꼭 따르진 않는다. 미 공군과 NASA는 고도 80㎞ 이상 오른 우주인에게 우주 비행을 인정하는 배지를 수여하고 있다.

우주의 경계는 왜 필요할까? 우주의 경계가 단기적으로 중요한 것은 아니지만 우주에 대한 법적 정의는 우주 경제와 군사 우주에도 영향을 줄 수 있다. 어느 나라에도 속하지 않은 공역인 우주와 한 나라에 속한 영공을 가르는 기준이 우주 경계에 따라 결정되기 때문이다. 우주의 활동이나 피해가 누구의 책임인지도 우주의 경계와 관련될 수 있다. 다른 국가의 영공을 지나는 경우 법적 분쟁이 발생할 수 있기 때문이다. 민간 우주기업들이 우주 개발에 뛰어드는 것도 우주 경계의 필요성을 부추긴다. 미국의 우주기업 시에라 스페이스(Sierra Space)는 우주왕복선처럼 상공에서 활강해 내려오는 비행선을 개발 중이다. 이런 방식으로 우주에서 지구로 귀환하는 경우 다른 나라를 거쳐 감에 따라 발생하는 법적 문제에 대한 기준이 필요하다.[26]

법적 다툼으로 이어지진 않았지만, 우주의 경계에 대한 논란은 최초의 민간우주관광 기업이 누구냐는 논란으로 번졌다. 2017년 리차드 브렌슨(Richard Branson)은 자신의 우주기업 버진 갤럭틱(Virgin Galactic)이 개발한 우주비행선 'VSS 유니티'에 탑승해 고도 88.6km에 도달하여 약 4분간 무중력에 가까운 미세중력 상태를 경험하고 내려왔다. 7일 뒤 제프 베조스(Jeff Bezos)는 블루 오리진(Blue Origin)이 개발한 뉴 셰퍼드(New Shepard)를 타고 탑승객과 함께 11분간의 우주 비행을 마치고 돌아왔다. 베조스는 고도 100㎞의 카르만 라인을 돌파했는데 이를 두고 자신이 진정한 민간 우주여행에 성공했다고 주장했다.

© 한국경제

라그랑주 점(Lagrangian point)

우주에서는 어떤 물체(다른 천체를 포함)도 천체 근처에 있으면 중력의 영향으로 위치가 계속 변화한다. 하지만 두 천체가 하나의 물체를 끌어당기면 물체가 가진 원심력과 물체에 작용하는 두 천체의 중력이 상쇄되어 물체가 받는 힘이 0이 되는 지점이 존재한다. 이 지점을 라그랑주 점이라고 한다. 라그랑주 점에 위치한 위성은 최소의 에너지로 같은 위치를 유지할 수 있기 때문에 우주망원경과 같이 우주관측 자산이 임무를 수행하는 데 효과적이다. 수학적으로 라그랑주 점은 <그림 13>과 같이 모두 L1~L5까지 5개가 존재한다.

 <그림 13> 태양과 지구 사이 라그랑주 점

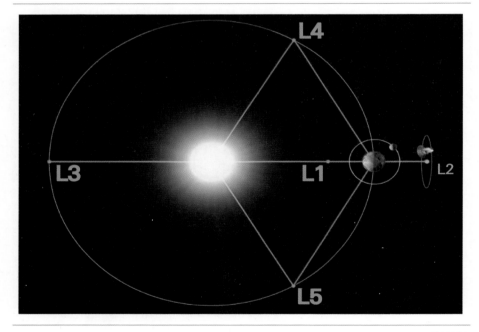

© NASA

이 중 L1~L3는 불완전 평형점이고 L4~L5는 완전 평형점이다. 불완전 평형점은 물체가 그 지점에서 살짝 벗어나면 다시 제자리로 돌아오지 못하는 지점이지

우주 안보의 이해와 분석

만, 완전 평형점은 약간 벗어나도 다시 제자리로 돌아올 수 있는 지점이다. 예를 들어 제임스 웹 우주망원경(James Webb Space Telescope)은 불완전 평형점인 L2(지구에서 150만km)를 중심으로 회전하며 이를 위해 연료를 소비하면서 가동 중이다. 연료가 모두 소모되면 수명도 다하게 된다. 이처럼 불완전 평형점인 L1~L3 주변을 도는 궤도를 헤일로 궤도라고 한다. 만약 제임스 웹이 헤일로 궤도를 돌지 않고 L2 중심에 고정되어 있다면, 지구가 태양을 가리기 때문에 제임스 웹은 태양 전지판을 활용하기 어렵다.

그렇다면 제임스 웹이 연료를 소모하면서 불완전 평형점인 L2에 위치한 이유는 무엇일까? 완전 평형점인 L4와 L5의 경우 너무 안정적인 탓에 주변의 운석들까지 끌어들이기 때문이다. 만약 제임스 웹이 L4나 L5에 있다면 운석과 충돌하여 고장날 가능성이 있다. 같은 불완전 평형점인 L3는 태양 반대편이다. 지구에서 볼 때 망원경이 태양에 항상 가려지는 탓에 좋은 위치가 아니다. L1은 태양과 가깝기 때문에 태양열과 지구 적외선의 영향을 쉽게 받으며 지구가 시야를 가려 관측을 제한할 수 있다. 반면 L2에 위치하면 지구에서 볼 때 우주망원경은 항상 같은 위치에 있게 된다. 만약 매일 우주망원경의 위치가 달라진다면 관측해야 하는 별이 지구에 가려져 관측을 못할 수가 있다. 또한 제임스 웹은 태양차단막(Sun Shield) 때문에 지구보다는 태양을 중심으로 공전하는 L2에 있는 것이 좋다. 태양차단막은 태양에서 오는 빛을 막는 동시에 지구에서 나오는 적외선도 막는다. 제임스 웹이 지구를 중심으로 공전하면 아무리 잘 조절해도 태양과 지구에서 오는 적외선 중 하나는 차단할 수 없다. 하지만 L2에서는 제임스 웹의 태양차단막으로 태양열과 지구 적외선을 모두 가릴 수 있다.

🛰 제임스 웹 우주망원경(James Webb Space Telescope)

제임스 웹은 우주에서 적외선을 관측하는 망원경으로 크기는 가로 20m, 세로 14m에 달하며, 아파트 9층 정도에 해당한다. 제임스 웹은 현존하는 광학 우주망원경 중에서 가장 크며, 뛰어난 적외선 분해능*과 감도를 갖추었다. 기존의 허블 우주망원경도 관측하기 어려울 정도로 멀고 어두운 천체들을 관측할 수 있다. 이를 통해 최초의 별과

---

* 분해능(分解能, spatial resolution)이란 광학기기의 성능을 나타낼 때 사용하며, 서로 떨어져 있는 두 물체를 서

최초의 은하가 형성되는 모습을 포착하는 등 천문학과 우주론 분야에서 광범위한 성과를 기대하고 있다.

제임스 웹 이전의 대표적인 우주망원경은 허블이었다. 1990년부터 30년 넘게 다양한 우주의 사진을 찍으며 우주에 대한 인류의 인식을 심어주었다. 제임스 웹은 허블 우주망원경의 100배 달하는 성능이다. 허블의 주경은 직경 2.4m의 거울 하나다. 반면 제임스 웹은 1.3m짜리 거울을 18개 합친 주경을 사용하며 직경이 6.5m이다. 따라서 제임스 웹이 허블에 비해 7배 더 어두운 빛을 관측할 수 있다. 관측하는 빛의 종류도 다르다. 허블은 상대적으로 에너지가 많은 가시광선과 근적외선을 관측한다. 제임스 웹은 에너지가 적은 중적외선 관측도 가능하므로 우주에 가득찬 먼지인 성간물질을 투과해서 볼 수 있다. 제임스 웹의 적외선 관측이 중요한 이유는 최초의 별과 은하를 관측하기 위해서다. 오래된 빛은 적색편이에 의해 에너지를 점점 잃게 된다. 따라서 우주 탄생 이후 생긴 최초의 별과 은하에서 나온 빛도 점점 에너지가 낮아져 현재는 적외선으로 전 우주에 퍼져 있다. 제임스 웹 우주망원경은 허블보다 장점만 있는 것은 아니다. 허블은 지구 저궤도에 위치하여 수리가 가능했으며 이제까지 5번 수리하여 유지해왔다. 하지만 제임스 웹은 운석 충돌이나 고장으로 기능을 상실할 경우 수리가 불가능하다. 사고나 고장이 없을 경우 제임스 웹의 설계 수명은 5~10년이다.

NASA는 유럽우주국(ESA), 캐나다우주국(CSA)과 협력하여 제임스 웹을 개발했으며 약 100억 달러가 들었다. 망원경의 개발은 메릴랜드에 소재하는 NASA의 고더드 우주비행센터가 맡았으며, 망원경의 운용은 존스홉킨스대학교 우주망원경과학연구소가 하고 있다. 망원경의 명칭은 1961년부터 1968년까지 NASA 국장으로 머큐리, 제미니, 아폴로 계획을 추진한 제임스 웹의 이름에서 따왔다.

© NASA

로 구별할 수 있는 능력을 의미한다. 예를 들어 분해능이 작다면, 아주 가까워 보이는 두 물체도 서로 다른 물체로 볼 수 있고, 분해능이 크다면, 서로 떨어져 있는 두 개의 물체임에도 불구하고, 하나의 물체로 인식할 수 있다. 즉, 물체를 잘 구분하기 위해서는 분해능이 작을수록 좋다.

우주 안보의 이해와 분석

우주 안보 차원에서 라그랑주 점은 전략적 요충지이다. 완전 평형점인 L4와 L5
은 태양, 지구, 달을 모두 감시할 수 있으므로 우주기반 영역인식 자산을 배치할 수
있다. 실제로 중국은 가장 먼저 라그랑주 점(L5)에 2026년까지 태양 탐사선을 보낼
계획이다. L5는 지구보다 최소 3일 먼저 태양 활동을 포착할 수 있고, 태양풍이 지
구에 도달하기 전에 상태를 예측하는 등 우주 환경과 기상관측에도 유리하다. 중
국의 계획은 우주과학 발전과 함께 전략적 요충지 선점의 효과가 있다. 이 밖에도
라그랑주 점(L1, L2)도 지구와 달 사이를 이동하는 아군과 상대방의 우주 자산을 감
시할 수 있으며 우주 내 통신중계를 수행한다. 중국은 2019년 인류 최초로 달 뒷면
에 착륙할 때, 달 착륙선(창어−4)과 지구 간 통신중계를 위해 달 너머에 있는 라그
랑주 점(L2)에 위치한 위성(췌차오)을 활용했다.**27** 이전까지 미국, 소련 등 달 착륙

🚀 **<그림 14> 달 뒷면에 착륙한 창어-4 탐사도**

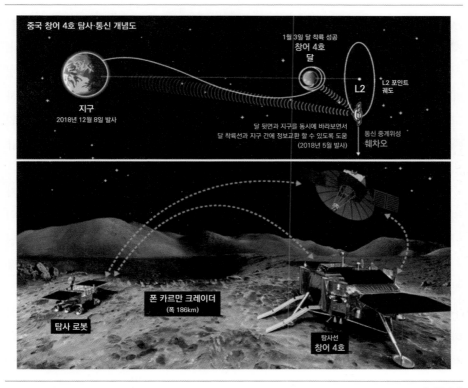

© 한겨레

을 시도한 국가들은 모두 달 앞면을 목표로 했다. 우리가 지구에서 보는 달은 항상 같은 면(달의 앞면)으로 달이 지구를 도는 공전주기와 스스로 도는 자전주기(약 27.3일)가 거의 같기 때문이다. 따라서 달 뒷면에 착륙하면 달과 지구와 직접 교신이 불가능하다.

시스루나 공간(Cislunar space)

우주에서 자유로운 이동이 제한되는 만큼 우주 내 이동 경로는 전략적 요충지이다. 저궤도부터 정지궤도까지 지구 궤도 사이를 이동하는 최단 경로나, 지구에서 달 혹은 화성까지 다른 천체로 이동하는 경로도 마찬가지다. 여기서는 지구와 달 사이 공간, 즉 시스루나 공간(Cislunar space)을 다룬다. 접두사 Cis는 이쪽 면(on this side of)을 의미하며 lunar는 달을 의미하므로 시스루나는 지구에서 볼 때, 달의 면까지 공간이다. 시스루나 공간은 지구 궤도부터 지구와 달 사이의 라그랑주점, 달 궤도까지 다양한 전략적 요충지를 포함한다. 현재 미국 주도의 아르테미스(Artemis) 프로젝트를 비롯하여 중국-러시아 등 많은 국가들이 경쟁적으로 달 탐사를 추진하는 상황에서 시스루나 공간은 우주교통로로서 중요성이 커지고 있다. 시스루나 공간에 우주 자산을 배치하면 지구와 달 궤도에서 이루어지는 군사, 경제 활동에 유리하다. 앞으로 시스루나 공간은 국가와 기업의 우주 자산을 보호하고 경쟁국의 군사적, 경제적 행동을 제한하기 위한 영역으로 우주영역인식, 자원 채굴, 물류와 교통, 통신 등 우주활동 영역이 될 것이다. 또한 시스루나 공간도 규범과 규칙이 필요한 우주 외교 대상이다.

저궤도의 우주 경쟁이 보여주듯이 시스루나 공간도 군사 우주 차원에서 몇 가지 방향을 전망할 수 있다.[28] 시스루나 공간은 우주와 천체 감시, ASAT 임무를 위한 고출력 지향성에너지무기를 위치시킬 수 있다.[29] 이미 미 우주군은 2020년 9월 시스루나 공간에서 정찰위성 계획을 발표하였다. 시스루나 공간에서는 지구-달 라그랑주 점을 포함하여 우주 자산 사이의 충돌이나 긴장이 유발될 수 있다.

미 우주군은 시스루나 공간을 지구-달 사이 고속도로와 같은 개념으로 인식하고 순찰대를 운영할 계획이다. 시스루나 고속도로 순찰시스템(Cislunar Highway Patrol System, 이하 CHPS로 표기)은 시스루나 공간과 달 궤도에서 다른 우주비행체를 추적하고 우주 환경의 안전과 안보를 확보하는데 목적이 있다. CHPS는 우주교통관리의 확장판으로 위성, 우주비행체 등 우주 자산의 움직임과 임무를 감시한다. 또한 달 탐사 경쟁도 시스루나 공간에 대한 통제와 긴밀히 연관된다. 달 탐사를 위한 모든 자원과 장비, 인력이 지구로부터 출발하여 시스루나 공간을 지나기 때문이다. 실제로 미국은 CHPS 계획을 미국 주도의 달 탐사 계획인 아르테미스 프로젝트와 연계하고 있다.

🚀 < 그림 15 > 미 우주군의 CHPS 조감도

© 한국천문연구원

우주 경제 측면에서 시스루나 공간은 지구−달 사이에서 기착지 역할뿐 아니라 다양한 상업 서비스를 제공할 수 있다. 예를 들어 미국의 United Launch Alliance(ULA)는 우주발사체 기업으로서 상업 활동의 범위를 시스루나 공간까지 확대할 구상을 가지고 있다. 이 구상에 따르면 우주정거장과 유사한 인프라를 구축하여 지구에서 달과 다른 천체로 이동하는 활동, 달에서 지구로 돌아오는 활동을 지원한다. 달 기지 건설과 연계하여 많은 자원과 장비 등 물류가 지구에서 달로 수송될 것이기 때문이다. 반대로 달에서 채굴된 자원과 제작된 물류가 지구로 수송되는 과정도 지원할 수 있다. 지구 궤도나 달 궤도의 우주정거장에서 활동하는 우주인을 지원하는 것도 상업적 서비스의 하나로 발전할 것이다. 시스루나 공간에서 다양한 서비스를 제공하는 능력은 국가와 기업이 화성으로 활동 영역을 넓히는 데 매우 중요하다. 예를 들어 달은 지구보다 중력이 약하기 때문에 달에서 우주탐사선의 연료나 물류를 지원하는 것이 효과적이다. MIT 연구에 따르면 화성 탐사를 위해 달에서 연료를 싣고 발사하여 지구에서 발사된 우주비행체에 주입할 경우 지구에서 화성으로 직행할 때 이륙질량을 68%나 줄일 수 있다. 심우주 우주발사체가 중량을 줄인다면 연료 대신 다른 탑재체를 실을 수 있기 때문에 비용도 줄이고 우주탐사의 성과도 높일 수 있다.[30]

　　우주 경제 중에는 우주 잔해물을 제거하는 사업, 우주 자산을 우주 내에서 정비 및 대체하는 사업 등이 활발히 발전 중이다. 시스루나 공간에서 이러한 경제 활동이 본격화된다면 지구와 달 궤도에 인공위성이나 우주비행체의 안전성도 향상되고 활동 범위와 시간도 증가할 것이다. 우주 내 제조도 유망한 우주 경제 영역이다. 달과 소행성 등은 지구에서 얻기 힘든 자원을 포함하고 있으며, 제조 공정도 지구 중력보다 약한 곳에서 이루어지기 때문에 효율적으로 이루어질 수 있다. 이를 반영하듯 3D 프린팅과 같은 적층제조 기술은 이미 우주에서 다양한 방식으로 시험되고 있다. 예를 들어 과거에는 달에서 우주 시스템을 제작하려면 지구에서 장비와 재료를 보낼 방법을 구상했지만, 이제는 달에서 채굴한 자원을 활용해 3D 프린팅으로 부품을 제작하고 이를 조립하거나 장비 자체를 제조하는 방법을 연구 중이다. 우주관광 상품도 확장될 것이다. 앞으로 시스루나 공간에는 각국의 우주정거장뿐 아니라 상업 우주정거장도 증가할 것이며 관광객이 일정 기간 머물 것이다. 시스루나 공간의 우주 인프라는 유사시 달 기지에서 임무를 수행하는 우주인이 대피하거나 심우주 탐사를 위해 중간 기착지로 활용할 수도 있다.

　　우주 외교 측면에서 시스루나 공간도 우주 잔해물 위험, 우주 자산 사이의 충돌이나 경로 문제, 상업 활동을 위한 조건과 책임 등 다양한 문제를 다루기 위한 국제 규범과 기준이 필요하다. 기본적으로 우주조약을 비롯한 국제법과 규칙들이 적용되겠지만, 시스루나 공간에서 발생할 수 있는 특수한 문제가 포함될 수 있다.

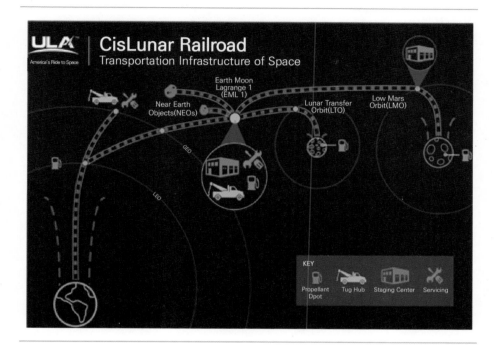

© United Launch Alliance

우주 안보의 대상: 우주 시스템[31]

우주 시스템은 지상 부문(Ground segment), 우주 부문(Space segment), 링크 부문(Link segment), 사용자 부문(User segment)으로 구성된다. 그중 지상 부문은 지구상에서 우주 자산을 발사하고 통제 및 활용하는 요소로서 발사장, 지상국, 발사체로 구분할 수 있다. 명칭과 달리 발사장은 해상과 공중에도 있기 때문에 정확히 말해 지상 부문이 지상만 의미하진 않는다. 또한 지상 부문에는 우주 자산을 지구에서 통제하기 위한 지상시설 외에도 지상에서 우주 정보를 수집하기 위한 지상기반 우주영역인식 인프라도 있다. 또한 우주 시스템 중에서 사용자 부문은 위성영상, 항법정보, 통신 등 우주 정보를 활용하기 위해 위성과 단말기로 직접 연결되거나 지상국을 통해 연결된 고객 혹은 수요자이다. 사용자 부문은 정보를 제공받아

사용자의 활동에 이용하는데 한정되므로 우주 안보 차원에서 설명하는 우주 시스템에서는 다루지 않는다. 따라서, 실질적인 우주시스템은 우주 부문, 지상 부문, 링크 부문이다.

🚀 < 그림 17 > 우주 시스템의 구성

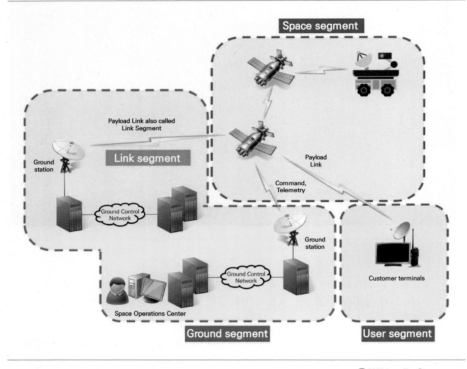

© Wikipedia Commons

지상 부문(Ground segment)

발사장

지상 부문 중 발사장은 지상 발사장(ground launch sites), 해상 발사장(sea launch platforms)이 있으며, 공중 발사체(air launch vehicle)도 가능하다. 지상 발사장은 우주 자산을 발사하는 가장 전통적인 방식으로 발사대, 발사체 보관 시설, 연료 공급

시스템 등으로 구성된다. 지상 발사장의 장점은 발사 순간의 엄청난 압력과 열을 견딜 수 있는 안정적이고 반복사용이 가능한 시설, 발사 이전에 연료 주입과 발사 이후의 체계적인 점검이 쉬운 시설이라는 점이다. 하지만 단점으로는 국토의 지리적 위치와 조건에 따라 지상 발사장 구축이 제한될 수 있다. 우주발사체는 궤도로 올라가기 전에 비정상 상황에서 추락할 수 있고 사용 후 분리된 엔진이 낙하할 수 있기 때문에 지상 발사장에서 도시나 인구가 충분한 거리를 두어야 한다. 또한 다른 국가의 영토를 지날 수도 있기 때문에 군사적, 정치적 마찰도 고려해야 한다. 따라서 대부분 지상 발사장은 바다에 인접한 지역에 구축되거나 내륙의 경우 사막 등 안전한 환경에서 구축된다. 또한 우주발사체는 적도 가까운 곳에서 발사할수록 연료와 추력을 절약할 수 있는데 국토의 위치에 따라 이런 장점을 살릴 수 없는 국가도 많다.

🛰 프랑스령 기아나 우주센터

지상 발사장으로 가장 입지가 좋은 곳은 프랑스령 기아나 우주센터이다. 우주발사체는 적도상에서 발사하면 가장 효율이 좋고, 적도 궤도에 위성을 올리기에도 효율적이다. 기아나 우주센터는 북위 5.9°에 위치해서 거의 적도상에 위치하고 있다. 발사장이 적도에 근접하면 지구정지궤도에 위성을 이상적으로 올려놓을 수 있다. 또한 적도 부근에서는 발사체의 지구자전속도가 가장 높아 마치 돌을 돌리다 놓는 효과(슬링샷)로 인해 초당 460m의 추가 에너지를 얻을 수 있다. 이로 인해 기아나 우주센터에서 발사하는 발사체는 동일한 조건에서 위도가 높은 발사장보다 무거운 탑재체를 실을 수 있다. 우주발사체는 전체 중량의 2~3%만 궤도에 올릴 수 있는데, 만약 연료를 1% 절약하면 그만큼 무거운 인공위성을 탑재할 수 있으므로 발사의 효율은 30~40% 높아진다. 이런 조건은 발사 비용을 낮출 수 있어 상업 발사에도 유리하다. 기아나 우주센터는 미국 플로리다주에 위치한 케네디 우주센터보다 약 15% 효율이 좋은 것으로 분석된다. 게다가 기아나 우주센터는 동쪽이 대서양이므로 잔해물로 인한 위험도 없으며 발사각이 102도로 매우 넓어 북쪽으로 발사하면 극궤도 위성을 올리고, 동쪽으로 발사하면 적도 궤도에 위성을 올릴 수 있다. 우리나라 나로우주센터가 남쪽으로만 발사 가능한 조건과 대조적이다. 자연 조건도 좋아서 지진과 폭풍이 거의 없고 정치적으로도 중립적이다.

© KBS 뉴스

우리나라 지상 발사장(나로우주센터)

　　우리나라 지상 발사장은 전라남도 고흥군에 위치한 나로우주센터이다. 2009년 세계 13번째로 준공된 나로우주센터는 2기의 발사대로 구성되어 있으며 향후 민간발사체를 위한 발사대를 구상 중이다. 나로우주센터에는 발사통제동, 추진기관시험시설, 조립시험시설, 추적레이더동, 광학장비동, 기상관측소 등이 함께 자리하고 있다. 나로우주센터는 근처의 일본, 필리핀 등 주변 국가를 피해서 발사해야 하기 때문에 발사 각도가 제한된다. 현재 우리나라는 늘어나는 발사 수요를 충족하기 위해 제2의 발사장 건설을 검토하고 있다. 예를 들어 제주와 같이 남쪽에 발사장을 건설할 경우 궤도 경사각에는 이점이 있다.**32**

우주 안보의 이해와 분석

나로우주센터 조감도 ⑪우주과학관 ⑩정문면회소 ⑨과학장비동 ①발전소동 ⑧발사통제동 ①발사대 ②추진기관시험동 ③조립시험시설 ⑦행정본부동 ⑥추적레이더동 ⑤숙소동 ⑪제주추적소 ⑪기상관측소

ⓒ 나무위키

　해상 발사장은 바다 위의 플랫폼을 사용해 발사하는 방식으로, 발사대에 해당하는 해상플랫폼(바지선 등), 연료 공급 시스템 등으로 구성된다. 해상 발사를 위해서는 항구에 정박한 바지선에 발사체, 위성, 추진제 등을 선적한 후 예정 발사 해역으로 이동한다. 바지선을 해상에 고정한 이후 발사를 시행한다. 발사를 마치면 바지선은 다시 항구로 돌아오는 절차이다. 해상 발사장의 장점은 국토의 제한에서 벗어나 원하는 위치에서 우주발사체를 발사할 수 있어 발사의 효율과 안전성을 높일 수 있고, 공해상에서 발사할 경우 다른 국가와 마찰도 줄일 수 있다. 그러나 해상 발사장은 지상 발사장에 비해 대기 기상 이외에도 함선과 해상플랫폼이 운용되는 해양 기상을 고려해야 한다. 또한 해상플랫폼에 필요한 로켓 연료나 장비시설을 지상에서 조달해야 하고 장기간 사람이 거주하기 어렵기 때문에 안전관리와 유지보수에 더 많은 노력이 필요하다.[33]

　우리나라도 2023년 고체 발사체를 해상 발사로 성공했다. 하지만 우주 안보 차원에서 영구적인 해상 발사장을 갖출 필요가 있다. 현재 나로우주센터는 남쪽 발사만 가능하기 때문이다. 나로우주센터에서 발사한 우주발사체는 공중에서 원하는 궤도로 궤적을 수정하기 때문에 효율이 낮아질 수밖에 없다. 제주도 외부에 해상 발사장을 구축할 경우 이런 문제를 완화할 수 있다. 또한 해상 발사는 안전 반경을 확보하기 쉽고, 소음이나 환경 오염 등으로 지상에서 일어나기 쉬운 주민 마찰

을 줄일 수 있다. 해상 발사를 위해서는 바지선 제작에 비용이 들어가지만, 지상 발사장을 위한 토지 매입과 비교하면 경제적이다. 게다가 우리나라 내륙은 군사비행 훈련과 작전 등으로 인해 공역 밀도가 매우 높다. 이런 상황에서 앞으로 늘어날 상업 발사 수요를 고려하면 내륙에서 원하는 때마다 발사 허가를 얻기 어려울 수 있다. 다만, 해상 발사를 위해서는 관련 법령의 개정이 필요하다. 우리나라에서는 발사체에 공급할 추진제(화학물질)와 같은 위험물질을 바지선 위에서 주입할 수 없기 때문이다.

공중 발사체는 민간항공기나 군용항공기를 개량하여 공중에서 우주발사체를 분리발사하는 방식으로, 항공기와 지상 공항 등으로 구성된다. 우주발사체를 탑재한 항공기는 분산된 지상 공항에서 보안을 유지할 수 있으며, 신속하게 이륙하여 발사할 수 있기 때문에 군사적 상황에 즉시 대응할 수 있다. 또한 다른 국가나 지역에 피해를 주지 않는 안전한 공역과 원하는 지역에서 발사할 수 있다. 공중 발사체는 경제적일 뿐 아니라 지상이나 해상에서 상승할 때 필요한 추력을 절약할 수 있어서 연료 탑재량을 줄이고 탑재체 공간을 늘릴 수 있다.[34] 실제로 미국은 F−16 전투기로 소형 위성을 긴급 발사할 수 있으며, 저궤도에서 활용한 후 폐기하는 방식을 활용하기도 한다. 공중 발사체를 활용하여 저궤도에서 운용되는 이러한 위성체는 폐기위성(disposal satellite)으로 불리며, 높은 항력과 빠른 속도로 이동하기 때문에 수명이 짧은 대신 저비용으로 필요한 시점에 신속하게 발사할 수 있는 장점이 있다. 반면 공중 발사체는 항공기에서 분리 후 발사되기 때문에 탑재체의 크기가 제한된다.[35]

지상, 해상, 공중에서 이루어지는 우주발사는 아래 표와 같이 군사 우주 차원에서 장단점을 갖는다. 지상 발사장은 대형 발사체를 포함해 임무에 필요한 모든 발사가 가능하지만, 위치가 고정된 상태로 노출되어 있기 때문에 적의 공격에 취약하다. 해상 발사장은 이동이 가능하고 운용국가에서 떨어져 운용할 수 있기 때문에 방호에는 유리하지만, 모든 발사체를 발사하기 어렵고 지상에서 해상플랫폼까지 우주발사체를 이동해야 하므로 군사적 상황에 대응하는데 시간이 소요된다. 공중 발사체는 가장 신속하게 군사적 상황에 대응할 수 있지만, 지상 및 해상 발사장에 비해 임무에 활용할 수 있는 탑재체의 크기가 제한된다.

발사장에 따른 군사 우주의 장단점

구분	지상 발사장	해상 발사장	공중 발사체
이미지			
장점	• 모든 발사체 활용 • 발사장 유지관리	• 효율적 발사위치 선정 • 이동관리로 보안 유지	• 신속한 대응발사 • 분산관리로 보안 유지
단점	• 지리적 제한 (보안 및 안전, 효율성 문제)	• 해양환경 제한 (기상 및 유지관리 문제)	• 발사체 제한 (기술적, 탑재체 문제)

지상국

지상 부문 중 지상국은 우주 자산의 통제 및 활용을 담당한다. 지상국은 인공위성과 우주비행체 등 우주 자산의 상태를 모니터하고 임무 수행을 통제한다. 우주 자산이 발사된 이후 목표한 궤도에 진입하면, 지상국은 우주 자산의 작동을 확인한다. 이후 우주 자산의 작동 상태를 지속적으로 점검하고 궤도를 조정한다. 우주 잔해물이나 상대방의 적대적 접근을 막기 위해 궤도를 변경하는 회피기동을 할 수 있다. 또한 우주 자산의 기능을 수정하기 위한 소프트웨어 업데이트를 수행한다.

지상국은 안테나, 송수신 장비, 데이터 처리시스템, 전원 공급 장치 등으로 구성된다. 우주 자산은 다양한 장비를 통해 지구와 우주의 정보를 수집하지만, 정보를 모두 우주에서 처리할 수는 없다. 인공위성에서 정보를 처리하기 위해서는 위성 자체에 컴퓨터 등 관련 장비를 탑재해야 하고 자연히 위성의 무게도 증가된다. 위성의 무게가 증가하면 발사체 확보와 다른 탑재체와의 관계, 발사 비용 증가 등 많은 제한이 발생한다. 따라서 대부분 위성은 본체에 자료를 임시로 저장할 수 있는 저장고만 갖추며 지상국과 교신하고 무선통신으로 수집한 데이터를 그대로 내려보낸다.

이처럼 지상국의 중요한 활동은 위성의 상태와 정보를 비롯한 데이터 다운링크, 위성에서 확보한 영상을 정보로서 활용할 수 있도록 만드는 전처리(preprocessing), 이렇게 처리된 정보를 목적에 따라 분석하는 후처리(after-process-ing), 지상국이 기능을 유지하도록 관리하고 통제하는 시스템으로 구성된다. 우주에서 촬영한 영상의 전처리는 크게 노이즈 제거, 위치정보를 활용한 기하보정, 해상도 개선 등으로 이루어진다. 이 과정에서 위성으로부터 수신한 원시 영상 데이터의 왜곡을 보정하는 기술(방사보정, 기하보정, 공간보정)을 활용한다. 또한 위성영상 고속처리(대용량 영상데이터 고속 자료 처리) 및 품질평가도 이루어진다. 우주 정보의 후처리는 AI 기반 기술로 발전하고 있다. 이 기술은 군사 우주 차원에서도 중요하다. 감시정찰 표적을 시계열 정보로 분석하여 특이사항을 식별할 수 있기 때문이다. 또한 상대방의 자원 비축량(석유, 식량 등)을 확인할 수 있고, 군사력의 수량과 위치도 파악할 수 있다. 아래와 같이 위성영상 활용서비스가 제공된다.

🚀 <그림 18> 위성영상 처리와 활용

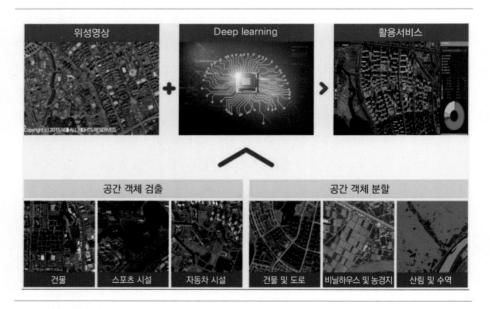

ⓒ KB증권 컨텍

그런데 지상국 구축은 위성을 발사한 국가 내에서만 이루어질 수 없다. 원하는 정보는 위성이 자국의 상공을 지나갈 때 수신되지만, 지구상 다른 지역에서도 위성의 상태를 점검하고 제어하기 때문이다. 또한 자국의 위성만 활용하면 위성정보의 공백이 많아질 수밖에 없다. 따라서 다른 국가의 위성이 자국을 지나갈 때 필요한 위성정보를 그 국가에게 제공하고 우리나라 위성이 다른 국가를 지나갈 때 우리가 정보를 제공받는 국제적 협력이 필수적이다.

또한 해외에 지상국을 직접 구축하더라도 무인으로 운영함으로써 인력을 해외에 파견할 필요는 없다. 다만, 우주 안보 차원에서는 해외 지상국의 보안을 위해 검증된 인력이나 우방국 정부와 긴밀한 협력이 필요할 수 있다. 민간 우주기업도 비용절감을 위해 무인 지상국에 대한 수리와 대체 장비 투입을 전담하는 현지 인력을 고용할 경우 보안의 취약점을 고려해야 한다.

발사체

우주발사체도 지상 부문에 중요한 요소이다. 정확히 말해 해상 및 공중 발사체와 같이 우주발사체는 지상에서만 발사되는 것도 아니며 카르만 라인을 넘어 우주 공간까지 도달하기 때문에 지상 부문이 아니라고 생각할 수 있다. 여기서 지상 부문은 넓은 의미에서 지구상 공간을 의미하므로 해상과 공중을 포괄하며, 우주 내에서 임무가 대부분인 우주비행체와 달리 우주발사체는 인공위성이나 우주비행체 등 우주 자산을 우주로 이동시키는 임무가 목적이기 때문에 지상 부문에 포함한다.

우주발사체는 처음부터 군사적 용도의 탄도미사일과 동일한 기술로 발전해왔다. 2차대전 말기에 독일 V-2 로켓이 군사적 목적으로 사용되었고, 이 기술을 바탕으로 소련에서는 스푸트니크-1을 궤도에 올려놓은 R-7 로켓이 탄생하였다. 미국과 소련은 우주발사체 개발과 함께 대륙간탄도미사일 개발도 지속해서 추진하였다. 발사체 기술은 우주인의 생명뿐 아니라 많은 기술과 예산이 투입된 우주 자산을 궤도에 올리기 때문에 고도로 복잡하고 개발도 어렵다.

우주발사체는 상단(upper stages), 하단(lower stages), 제어시스템(control system), 탑재체(payload), 추진시스템(propulsion system) 등으로 구성된다. 상단은 우주발사체 중에서 가장 위에 위치하며, 고도 조절과 정확한 위치로 진입에 관련된다. 로켓 상단에 페어링(faring)은 탑재체를 보호하고 대기궤도 진입 시 필요한 외부 보호를 수행한다. 하단은 로켓 엔진, 산화제와 연료탱크로 이루어지며 로켓의 초기 발사와 대기궤도에 도달시키는 역할을 한다. 하단은 로켓이 발사되고 상승하면서 연료를 소진하면 분리되어 대부분 해상에 떨어진다. 제어시스템은 우주발사체의 비행 경로를 조절하고, 목표 궤도로 정확하게 이동하기 위한 시스템이다. 탑재체는 로켓이 궤도에 도달한 후 배치될 인공위성, 우주비행체 또는 탑재된 물체를 가리킨다. 로켓 하단을 분리하면서 우주 공간에 진입한 우주발사체는 상단에서 페어링을 먼저 분리하고 이후 탑재체가 목표 궤도를 향해 다시 분리된다. 추진시스템은 다양한 유형의 엔진과 연료로 구성된다.

　발사체 구성과 성능을 이해하기 위해 가장 강력한 발사체 중 하나였던 새턴－V(Saturn－V)를 예로 살펴본다. 새턴－V는 NASA가 개발하여 최초의 유인 달착륙을 성공시킨 발사체이다. 새턴－V는 높이가 111미터로 연료를 채운 무게는 28만 톤에 달한다. 발사체의 추력은 3,520톤을 들어올릴 정도였고, 130톤의 탑재체도 궤도에 올릴 수 있는 3단 발사체였다. 1단은 F－1 엔진 5개를 사용했으며 연료는 케로신(등유), 산화제는 액체산소였다. 2단은 J－2 로켓을 5개 사용했으며, 연료는 액체수소, 산화제는 액체산소였다. 3단은 J－2 로켓 1개를 사용했으며 연료는 2단과 동일했다.

🚀 < 그림 19 > 새턴-V 구조도

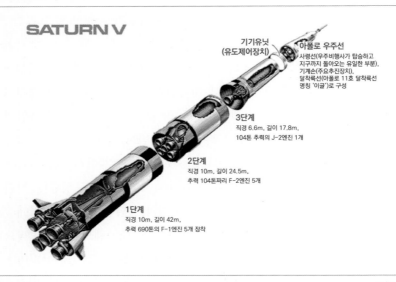

© 동원NOW

　　　　　　　　　　　　　　　　　　　　　　　　우주 안보의 이해와 분석

발사체의 성능은 추진제, 추진방식 등에 따라 달라진다. 추진제는 로켓의 연료와 산화제를 말한다. 연료인 케로신은 액체수소보다 추력이 더 좋지만, 비추력은 떨어진다. 추력은 로켓이 내뿜는 힘이며, 비추력은 1kg의 연료가 1초 동안 연소할 때 나오는 힘이다.[36] 즉 발사체가 속도를 높이는데 들어가는 힘은 추력이고 연료 효율은 비추력이다. 따라서 추력은 발사 순간 발사체를 지상에서 밀어내는데 중요하다. 비추력은 발사체가 계속 비행하는데 중요하며 비추력이 클수록 추진제가 내는 힘도 좋다. 새턴-V의 1단에서 쓴 케로신과 액체산소의 비추력은 270초, 2단에 쓰인 액체수소와 액체산소의 비추력은 340초 정도로 케로신 조합이 더 낮다. 1단 로켓은 추력이 중요하기 때문에 비추력은 다소 떨어지나 추력이 좋은 케로신을 사용했다. 케로신은 상온에서 액체로 존재하면서 휘발성이 낮아 다루기 쉽다는 장점으로 인해 우리나라 누리호를 비롯해 해외의 많은 발사체가 연료로 사용했다. 2단 로켓은 비추력이 좋은 액체수소를 사용했다. 액체수소는 케로신보다 관리가 까다로워 발사체 내부의 구조물도 더 복잡하며, 케로신과 같은 에너지를 얻기 위해선 용량도 3배 이상 많아야 한다.

하이드라진 연료를 사용하는 발사체도 있다. 하이드라진 연료는 질소화합물 계열의 액체연료로 상온에서 물과 비슷한 상태이며 자연 발화된다는 장점이 있다. 자연 발화되므로 별도의 점화 장치 없이도 산소를 공급하면 저절로 연소하고 산소 공급을 멈추면 연소가 중단된다. 이런 특성으로 인해 우주에서 발사체의 속도를 조절하기 쉽고 기동과 천체 착륙에 활용하기 좋기 때문에 군사 우주용으로 가치가 높다. 또한 하이드라진 연료는 주입 후 보관했다가 바로 사용할 수 있다. 반면 액체수소는 발사체에 주입하면 상온에서 오래 보관하기 어려워 바로 발사해야 한다. 연료 주입에도 1~2일이 걸리기 때문에 군사적 상황에서 즉시 발사하기 어렵다.[37]

현재 로켓 연료로 주목받고 있는 것은 액체 메탄이다.[38] 메탄이 주목받는 이유는 재사용 발사체 개발 때문이다. 케로신은 연소 과정에서 다량의 탄소 찌꺼기가 발생하면서 엔진 내부에 점착된다. 이를 제거하는데 한계가 있어 연소를 마친 엔진의 재활용 횟수가 제한될 수밖에 없다. 반면 메탄은 찌꺼기가 거의 발생하지 않아 친환경 연료로 분류되며, 로켓을 재사용하는 데 장애가 되지 않기 때문에 발사 비용을 대폭 낮추는 데 도움이 된다. 또한 액체 메탄은 심우주 탐사에서도 장점이 있다. 달 탐사를 넘어 화성 탐사가 본격적으로 추진될 경우 발사체는 막대한 연료를 필요로 하는데 액체 메탄은 화성 대기에 존재하는 메탄가스를 활용할 수 있다. 이처럼 메탄가스를 액체 메탄으로 바꾸기 위한 기술 개발도 활발히 진행 중이다. 기술이 개발되면 화성행 발사체는 화성까지만 도달할 수 있는 액체 메탄을 채우면 되기 때문에 무게를 줄이고 다른 탑재체를 더 많이 실을 수 있다. 다만, 액체 메탄은 보관할 때에는 기체 상태로 존재하기 때문에 저장 및 관리 기술도 보완되어야 한다.

우주 부문(Space segment)

우주 부문은 인공위성이나 우주비행체와 같이 우주에서 임무를 수행하는 플랫폼이다. 인공위성과 같은 우주 자산은 임무에 따라 적합한 궤도에 배치된다. 이렇게 위성이 배치된 자리를 임무 궤도라고 한다. 위성의 임무는 크게 통신, 원격탐지(지구, 우주), 기상, 항법 등으로 나뉜다. 각각의 위성 임무는 군사적 목적으로 활용될 수 있다. 우선 통신위성은 분산된 병력과 지휘체계를 유지하면서 안전하고 신속한 정보를 전달한다. 특히 지상, 해상, 공중 등 지리적 한계로 유선 통신이 불가능할 경우 전술 통신, 정보 전달 등에서 중요한 역할을 한다. 원격탐지 임무 중에서 지구관측을 수행하는 위성은 특정 지역이나 표적을 감시정찰하는 임무와 핵무기 등 탄도미사일 발사를 탐지하는 조기경보 임무를 포함한다. 감시정찰위성은 다양한 센서로 적의 활동, 무기체계와 지형에 대한 정보를 주야간 전천후로 제공한다. 조기경보위성은 탄도미사일 등 위협적인 무기체계를 실시간 탐지하여 식별된 정보를 미사일방어체계에 전달하여 대응하도록 한다. 원격탐지 임무는 지구관측 외에도 우주관측을 수행하는 위성도 있으며, 우주기반 감시정찰위성은 우주에서 활동하는 적대적 위성이나 우주비행체에 대한 정보를 제공한다.

기상위성은 전장의 기상환경을 예측하고 분석하여 군사작전의 효과를 극대화하고, 무기체계의 오작동 가능성에 대비한다. 기상 위성은 지구상 기상뿐 아니라 우주 환경에 대한 예·경보를 포함하며, 통신, 항법, 원격탐지 등 다른 위성들의 기능이 정상 운영될 수 있는 환경을 예측하기 때문에 전쟁의 승패를 좌우할 수 있다. 전쟁사는 악천후에서 군사작전의 수행이 적의 강력한 방어력보다 아군에게 더 큰 위험하다는 것을 보여준다. 현대전에서도 대부분의 무기가 적절한 성능을 발휘하려면 기상이 도와주어야 한다.[39] 따라서 감시정찰 위성을 비롯한 대부분의 위성들이 데이터를 수집하고 역할을 수행하려면 기상 정보가 필수적이다. 흐리거나 구름이 많은 날씨에서는 전자광학 감시센서, 레이저 통신도 원래 기능을 발휘하지 못한다.

항법위성은 모든 군사작전에서 필수적이다. 아군과 적군의 위치뿐 아니라 표적을 향해 발사하는 유도무기체계는 대부분 항법위성의 정보로 운영된다. 특히 작전 지역이 넓은 해상과 빠른 속도로 전개되는 공중의 군사작전은 항법위성의 정보에 따라 작전 수행 자체가 불가능할 수도 있다. 우리나라도 한국형 위성항법시스템(Korean Positioning System, 이하 KPS로 표기)이라는 독자적인 항법위성을 개발하고 있다. KPS는 한반도 인근 지역에 초정밀 위치 · 항법 · 시각 정보를 제공한다. 모두 8기의 위성을 궤도에 배치하며 첫 번째 항법위성 1호기 발사는 2027년, 시범 서비스는 2034년으로 계획 중이다. KPS는 우주 경제 활성화에 크게 기여할 뿐만 아니라 스마트폰 · 내비게이션 등의 정확도를 향상시켜 국민생활의 안전과 편의에도 큰 도움이 된다. 기존보다 훨씬 정확한 서비스를 제공하여 자율차 · 도심항공교통과 같은 신산업 육성에 기여하는 등 우주 경제의 핵심 인프라로 자리 잡을 전망이다.

항법위성 정보를 보정하는 체계도 개발 중이다. 2024년 말 발사를 예정으로 개발 중인 무궁화−6A 위성은 한국형 위성항법보정시스템인 KASS(Korea Augmentation

 〈그림 20〉 위성항법 및 보정시스템의 활용

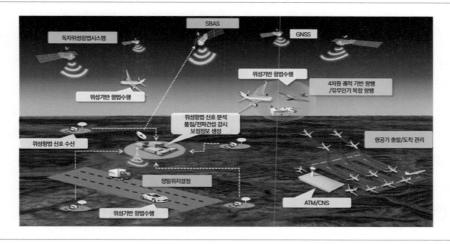

ⓒ 한국항공우주연구원

Satellite System) 중계기를 탑재한다.[40] 이 체계는 현재 15~33m 수준인 GPS 위치 오차를 1~1.6m 수준으로 실시간 보정해 정확한 위치정보를 제공한다. 향후 KPS 위치 오차도 보정한다. 스마트폰 위치서비스나 자동차 내비게이션 등 일상생활에서도 유용하지만, 특히 항공 업계에서 중요한 기능을 하게 된다. 항공기에 정확한 위치를 알려줌으로써 항공기의 이착륙 안전을 강화하고, 항공기 지연이나 결항을 줄이는 효과도 기대할 수 있다. 아울러 최적 항로를 제시해 불필요한 연료 낭비를 줄임으로써 탄소 배출 감소에도 기여할 수 있다.[41]

우주비행체는 과거 우주왕복선(space shuttle)이라고 불리던 우주수송시스템(Space transportation system), 우주 자산을 지구에서 궤도에 올리는 우주발사체, 다양한 천체나 심우주를 탐사하는 우주탐사선(space probe) 등으로 나뉜다. 우주왕복선은 우주인과 화물을 우주로 수송하거나 지구로 복귀시키는 역할에 활용되었다. 우주왕복선은 수송을 위한 공간을 가지고 있으며, 지구에 복귀한 이후 정비를 거쳐 다시 활용할 수 있는 재사용 비행체이다. 현재는 국방부에서 비밀리에 운용 중인 미국의 X-37B 궤도시험비행체(Orbital Test Vehicle) 등이 우주왕복선과 유사하다. 다만, 현재 운영 중인 우주왕복선은 기존처럼 우주인과 화물을 수송하는 임무가 아닌 무인으로 운영되며 오랜 시간 동안 궤도에 머물거나 이동하면서 다양한 우주실험 및 재사용 능력을 시험하고 있다. X-37B는 저궤도와 고궤도를 넘나들고 있으며, 길이 8.8m, 높이 2.9m, 날개 길이는 4.6m로 과거 우주왕복선을 4분의 1로 축소한 모양이다. 현재 미 우주군은 총 2대의 X-37B를 보유하고 있다.

추진시스템은 지상에서 발사된 우주발사체뿐 아니라 우주 공간을 이동하는 우주비행체에도 적용된다. 대표적인 추진시스템은 화학 추진시스템, 전기 추진시스템, 핵 추진시스템, 태양에너지 추진시스템 등이다. 화학 추진시스템은 가장 일반적인 방식으로 고체나 액체 연료를 사용한다. 군사적 상황에서 신속하게 활용하기 위해서는 고체추진체가 액체추진체보다 유리하다. 고체추진체는 평시에 고체연료를 탑재한 상태로 유지할 수 있지만, 액체추진체는 발사를 위해 액체 연료를 주입한 이후 발사할 수 있기 때문이다. 다만, 액체추진체는 고체추진체보다 우주발사체의 운영 시간과 상태를 통제하기 쉽기 때문에 민간우주 발사에는 더 많이 쓰인다.

다음은 우주공간에서 인공위성이나 우주비행체가 사용하는 추진체이다. 먼저 전기 추진시스템은 자체 연료를 활용하기보다 전기 필드나 자기 필드를 이용하여 가스 입자를 가속시키는 방식이다. 전기 추진시스템은 장기 우주탐사나, 위성의 궤도 조정에 사용된다. 핵 추진시스템은 핵분열이나 핵융합 반응 에너지를 추진력으로 활용한다. 향후 인류의 우주탐사에서 더 빠른 속도와 지속적인 성능으로 주목받는 추진체이다. 끝으로 태양에너지 추진시스템이다. 태양전지 패널을 통해 획득한 태양에너지를 전기로 변환하여 추진체로 활용한다. 대부분의 인공위성에 탑재되어 있으며 위성의 자세나 궤도 변경에 사용된다.

우주탐사선도 우주비행체의 하나이다. 우주탐사선은 천체나 심우주를 조사하기 위해 지구에서 먼 우주로 발사된다. 무인으로 원격탐사를 통해 데이터를 수집하여 지구로 전송하며 다양한 과학임무를 수행한다. 우주탐사선 중에서 태양탐사선은 우주 안보에 영향을 주는 태양 활동과 태양풍을 연구한다. 최근 미국 NASA의 태양탐사선 파커솔라프로브(Parker Solar Probe, 이하 PSP로 표기)는 태양에 가장 가까이 접근하는 기록을 세웠다. PSP 탐사선은 금성과 태양 사이에서 타원 궤도를 돌면서 태양 궤도에 더 가까이 접근하는 시도를 하고 있으며, 태양열로부터 탐사선을 보호하기 위해 두꺼운 보호막을 갖추고 있다. 강력한 태양풍은 우주 자산과 우주인에게 치명적인 위험이 되고 있으며 지자기 폭풍을 일으켜 지구에도 전력망 단절, 전자장비 파괴 등의 큰 피해를 입힐 수 있다. PSP 탐사선은 태양 대기인 코로나가 태양 표면 온도보다 수백 배 더 높은 이유와 태양풍의 비밀 등을 밝히는 임무를 수행한다.

🚀 < 그림 21 > 미국 X-37B 우주비행체와 태양탐사선 PSP

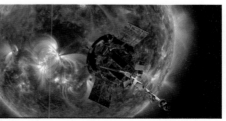

링크 부문(Link segment)

링크 부문은 우주 시스템을 구성하는 요소 중 하나로 지상 부문과 우주 부문, 우주 부문과 우주 부문 사이의 데이터가 전송되는 영역이다. 링크 부문은 다운링크(Downlink), 업링크(Uplink), 크로스링크(Crosslink)로 나눈다. 다운링크는 위성에서 지상국이나 지구상 단말기로 데이터(기상, 방송, 영상, 항법 등)를 전송하는 링크이다. 과거에는 지상국을 통해 수신된 정보를 지구상 사용자(지상, 해양, 공중)에게 유무선으로 전송했으나, 최근에는 개인 휴대폰으로 직접 전송하는 등 범위가 확대되고 있다. 2023년 출시된 아이폰 15는 위성을 통해 긴급문자 서비스를 이용할 수 있어 지구상 인터넷이 연결되지 않는 지역에서도 위험을 전달받거나 조난 상황을 전송할 수 있다. 우주 경제 영역에서도 대부분의 경제적 활동과 이익은 우주에서 지구상으로 제공되는 상품과 서비스 분야이다. 우주 경제에서 다운스트림(Downstream)으로 불리는 분야는 세계 우주시장에서 90%를 차지한다. 업링크는 지상국에서 위성으로 데이터를 전송하는 링크이다. 업링크는 위성과 우주비행체의 작동을 명령하는 신호, 데이터 업로드, 위성 운영과 관리에 필요한 정보 등을 전송한다. 크로스링크는 위성이나 우주비행체 사이에 직접 데이터를 전송하는 링크이다. 크로스링크는 위성 네트워크 내에서 이루어지는 데이터 교환으로 군집위성의 증가로 중요성이 커지고 있다. 또한 크로스링크는 지상국이 직접 커버하지 못하는 지역으로 위성 간 중계를 통해 데이터를 전송하는 데 유용하다.

링크 부문은 지상 부문의 장비와 기술, 우주 부문의 장비와 기술에 따라 안보적 역할이 달라질 수밖에 없다. 링크 부문은 지상 부문과 우주 부문에 산재되어 있지만, 특히 통신과 데이터 전달에 관련된 부문에 주목해야 한다. 앞서 다룬 지상국과 우주 자산에서도 통신 안테나, 송수신 장치와 같은 하드웨어가 여기에 해당한다. 예를 들어 안테나는 주파수 밴드와 통신 거리에 따라 다양한 유형과 크기로 개발된다. 또한 링크 부문에는 통신 프로토콜, 주파수 밴드 등도 중요하다. 통신 프로토콜은 컴퓨터 네트워크 및 통신 시스템에서 정보 교환을 효과적으로 수행하기 위한 규칙과 규정의 집합이다. 이러한 프로토콜은 데이터 전송, 에러 처리, 보안, 라우팅 및 다른 통신 작업을 조절하고 조정한다. 링크 부문에서 사용되는 주파수 밴드는 통신 신호의 주파수 범위를 말하며 위성통신 시스템의 성능과 대역폭에 영향을 끼친다. 미국은 2023년 11월 정부와 기업의 주파수에 대한 안정적 접근을 보장하기 위한 국가전략(National Spectrum Strategy)을 발표했다. 이는 링크 부문의 우주안보를 위한 노력으로 주파수에 대한 연구, 주파수 관련 R&D와 인력 양성, 주파수 할당에 대한 투명한 계획 등을 담고 있다.

링크 부문은 하드웨어 기준으로 이해하기보다는 우주작전을 수행하는 과정에서 통신과 데이터가 전달되는 상황을 통해 이해할 수 있다. 여기서는 통신위성체계와 항법위성체계를 예로 들어 링크 부문이 군사적으로 활용되는 상황을 이해한다. 통신위성체계는 저궤도 군집위성을 통해 안정적인 통신을 제공한다. 이는 군사작전 수행에서 방송, 음성, 데이터 통신 및 지휘통제를 지원한다. 해양에서는 수상함과 잠수함 등 해양전력 사이에 정보 교환과 위협 관리를 위한 통신체계를 지원하며 특히 보안이 강조되는 핵잠수함의 신뢰성 있는 통신을 보장하는 데 중요한 역할을 한다. 통신위성체계는 군사적 대상을 감시정찰하여 수집한 정보를 지상국으로 전달하여 정보분석이 진행되도록 지원하며 이렇게 분석된 정보를 지구상 어느 곳이든 빠르고 정확하게 전달한다. GPS와 같은 항법위성체계는 아군과 적군의 위치를 결정하고 탐색하는 데 필수적인 시스템이다. 휴대용 GPS 수신기를 포함해서 지구상 병력은 어느 곳에서나 부대의 위치를 정확히 파악할 수 있으며 목표 지점으로 방향을 설정할 수 있다. 또한 위성항법체계는 정밀타격을 위해 발사된 유도무기가 정확하게 목표에 도달하도록 지원하며, 적의 위협이나 공격 지점도 파악할 수 있다.

우주 안보의 영역

군사 우주
우주 경제
우주 외교

군사 우주

군사 우주 영역에서는 우주 안보의 기반이 되는 신기술과 이를 활용한 우주 시스템 및 우주무기체계를 살펴본다. 우주기술의 군사적 활용은 군사 우주작전 유형에 따라 구분할 수 있다. 먼저 우주작전 유형을 간략히 설명하고 각각의 구분에 따른 우주기술과 무기체계를 제시한다.

🛸 군사 우주작전 유형별 우주기술[1]

군사 우주작전 유형별 구분		우주기술
우주영역인식	우주물체감시정찰체계	SAR, EO/IR, 레이더, Satellite Laser Ranging(위성레이저추적, SLR), Hyperspectral
	우주기상감시체계	태양감시, 전리층 및 지구자기장 감시
우주정보지원	위성통신체계	지상-우주 통신, 위성 간 통신, 보안
	위성항법체계	심우주 항법, 원자시계
	위성조기경보감시체계	EO/IR, SAR
	지구관측감시정찰체계	지구관측위성
우주전력투사	지상 발사체계	발사추진체, 재사용
	해상 발사체계	발사추진체, 재사용
	공중 발사체계	발사추진체, 재사용
	우주비행체계	재진입, 엔진, 플랫폼, RPO, 재사용
우주통제	공세적 우주통제체계	미사일, 레이저, 사이버 및 전자기 공격
	방어적 우주통제체계	위성방호, 우주 내 정비/제조

우주영역인식

우주영역인식은 지구나 우주에서 우주영역을 감시하고 정찰하는 활동으로 우주 안보에서 가장 우선되는 능력이다. 전략적으로 우주를 가장 높은 고지(the highest ground)라는 관점에서 보면 우주에 위치한 전력과 상황을 파악하는 것이 필수적이다. 우주영역인식은 상대방 우주 물체를 감시정찰하는 데 그치지 않는다. 지상·우주에 배치된 감시체계를 이용하여 아군의 위성확인, 위성 간 충돌위험 예측, 우주

우주 안보의 이해와 분석

잔해물의 지상 및 해상 추락 예보 등 우주공간에서 일어나는 다양한 위험과 위협을 파악한다. 또한 태양풍, 전리층, 지구자기장 등 우주 환경의 변화를 예·경보하는 것도 우주영역인식에 포함된다.

우주 물체를 감시하는 지상기반 우주영역인식은 지상에서 우주를 감시정찰하는 활동으로 크게 레이다우주감시체계, 레이저위성추적체계, 전자광학감시체계로 구분된다. 이러한 체계는 목적에 따라 선택되지만, 공통적으로 우주영역에서 일어나는 활동을 탐지하고 추적하며, 식별과 분석을 통해 군사적 의사결정을 뒷받침할 수 있는 정보를 제공한다. 우주기상을 관측하는 우주영역인식은 태양풍과 태양 활동, 지구자기장과 우주 환경을 관측한다.

이처럼 우주영역인식은 군사 우주의 출발점이자 우주 안보의 필수적인 활동을 지원하는 요소이다. 군사 우주 관점에서 우주영역인식은 지상과 우주활동을 안전하고, 자유롭게 지속하는 데 목적이 있다. 이를 위해 우주 물체와 우주 환경을 탐지(detect), 추적(track), 식별(identify), 특정(characterize)한다. 이렇게 확인된 우주 물체와 우주 환경은 아군 우주 시스템에게 위험과 위협이 되는 대상을 구분하고 대응조치를 마련하는 토대가 된다. 다만, 광활한 우주에 대한 영역인식은 개별 국가에게 많은 비용과 높은 부담을 안겨주므로 이를 구축하고 유지하기 위해서는 다른 국가나 기업과의 다양한 협력이 필요하다.

우주영역인식은 우주 물체, 우주기상, 우주 정보를 파악할 수 있는 능력이 요구된다. 첫째, 우주 물체 감시 및 추적 능력은 우주 물체의 탐지, 분류, 궤도 확인 및 예측으로 이루어진다. 이를 통해 우주 물체 간 충돌을 사전에 파악하여 경보를 발령하는 충돌분석을 수행한다. 또한 우주 물체의 폭발이나 충돌로 발생하는 잔해물을 조사하고 특성을 분석하는 파편화와 우주 물체가 대기권에 재진입할 경우 지구상 인명이나 재산에 피해를 줄 수 있는 영향권을 계산하고 예측한다. 둘째, 우주기상(space weather) 능력은 태양 활동 또는 우주 환경 변화가 우주 물체, 지상장비에 미치는 영향을 측정하고 경보 및 예측을 제공한다. 역사상 지구에서 전쟁은 기상의 영향으로 승패가 좌우된 경험이 많으며, 우주기상도 우주전뿐 아니라 지구에서 전쟁에 중요한 영향을 끼친다. 우주기상 변화는 지상 통신장비, 위성체계·발사서비스, 위성항법체계 및 정밀 유도무기체계 등의 기능저하·장애·고장 등을 유발해 군의 임무 수행에 어려움을 줄 수 있다. 특히 우주기상 변화는 인공위성의 궤도의 이탈·고장 원인이 될 수도 있다. 셋째, 우주 정보(space intelligence) 능력은 궤도상 우주 물체에 대한 영상, 신호, 성능과 행위를 수집, 분석하고 식별한다. 상대방의 우주활동을 감시하고 어떤 실험과 능력을 발전시키고 있는지 확인하는 정보는 우주 안보에 필수적이다. 군사 우주 측면뿐 아니라 우주 경제 측면에서도 경쟁국가와 기업의 우주기술 수준은 주요 정보에 속하기 때문이다.

군사 우주 분야에서 우주영역인식의 능력은 운영 위치에 따라 지상기반 장비와 우주기반 장비로 구분되며, 기능적으로 상대방 우주 물체에 대한 광학, 레이더, 레이저 관측을 통해 수행된다. 또한 아군 우주 물체의 임무수행을 위해 궤도 관리를 포함한 우주교통관리(Space Traffic Management, 이하 STM으로 표기)도 수행되어야 한다.* 나아가 미래에는 우주영역인식에서 우주·사이버 위협을 탐지하고 방호하는 보안 능력도 발전시켜야 한다. 우주 물체를 감시하는 우주기반 우주영역인식은 우주에서 우주를 감시정찰하는 활동으로 전자광학, 적외선센서, 레이더센서를 활용한다. 우주기반 우주영역인식은 더 높은 궤도에서 낮은 궤도를 감시정찰하는 활동이 일반적이며 지구관측활동과 중첩해서 임무를 수행할 수도 있다. 예를 들어 지구정지궤도 위성 중 감시정찰위성은 지구관측과 저궤도, 중궤도 위성감시를 모두 수행하도록 개발할 수 있다.

지상기반 우주영역인식 기술

우주영역인식 기술은 지상기반 기술과 우주기반 기술로 구분된다. 그중에서도 지상기반 기술은 연속적으로 촬영된 전자광학, 고출력의 전자파 신호, 레이저를 이용한 추적 기술, 우주 감시기술을 통해 타국의 인공위성 및 우주 환경을 관측하고 아군의 인공위성 궤적을 정밀하게 결정하는 기술이다. 먼저 전자광학위성감시 기술은 탐색시스템, 식별시스템, 통제시스템을 활용하여 우주 공간을 통과하는 인공위성과 우주 물체를 탐색, 탐지, 추적, 식별한다. 탐색시스템은 광시야 망원경으로 전자광학(EO)/적외선(IR)(Electro−optical/Infrared, 전자광학/적외선) 카메라를

---

* 우주교통관리(Space Traffic Management)란 우주 환경에서 운영의 안전성, 지속가능성, 안정성을 향상시키는 활동의 계획, 조정, 궤도 동기화로 정의할 수 있다. 즉 우주교통관리는 우주에서 충돌 사고를 방지하여 우주를 안전하고 지속적으로 이용하기 위한 활동이다. 이처럼 우주에서는 우주 잔해물과 우주비행체의 위치를 파악하는 것을 넘어 혼잡한 환경에서 기동에 대한 공통의 이해와 관리가 필수적이다.

우주 안보의 이해와 분석

활용한다. 식별시스템은 대구경 망원경으로 EO/IR 카메라와 분광기, 적응광학장치를 활용한다. 통제시스템은 임무 계획 및 정보분석, 생산, 저장, 목록화를 통해 우주 안보에 필요한 정보를 제공한다. 고출력레이저위성추적 기술은 전자광학위성감시 단독으로는 정밀하게 위성을 추적하는데 제한될 수 있기 때문에 SLR(Satellite Laser Ranging) 정밀도를 높이기 위한 추적 기술이다.[2] 고출력레이저 기술은 레이저 장비, 추적 망원경, 전자광학, 체계운영 기술이 요구되며 고출력레이저를 적대국 감시정찰위성에게 조사할 경우 감시정찰 센서의 기능장애를 일으킬 수 있다. 레이더우주감시 기술은 넓은 범위에 걸쳐 우주 물체의 신속한 식별 및 추적을 위한 궤도정보(속도와 위치)를 제공한다. 레이더 우주감시 기술은 위성배열안테나, 송수신기 및 컴퓨터시스템으로 구성되며 인공위성 간 충돌, 우주 물체 추락 등 예·경보에 활용된다. 우주 환경감시 기술은 태양광학망원경, 태양전파망원경, VHF전리층레이더 등으로 구성되며 태양 활동, 전리층 및 지구자기장 변화를 24시간 관측하고 분석하여 우주기상 예·경보를 제공한다.

 <그림 1> 지상기반 우주감시 기술

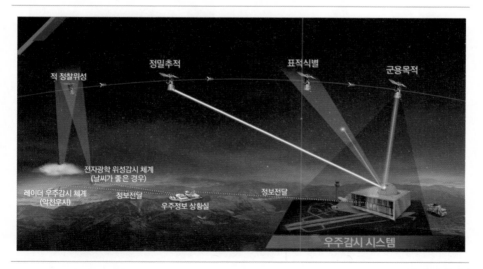

ⓒ 한화시스템

현재 우리나라 지상기반 우주영역인식은 민간 분야에서 우주 환경감시기관으로 지정된 한국천문연구원이 담당하고 있으며, 군사 분야에서 공군이 담당하고 있다. 한국천문연구원과 공군은 상호 협력하여 우주 위험과 우주 물체의 정보를 공유하고 필요한 의사결정을 수행하고 있다. 특히 한국천문연구원은 자체적으로 카시오페이아라는 우주영역인식 통합솔루션 체계를 구축했다. 카시오페이아는 위성의 궤도 결정, 예측 및 추락, 충돌 위험을 통합분석한다. 향후 지상기반 우주영역인식 인프라는 전자광학 망원경, 광학센서와 카메라, 우주감시 레이더, 고출력레이저위성추적체계 등을 통합하여 소행성, 우주 물체의 충돌 위험, 유성체, 우주 물체의 추락위험, 우주 잔해물을 탐지 및 식별하고 주요 위험물체는 추적하여 대비할 수 있도록 정보를 제공한다.

 < 그림 2 > 우주기상 예 · 경보체계 운용 개념도

ⓒ 방위사업청

 < 그림 3 > 지상기반 우주영역인식 인프라와 통합분석시스템

ⓒ 한국천문연구원

우주 안보의 이해와 분석

우주기반 우주영역인식 기술

우주기반 우주영역인식 기술은 인공위성 등에서 전자광학 방법, 레이더로 다른 우주 물체를 추적·감시하여 궤도정보 등 우주 물체에 대한 정보를 추출하는 기술이다. 우주에서 ASAT 미사일이나 탄도미사일을 요격*하기 위해서는 표적의 위치를 지속적으로 추적하고, 우주 방어체계와 요격미사일에 지속적으로 정보를 전달할 수 있는 우주 광역 감시정찰체계 확보가 선행되어야 한다. 현재 감시정찰위성이 획득하는 정보는 지상과 대기권의 일부 공간에 한정되어 있으므로, 미래에는 다수의 위성으로 구성된 감시정찰 군집위성을 운용하여 광역 감시망을 구축하는 동시에 우주 궤도에서 우주 표적 정보를 획득하는 체계를 개발할 필요가 있다. 미국은 현재 초음속 및 탄도미사일 추적이 가능한 극초음속 및 탄도미사일 추적우주센

 < 그림 4 > 극초음속 및 탄도미사일 추적우주센서(HBTSS) 시스템

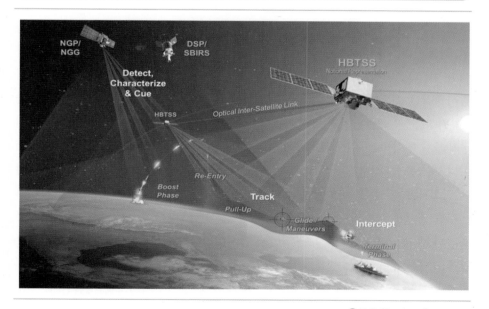

© U.S. Northop Grumman

* 우리나라 군사용어사전에서 요격(intercept)은 항공기나 방공무기가 적 항공기와 미사일 등 공중위협을 탐지 → 식별 → 차단(항공기)/추적(방공무기) 이후 이루어지는 격파(파괴)를 의미한다.

서(Hypersonic and Ballistic Tracking Space Sensor, HBTSS)체계를 개발 중이다.[3] 이는 군집위성을 구성하여 기존 감시정찰위성에 비해 더욱 광범위한 영역을 감시하는 체계로, 미래에 개발할 우주 광역 감시정찰체계의 기반이 될 수 있다. 우주 광역 감시정찰체계는 각각의 역할을 수행하는 다수의 위성군이 유기적으로 운용되도록 개발해야한다. 현재는 인공위성 간 통신 기술과 대·소형 위성 관련 기술, 발사체 기술이 주요한 개발 대상이 될 것으로 보인다.

우주정보지원

우주정보지원은 우주 자산을 활용하여 우주 안보에 필요한 정보를 수집하고 지구상 국가안보와 군사작전을 지원하는 능력이다. 우주정보지원은 우주에서 지상·해양·공중을 감시정찰하고, 통신으로 정보와 지휘통제를 수행하고 항법 정보로 군사자산의 운영과 정밀타격 무기를 지원한다. 우주정보지원은 지구뿐 아니라 우주영역에서 군사적 활동을 수행하는 데 필수적인 정보와 운영을 지원한다.

우주정보지원의 범위는 위성감시정찰, 위성통신, 위성항법, 위성조기경보로 구분된다. 첫째, 위성감시정찰은 지구상 적군의 표적식별, 배치상황, 이동, 공격징후, 전투피해평가 등을 수행하도록 지원한다. 전자광학, 적외선, 레이더 기술을 탑재한 민간 및 군사위성을 통해 주·야간 제한 없이 필요한 정보를 획득한다. 위성감시정찰은 궤도에 따른 감시정찰의 지속성과 해상도 차이가 고려되어야 한다. 둘째, 위성통신은 광역 원거리 통신능력을 제공하여 전장 상황에 따른 실시간 지휘통제를 수행하도록 지원한다. 위성통신은 지구상 지형의 제한을 극복하여 전 세계 어디서나 통신과 데이터 전달이 가능하기 때문에 군사적 중요성이 높다. 위성통신은 위성 상호 간 통신을 비롯하여 지상·해상·공중 중계 및 관제소를 통한 통신과 데이터 전달로 운영된다. 위성통신은 지상통신에 비해 무선통신 구간이 길어 기상조건과 재밍(jamming)*에 영향을 받기 쉬우며 민군 자산을 활용할 경우 사이버 보안에도 대비해야 한다. 셋째, 위성항법은 분산된 병력과 무기 등에 정확한 위치·시간 정보를 제공하여 군사작전과 무기체계 사용이 이루어지도록 지원한다. 적군과 아군의 위치, 이동 등 전장상황정보를 제공하여 아군 간 교전위험을 최소화하

---

* 재밍(jamming)이란 의도적으로 정보 흐름을 방해, 차단, 간섭하기 위해 지장을 주는 무선 신호를 전송하는 행위이다.

고 적의 표적을 정확하게 선정하도록 한다. 이를 통해 정밀타격과 지휘통제를 향상시킬 수 있다. 우주 강대국들이 자체 위성항법체계를 구축하는 이유도 위성항법이 군사작전의 기본이 되기 때문이다. 넷째, 위성조기경보는 적군의 탄도미사일 준비와 발사를 조기에 탐지하고 경보를 전파하여 선제타격이나 미사일 방어를 수행하도록 지원한다. 조기경보를 위한 위성은 적의 탄도미사일 예상 지역을 24시간 감시하면서 전자광학, 적외선, 레이더 센서를 통해 미사일 발사준비가 임박하거나 발사순간을 포착하여 실시간으로 정보를 제공한다. 위성이 탐지한 정보는 연동된 전략적 타격체계나 미사일 방어체계에 전달되어 대응에 활용된다.

우주기반 감시정찰 기술

우주기반 감시정찰 기술은 인공위성 등 우주 자산의 EO/IR, SAR 탑재체를 활용하여 적의 도발 징후를 포착하기 위한 영상정보 탐지 및 식별 기술이다. 감시정찰 기술이 발전하는 만큼 수집된 영상정보는 인간이 처리하기 어려운 수준으로 증가했다. 이에 따라 영상정보 분석에 AI 기술을 적용하는 노력이 발전하고 있다. 초기 AI가 영상정보 분석에 활용되었을 때는 지상의 관심 대상을 탐지하고 정보를 제공하는 데 그쳤다. 기상 조건으로 위성정보가 손실되거나 제한되면서 AI가 학습에 활용할 수 있는 데이터도 적었기 때문이다. 그러나 현재는 광학 영상에서 구름을 제거하기 위해서는 기상과 무관하게 관측할 수 있는 SAR 데이터를 추가로 활용하여 영상정보를 보완하거나, 영상이 포함하고 있는 내부의 정보를 이용하는 DIP(Deep Image Prior) 기술을 사용하여 구름으로 가려진 부분을 제거하고 지상의 정보를 복원할 수 있다. 아주 적은 양의 데이터만으로도 스스로 학습하여, 판독 능력치를 자동으로 올리는 알고리즘도 개발되었다.[4]

위성항법 기술

위성항법 기술은 지구 궤도상에 다수의 위성으로 구성된 위성군으로부터 수신되는 위성의 위치정보와 전파를 이용한 거리측정을 통해 3차원의 위치 및 시각동기정보를 제공하는 기술이다. 우주 안보 차원에서는 독자적 운용이 가능한 암호화된 항법신호원을 구축하고, 지상, 해양, 공중에서 정밀항법 정보가 필수적이다. 위성항법 시스템은 위치(Positioning), 항법(Navigation), 시각(Timing)을 지구상 어디에서나 제공하기 위해 우주에서 항법신호를 송출하는 우주부, 항법 서비스를 제공하기 위한 지원 및 제어하는 지상제어부 그리고 항법서비스를 사용하는 사용자부로 구성된다. 위성항법은 전파항법(Radio Navigation)의 일종으로, 원자시계로 동기화되어 항법위성으로부터 송출되는 위성항법 신호를 수신하여 도달하는 시간차이를 이용하는 TDOA(Time Difference of Arrival) 기법으로 수신기의 위치를 결정한다. 이때 3차원 측위를 위해서는 3개가 아닌 4개의 항법신호를 수신해야 위치와 수신기 시간을 정확하게 결정할 수 있다. 가장 최신 기술이 반영된 미국의 위성항법시스템인 GPS III에서는 모든 프로그램이 가능한 디지털 항법탑재체이며, 정밀궤도결정을 위한 레이저 반사경 탑재, 개선된 핵폭발 탐지시스템을 갖추고 있다.

위성통신 기술

위성통신 기술은 우주공간에 증가하는 위성과 지구 간의 통신, 위성 간 통신(inter−satellite link, 이하 ISL로 표기) 기술이다. 위성통신은 군사작전에서 가장 중요한 기술 중 하나로 정보 공유와 지휘통제를 지원한다. 우주에서 통신을 주고 받는 위성들이 증가하고 수집된 데이터의 용량이 늘어나면서 위성통신이 지연되는 병목현상도 발생하고 있다.[5] 지금까지 위성통신의 한계를 극복하기 위한 대안으로 떠오르는 기술은 레이저 광통신이다. 적외선 레이저의 주파수는 전파 통신의 수천 배(~200THz)이기에 이론적으로 수 Tbps까지도 가능하다. 미국 연구진은 기존 성능의 두 배의 속도를 내는 우주−지상 간 레이저 통신 데이터 전송 실험에 성공했다.[6]

레이저 우주광통신은 송출 빔의 크기가 매우 좁기 때문에 광통신의 장점을 활용하려면[7] 위성−지상국, 위성−위성 간 송수신 장치가 서로 정확하게 마주봐야 한다. 특히 상업적으로 가치가 높은 저궤도에서는, 초속 7km 정도로 빠르게 움직이는 위성에서 지상국이나 다른 위성을 0.01도의 정밀도로 지향할 수 있어야 한다. 또한 적외선 레이저는 구름을 뚫을 수 없기 때문에 광통신 지상국 위에 구름이 있으면 위성과 직접 통신할 수 없다. 최근 이 문제를 지상 네트워크를 통해 해결하는 노력이 진행 중이다. 일본의 INNOVA 프로젝트는 3개 이상의 광통신 지상국을 이용하면 거의 100%에 가까운 연결 성공이 가능하다는 것을 입증하였고, 유럽과 미국도 광통신 지상국을 운영 중이다. 현재 우주 광통신 기술은 독일 TESAT사의 큐브위성에서 사용 가능한 0.3U(360g)의 100Mbps급 모듈부터, 군집위성을 위한

10Gbps급의 모듈까지 상용화하여, 국제사회의 다양한 위성 사업에 참여하고 있다. 우주 광통신 전문 업체, 미국의 Mynaric사는 현재 2.5Gbps급의 통신이 가능한 우주 광통신 터미널의 상용화를 완료하고, 10Gbps급의 광통신 모듈을 실증하고 있다. 조만간 양산 체제에 들어가며, 고해상도 지구관측 위성, 광통신 네트워크 위성이나 대형 SAR 위성을 위한 광통신 모듈을 공급할 예정이다.[8]

위성간 통신(ISL) 기술은 우주광역 감시정찰체계 및 우주 미사일 방어체계 구축에 활용되는 기술이다. 현재 기술은 군집항법위성의 궤도 결정(orbit determination)과 시간 추정(clock estimation) 등을 위해 제한적인 범위 내에서 활용되고 있다. ISL 기술은 조기경보 위성, SAR/EO/IR 감시정찰위성, 통신위성, 항법위성, 미래 우주 감시 위성 등 각기 다른 역할을 수행하는 인공위성을 연결하여 우주광역 감시체계를 효과적으로 구축하는 데에 기여할 수 있다. 유력한 ISL 기술로는 광학 ISL 방식으로, 레이저를 사용하므로 전자파 방식에 비해 빔 폭이 좁고 지향성이 높아 다른 통신 시스템이나 재밍 등의 간섭의 영향이 적고, 높은 데이터 전송 속도와 저지연 특성도 확보 가능하며, 주파수 사용에 제약이 없다. 직진성이 강한 레이저 방식을 활용하기 위해서는 이에 적합한 레이저 통신 터미널 기술, 빔 정렬 기술 개발이 필요하다. 그리고 다른 궤도상에서 운용되는 인공위성은 재방문 주기가 다르므로 항상 위성 간 통신망을 구성할 수 없다. 따라서 연결 가능한 노드에 유연하게 통신망을 형성하고 중계 형태나 연결 노드를 자동으로 결정하는 기술을 확보할 필요가 있다.

우주태양광 기술

우주태양광 기술은 우주에서 태양광으로 생산한 전기를 지구나 우주로 전송하여 활용하는 기술로서 지상과 우주작전을 지원한다. 태양광에너지는 부족한 지구상 에너지를 대체하거나 보완할 수 있는 에너지로 주목받고 있지만, 우주 안보 차원에서도 매우 유용하다. 군사작전 중 전기에너지를 제공할 수 없는 지상이나 해양, 공중에서 우주태양광 기술은 에너지를 제공할 수 있기 때문이다. 지상태양광 발전에 비해 우주태양광 발전이 갖는 이점은 첫째, 우주공간에서 복사에너지가 약 10배가 크기 때문에 태양광 효율이 높고, 구름 등 기상에 따른 제한이 없어 획득 시간도 길다. 둘째, 지상태양전지판은 지형 조성, 토지 구매 등 인프라 비용이 필요하지만 우주태양전지판은 이러한 비용이 절약된다. 셋째, 우주에서 복사선에 의한 성능의 저하가 늦어 수명이 길다. 넷째, 지상태양광 에너지는 전송을 위한 케이블이 필수적이지만, 우주태양광 에너지는 지구상 원하는 곳으로 전송할 수 있어서 활용성이 높다.

우주태양광 기술은 태양광발전 위성, 태양전지판, 태양광 전송 기술로 구성된다. 태양광발전 위성은 정지궤도에서 운용되며 탑재된 태양광발전 장치를 통해 태양광에서 전기에너지를 생산하며 이를 마이크로파 혹은 레이저로 변환시켜 지상에 보낸다. 우주태양광 기술에는 태양전지판의 효율이 중요하다. 스페이스트로랩(Spacetrolab)은 40.5%의 효율을 가진 태양전지판을 개발하였고 이 기술은 계속 발전할 전망이다. 태양광 전송 기술은 마이크로파와 레이저 기술이 개발되고 있다. 마이크로파 전송은 대기권의 비나 구름으로 인한 감쇠율이 낮고 전리층에서 반사나 산란이 없어 우주태양발전 위성에서 생성된 전력을 지상으로 송전하는데 효과적이다. 다만, 마이크로파의 밀도가 높을 경우 인간이나 생물에 나쁜 영향을 줄 수 있어 태양광밀도를 제한하는 문제와 어떤 생물학적 피해가 있는지 연구가 필요하다. 레이저 전송은 태양광을 흡수하는 크롬과 태양광을 효율적으로 레이저광으로

< 그림 5 > 우주기반 태양광 기술

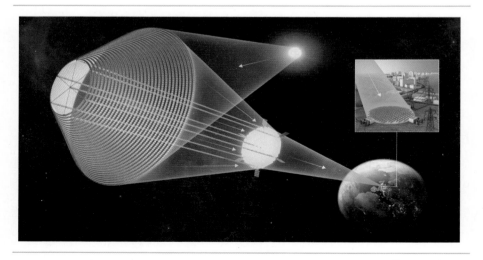

ⓒ Roland Berger

변환시키는 네오짐을 세라믹 재료에 고밀도로 주입하여 발생된 레이저로 지상에 전력을 송전하는 것으로 현재까지 태양광 에너지의 42%를 레이저로 변환하는 데 성공하였다.[9]

우주전력투사

우주전력투사는 인공위성과 우주비행체와 같은 우주 자산을 발사하고 우주로 수송하는 지상국과 우주발사체 능력이다. 우주전력투사는 우주 자산을 우주로 올리고 이동하는 능력이므로 우주 안보에 필수적이다. 상업위성은 다른 국가의 우주발사체를 활용하기 쉬우나, 군사위성은 자체적인 우주발사체를 활용하지 않을 경우 군사적으로 적시에 우주 자산을 발사할 수 없거나 우주 자산의 보안이 취약할 수 있다. 우주전력투사는 지구에서 발사된 우주비행체가 목표한 궤도나 위성 혹은 천체에 도달하는 것이며, 우주공간에 장기간 머물면서 이동하거나 특정 임무를 수행하는 능력은 뒤에 설명할 우주통제에 해당한다.

우주전력투사의 범위는 지상 발사, 해상 발사, 공중 발사로 나뉜다. 첫째, 해상 발사는 함선이나 해상패드를 이용하여 해상에서 위성 등 우주 전력을 발사하며, 지상 발사장이 피폭이나 기능을 상실할 경우에 대비하여 예비로 활용한다. 국내 유일의 지상 발사 장소인 나로우주센터는 적도궤도 발사에는 지리적인 제한이 있으므로 해상 발사로 이를 보완한다. 둘째, 지상 발사는 지상 발사장을 이용해 위성 등 우주 전력을 발사할 수 있으며 대형 발사체를 활용해 중·대형급 탑재체를 발사하는 것이다. 셋째, 공중 발사는 전투기, 수송기, 민항기 등 항공기를 이용해 공중에서 소형급 위성 등 우주 자산을 투사하는 것이다. 예를 들어 나로우주센터는 극궤도 발사에는 이점이 있으나, 경사궤도 발사에는 제한이 있다. 이를 위해 해상 발사나 공중 발사를 통해 지상 발사의 제한을 극복할 수 있다.

우주발사체 관련 기술은 지상 발사체 관련 기술을 바탕으로 우주 추진 기술과 우주 궤도 발사 기술로 발전하고 있다. 지상 발사체 기술은 지상으로부터 우주 궤도에 탑재체 및 비행체를 운반하는 기술로, 우주 비행체나 인공위성 등을 배치하기 위해 필요한 기술이다. 우주 추진 기술은 우주 궤도나 심우주 등 우주 공간에서 추진력을 획득하기 위한 것으로, 향후 전기추력기 및 원자력 추진 방식이 활용될 수 있다. 우주 궤도 발사 기술은 우주 궤도에서 드론이나 유도무기 등을 발사하는 기술로, 우주 방어체계나 우주 정거장 등의 소요에 따라 개발될 것으로 예상된다.

우주비행체 기술

우주전력투사는 우주비행체 또는 탑재물 등을 지구 궤도에서 우주 공간으로 이동시키기 위해 사용되는 추진체 기술이 요구된다. 여기에는 우주에서 자유롭게 궤도를 변경하며 다양한 임무를 수행하기 위한 정밀 자세/고도 제어 기술 및 비행체 형상/구조 설계 기술, 인공위성 유지·보수기술, 우주 위험물을 회수하기 위한 재보급 기술, 지구 귀환을 위한 재진입 기술 등이 포함된다. 우주추진체는 사용하는 연료에 따라 추력과 효율이 다르며 현재 개발 중인 추진체 기술은 전기추진, 이온추진, 원자력추진 등이 있다.

전기추진체 기술은 전기에너지를 기반으로 연료를 분사하여 추진하는 시스템으로, 화학추진체에 비해 상대적으로 비추력이 높고 연료소모량이 낮아 인공위성과 우주탐사선 등에 자주 활용된다.[10] 향후 전기추진체의 추진 성능이나 태양광 발전을 통한 에너지 수급 가능성을 고려하면 미래에는 더욱 주목받는 기술이 될 것으로 예상되며, 현재도 자세 제어, 위치 유지, 궤도 천이를 위해 전기추진체가 활용될 가능성이 높다. 태양광 발전을 위한 태양전지판을 우주에서 제조하게 되면 크기나 수량을 원하는 만큼 증가시킬 수 있기 때문에 전력 생산에 소요되는 비용은 지구에서부터 만들어 보내는 것에 비해 크게 줄일 수 있다.

이온추진체 기술은 이온을 전기장으로 가속해 내뿜는 방식의 추진체이다. 이온을 전기장으로 가속해 내뿜는 속도는 초속 30km 정도로 화학연료인 케로신을 사용하는 추진체의 속도보다 10배 정도 빠르다. 보통 일반 로켓이 탐사선 질량보다 많은 연료와 산화제를 실어야 하는 것과 비교해서 이온추진체는 매우 적은 원자를 실어도 되므로 탐사선 장비를 더 실을 수 있다. 이처럼 이온 추진체는 우주에서 긴 시간 동안 속도를 높이거나 낮추는 상황에 효과적이다. 예를 들어 인공위성이 수개월이나 그 이상 우주탐사를 하거나 궤도를 수정하는데 이온추진체를 사용할 수 있다. 그러나 이온추진체는 단시간에 큰 힘을 낼 수 없다는 단점이 있어 지상에서 발사할 때 추진체로 사용할 수 없다.

원자력추진체 기술은 핵반응 시 발생하는 열원을 사용하여 추진제를 가열함으로써 수소 가스를 분사하는 방식이다. 원자력 기술은 방사능 피폭 등으로 지구상이나 지구 궤도에서는 논쟁이 있지만 장기간 사용할 수 있는 장점 때문에 심우주 탐사선 엔진으로 개발 중이다. NASA는 원자력추진체 기술을 화성 유인탐사에 활용할 예정이며, 미 국방부는 록히드 마틴과 DRACO(Demonstration Rocket for Agile Cislunar Operations) 프로그램11 계약을 체결하고 핵분열 우주비행체를 개발하기 위한 투자를 이어가고 있다. 우주에서 작동할 수 있는 원자로는 열을 방출하고 그 열은 전력 변환기를 통해 전기 에너지로 바뀌며 다시 전기 에너지는 우주비행체의 추진에 필요한 에너지가 된다. 이 기술은 일정한 태양빛 없이도 태양전지판보다 4배의 전력을 공급할 것으로 기대된다.

 <그림 6> 태양계 접근성을 높여줄 수 있는 핵추진체 우주비행체

© USNC Tech

발사체 기술

발사체 기술은 인공위성이나 우주비행체를 지구로부터 우주 공간으로 이동시키기 위해 사용되는 로켓기술로 지상, 해상, 공중 발사체 기술로 구분된다.

지상 및 해상 발사체 기술은 탑재체를 지상에서 우주 궤도로 진입시키기 위한 기술로, 자세 제어 및 원격측정 등 다양한 기술이 포함될 수 있지만 발사체 추진 기술이 핵심이다. 유럽 및 미국 등은 대형탑재체(20,000kg 이상) 발사능력을 보유하고 있으며, 우주 발사체의 사거리를 확보하는 것과 동시에 스페이스X의 팰컨-9과 같이 로켓 회수 및 재활용 기술을 개발하여 우주발사 비용을 대폭적으로 감축시키기 위해 노력하고 있다. 이 기술은 장거리 및 고중량 발사 기술, 로켓 회수 기술에 집중 투자가 필요하며 로켓 정밀자세제어 기술, 엔진 재점화, 역추진 기술 등의 기술 개발도 요구된다. 예를 들어 로켓 회수 기술의 경우 팰컨-9는 1단 추진체가 임무 수행 후 역추진기를 활용하여 지상 착륙장이나 해상의 회수용 선박에 안착한다. 블루오리진의 뉴세퍼드(New Shepard)는 수직 착륙과 낙하산을 통해 착륙하며 그 밖에도 2단 추진체를 궤도에 올려놓은 뒤 낙하하는 1단 추진체를 헬기가 낚아채는 방식도 있다.

공중 발사체 기술은 항공기에 탑재하는 방식에 따라 상부발사, 하부발사, 내부발사로 구분된다. 상부발사 기술은 우주발사체를 항공기 상부에 탑재하는 방식이다. 큰 우주발사체를 장착할 수 있다는 장점이 있지만, 상당한 수준의 항공기 개조로 인해 많은 예산이 투입된다는 단점이 있다. 또한 우주발사체의 안전한 분리를 위해서 발사체의 날개가 충분히 커야 하며, 이로 인해 항공기 상부에 위치한 발사체의 양력 증가로 항공기 동체가 파손될 우려가 있으며, 항공기 선회성능이 감소된다는 단점도 있다. 하부발사는 우주발사체를 항공기 하부에 탑재하여 발사하는 방식이다. 하부발사는 우주발사체를 항공기에서 분리하기 용이하며, 검증된 방식이라는 장점이 있는 반면, 항공기의 크기에 따라 발사체의 크기가 제한되며, 발사체 탑재를 위한 항공기 개조도 어느 정도 필요하다는 단점이 있다. 내부발사는 우주발사체를 항공기의 내부에 탑재하여 공중에서 투하하는 방식이다. 내부발사는 우주발사체를 항공기 내부에 탑재하기 때문에 항공기를 개조할 필요가 없으며, 지상기반 우주발사체에서 흔히 나타나는 대기의 대류열에 의한 추진제의 증발문제를 상당부분

해소할 수 있다. 또한 외부장착에 따른 추가적인 감항인증* 및 항력증가가 없으며, 비교적 높은 고도에서 투하할 수 있다는 장점도 있다. 그러나 발사체의 크기가 항공기 내부공간에 의해 결정됨에 따라 항공기가 커야 한다는 단점이 있다.[12]

 <그림 7> 스페이스X의 펠컨-9 발사 및 착륙

© Wikipedia Commons

 <그림 8> 하단발사 기술 개념(상) / 내부발사 기술 개념(하)

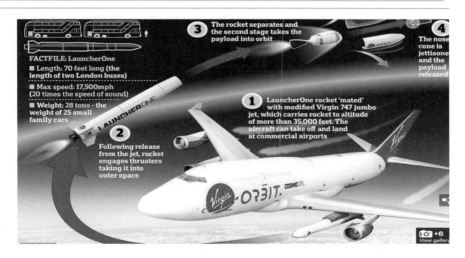

---

* 감항인증이란 항공기의 강도, 구조, 성능이 안정성 및 환경보전을 위한 기술상의 기준에 적합한지 검사하고 인정하는 증명이다.

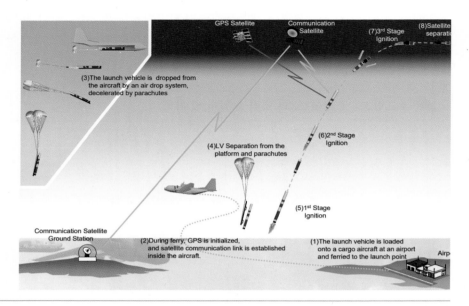

우주통제

　우주통제는 우주영역에서 활동의 자유를 확보할 수 있는 능력으로 우주 자산을 활용한 공세적 통제와 방어적 통제에 초점을 둔 능력이다. 공세적 통제는 적이 자신에게 유리한 방향으로 우주전력을 활용하지 못하도록 적의 우주 시스템을 무력화한다. 방어적 통제는 적의 공격으로부터 아군의 우주전력을 방호, 유지하여 국가안보와 군사작전을 수행한다. 즉, 우주통제는 완벽한 아군의 우위가 아니라 아군이 필요한 활동과 아군에게 불리한 적군의 활용을 제한할 수 있는 능력이다. 우주전력을 유지하는 능력은 우주 자산이 임무와 성능을 지속할 수 있도록 우주 내 정비·보급·제조하는 능력으로 방어적 통제로 볼 수 있다. 이러한 능력은 지구나 우주정거장, 미래에는 달과 같은 다른 천체로 확장될 것이다.

　우주통제의 범위는 첫째, 공세적 통제로서 우주 영역에서 적의 우주 위협을 거부·방해·기만·저하·파괴하는 능력이다. 공세적 통제의 수단은 운동성 무기, 비운동성 무기, 전자적 무기, 사이버 무기로 나뉜다. 둘째, 방어적 통제로서 우주 영역에서 아군의 우주 전력을 보호하고 적대행위로부터 피해를 최소화하기 위한 방어·은폐·기만·분산·복구 능력이다. 방어적 통제의 수단은 무기체계로 구분하기보다 우주 자산의 보호와 복원을 위한 능력이나 방법을 의미한다.

우주 안보와 관련된 우주통제 기술은 지상기반과 우주기반, 공격과 방어를 구분하여 개발하진 않는다. 예를 들어 우주레이저 기술은 지상과 우주에서 모두 활용할 수 있고, 공격과 방어에서도 모두 활용된다. 적국의 위성기능을 방해하거나 손상시키기 위해 적국 위성에 레이저를 조사할 경우 공격용이고, 아군을 감시정찰하기 위한 적국의 위성에 레이저를 조사할 경우 방어용으로 볼 수 있기 때문이다. 다만, 우주통제의 목적에 따라 공세적 무기체계와 방어적 무기체계를 구분해보고 이를 제시한다.

공세적 우주통제 무기체계

공세적 무기체계에는 운동성 공격 및 지향성 에너지 공격, 궤도 공격, 사이버 공격, 전자 공격을 포함한다. 현재 미국, 러시아, 중국, 인도는 위성을 요격하는 운동성(미사일) 공격 능력을 갖추고 있다. 운동성 공격과 지향성 에너지 공격은 <그림 9>와 같이 지상에서 이동형발사체를 통해 시도될 수 있다. 대표적인 운동성 공격 무기는 ASAT 미사일로 지상 혹은 공중에서 발사하여 위성을 요격하며, 탄도미사일 방어체계와 기술적으로 유사하다. 미국, 러시아 등은 유도무기체계 기술력을 활용하여 지상·해양·공중에서 ASAT 미사일을 발사하여 자국의 폐기된 위성을 요격함으로써, 저궤도 감시정찰위성에 대한 공격 능력을 과시하였다.[13] ASAT 개발 추세는

 <그림 9> ASAT 미사일 공중 발사 및 공격 상상도

ⓒ Wikipedia Commons

운동성 공격 이외에 다양한 비운동성 공격 능력으로 발전하고 있으며, 상대방 위성을 효과적으로 제압하기 위해 우주 궤도에서 수행하는 공격이 발전할 것이다.[14]

현재 개발된 ASAT 미사일은 저궤도 위성을 공격하기 위해 전력화되었다. 하지만 일부 국가는 ASAT 미사일의 사거리를 계속 증가시켜 항법위성이나 조기경보 위성과 같이 중궤도, 정지궤도 위성을 요격할 수 있다. ASAT 무기체계는 우주 궤도에서 공격할 수 있는 동궤도(Co-orbital) ASAT 무기체계로 발전하고 있으며, 고출력 레이저 및 마이크로파, 전자공격 등 다양한 방식을 개발 중이다. 향후에는 발사체의 거리를 증가시키고 우주정거장과 같이 무기체계의 궤도 체류 시간을 증가시키는 동궤도 ASAT 공격 능력이 강화될 것이다. 또한 운동성 ASAT 무기보다는 우주 잔해물 발생을 줄일 수 있는 지향성 에너지와 전자공격, 사이버 공격 무기가 발전할 것이다.

🛸 운동성 ASAT 개발 및 시험 사례[15]

구분	미국	러시아	중국	인도
이미지				
발사 유형	해양 발사	공중 발사	지상 발사	지상 발사
발사 시기	2008년		2007년	2019년
목표 위성	NROL-21/USA-193		기상관측용 위성	Microsat-R
위성 궤도	약 240km	미확인	865km	283km
시험 내용	저궤도 위성요격		저궤도 위성요격	저궤도 위성요격
시험 결과	성공		성공	성공
모델	USS Lake Erie 구축함 탑재	MiG-31BM 탑재	SC-19(KT-1)	PDV Mark-II

한편 우주레이저 기술은 레이저를 활용하여 우주 물체를 추적 및 감시할 수 있으며, 우주 물체의 특정 센서나 부품 기능을 방해하거나 손상시킬 수 있는 기술이다. 레이저 기술은 정밀도가 높고 강도를 조절할 수 있다. 따라서 우주 잔해물 발생

에 대한 우려를 줄일 수 있고 공격과 방어 수준을 목표에 맞게 조정할 수 있다. 또한 레이저는 빛의 속도로 이동하며 대기 중 장애물에 영향을 받지 않으므로 통신과 센서에도 적합하고, 우주태양광을 전력으로 활용하면 에너지 제한 없이 장기간 임무를 수행할 수 있다.

이러한 우주레이저 기술은 우주 안보 차원에서 다양하게 활용된다. 우선 우주레이저는 태양에너지를 활용하여 생산할 수 있으므로 오랜 시간 우주에서 수행되는 임무에 적합하다. 또한 빠르고 안정적인 전송 능력으로 지구 궤도는 물론 지구－달 공간인 시스루나에 통신과 상호작용에 효과적이며 앞으로 확장될 심우주 탐사용 우주탐사선에도 필수적이다. 우주레이저를 활용한 LIDAR(Light Detection and Ranging) 기술은 우주기지를 구축하기 위한 천체 탐사에서 지형 파악, 레이더 매핑 등에 활용된다. 끝으로 우주레이저 기술은 우주 잔해물을 추적하고 제거하기 위한 기술로 활용되며 적의 위성을 감시정찰하고 필요한 경우 공격 무기가 될 수 있다.

이처럼 지향성 에너지 무기는 레이저나 마이크로파를 표적의 방향으로 지향한 후 고출력 에너지를 집중시켜 목표물을 파괴하는 무기체계로, 지상으로부터 우주 자산을 파괴할 수 있다. 러시아는 이동형 레이저 대공방어체계인 페레스베트(Peresvet)를 개발하였으나 추력, 개발 목적 등 체계 관련 내용은 대부분 기밀이다. 페레스베트는 인공위성 공격용 레이저 무기체계(이동형)로 50kw 수준의 0.5m 직경 레이저 망원경을 보유하고 있으며 이를 통해 소형 무인기나 근거리 미사일 요격 혹은 인공위성에 대한 레이저 다즐링(dazzling) 공격이 가능하다. 레이저를 활용하여 감시정찰위성의 센서에 일시적 혹은 영구적인 손상을 발생시키는 레이저 다즐링 방식의 무기체계는 상대방 인공위성의 임무에 위협이 될 수 있다. 고출력 마이크로파 무기체계는 마이크로파 빔 형성 기술을 활용하여 표적의 전자계통을 파괴하고 아군 우주 자산을 무력화하는 것으로, 레이저 방식에 비해 상대적으로 많은 수의 표적을 동시 대처할 수 있다.

< 그림 10 > 러시아의 페레스베트(Peresvet) ASAT 레이저 무기

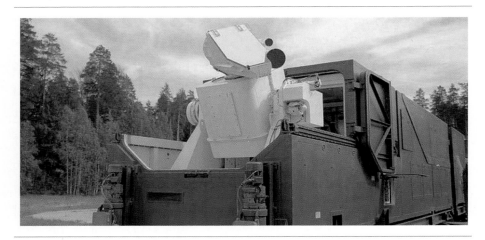

© Wikipedia Commons

전자공격 기술을 탑재한 동궤도 무기체계가 아군의 우주 자산에 은밀하게 접근할 경우에는 인공위성의 신호 수신 체계에 상당한 위협이 될 수 있다. 향후에는 인공위성이나 지상(Downlink와 Uplink)에서 정보 획득을 교란하기 위해 스푸핑(spoofing)이나 미코닝(meaconing)＊ 방식의 전자기 공격도 복합적으로 활용될 수 있다.

 < 그림 11 > 지상기반 공세적 무기체계 유형[16]

＊ 스푸핑과 미코닝은 전자기 공격의 하나로, 스푸핑이 정상 데이터를 가로채어 변형된 신호를 전송함으로써 혼란을 일으킨다면, 미코닝은 가로챈 데이터를 지연 전송하여 혼란을 일으킨다. 이러한 공격에 대응하기 위해서는 신호 암호화, 다중 주파수 대역 사용, 지상 및 공중 기반 보정시스템 활용 등이 필요하다.

우주 안보의 이해와 분석

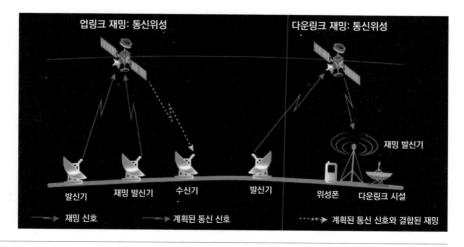

업링크 재밍: 통신위성 　　　　　　　　 다운링크 재밍: 통신위성

재밍 발신기

발신기　　재밍 발신기　수신기　　발신기　　위성폰　다운링크 시설

━━▶ 재밍 신호　━━▶ 계획된 통신 신호　┅┅▶ 계획된 통신 신호와 결합된 재밍

© Defense Intelligence Agency

　우주 내 동궤도(Co−orbital) 공격도 <그림 12>와 같이 다양하다. 동일 혹은 인접한 궤도에서 물리적 접촉을 통한 운동성 공격을 비롯해 고출력 마이크로파, 전자파 재밍, 레이저, 화학 스프레이, 로봇장치 공격 등이 해당된다. 예를 들어 중국은 2022년 1월 SJ−21 우주 잔해물감소위성으로 지구정지궤도에서 기능이 상실한 베이더우 항법위성 1개와 도킹하여 무덤궤도로 이동시키는 시험을 수행했다.[17] 이러한 방식은 상대방 위성에 대한 운동성 공격으로 활용될 수 있다.

 <그림 12> 우주기반 공세적 무기체계 유형[18]

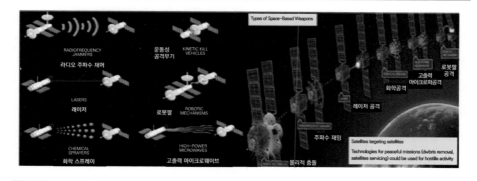

© Defense Intelligence Agency

위의 내용을 정리하면 다음과 같이 공세적 무기체계의 유형을 네 가지로 나눌 수 있다.[19] 첫째, 운동성 무기는 ASAT 미사일을 발사하여 직접 운동에너지로 위성을 파괴하거나 동일 또는 인접 궤도에 직접 위성을 쏘아 올려 다른 위성을 방해하거나 가로막는 무기이다. 둘째, 비운동성 무기는 직접 물리적 접촉은 하지 않으면서도 기술을 통하여 우주 자산에 물리적 피해를 주는 무기이다. 셋째, 전자기 무기는 라디오 주파수 에너지 등을 이용하여 영구적인 물리적 피해를 끼치지 않으면서 위성이 지상의 관제 센터와 주고받는 통신을 방해하는 무기이다. 넷째, 사이버 무기는 역시 물리적 접촉 없이 소프트웨어나 네트워크 기술을 사용하여 위성에 연결된 컴퓨터 시스템에 권한 없이 침입하여 통제를 불능화하거나 위성을 방해 또는 파괴하는 무기이다.[20]

🛸 운동성 우주무기의 특성

공격 유형	책임귀속	복구가능성	공격노출	공격피해평가	부수적 피해
지상국 공격	공격 방식에 따라 다양한 책임귀속	복구불가능	공개적 노출 혹은 제한	근실시간 확인	통제할 다른 위성, 인명 피해
직접상승 ASAT	발사원점	복구불가능	궤적에 따라 공개적 노출	근실시간 확인	우주 잔해물로 다른 위성
동궤도 ASAT	추적된 접근 궤도	능력에 따라 복구가능/불가능	공개적 노출 혹은 제한	근실시간 확인	우주 잔해물로 다른 위성

지상국 공격은 위성관제를 방해하거나 위성이 획득한 정보를 방해하기 위해 지상국과 같은 관제시설을 물리적으로 공격하여 기능 상실 및 위성을 무력화하는 공격이다. 직접 상승 ASAT(Direct-ascent ASAT)은 지상, 해상, 공중 발사체를 이용하여 미사일 발사 후 자체 탐색기로 목표 위성을 파괴하는 무기이며 중궤도 이상 항법위성이 운용되는 궤도까지 요격할 수 있다. 동궤도 ASAT은 동일 혹은 인접한 궤도에서 목표 위성에 접근하여 주파수, 재밍, 화학스프레이, 로봇 장치 등을 이용한 공격이다. 로봇 장치 공격에는 위성 연료보급, 고장 수리를 위한 접근(랑데부) 및 도킹 기술이 이용된다.

비운동성 우주무기의 특성

공격 유형	책임귀속	복구가능성	공격노출	공격피해평가	부수적 피해
고고도 핵폭발	발사원점	복구불가능	공개적 노출	근실시간 확인	높은 방사능 지속
고출력 레이저	제한된 책임귀속	복구불가능	위성운영자에게 노출	위성추락 시 근실시간 확인	피해위성 궤도방치
레이저 다즐링, 블라인딩	레이저 방향	복구가능/불가능, 공격자의 통제 가능/불가능	위성운영자에게 노출	성공확인 불가	없음
고출력 전자기파	제한된 책임귀속	복구가능/불가능, 공격자의 통제 가능/불가능	위성운영자에게 노출	위성추락 시 근실시간 확인	피해위성 궤도방치

고고도핵폭발은 핵탄두를 장착한 미사일을 발사하여 우주에서 폭발시 전자기펄스(EMP)를 발생시켜 위성에 치명적인 손상을 일으키는 공격이다. 고출력레이저(High Energy Laser)는 고출력레이저를 위성 본체에 조사하여 위성의 통제 시스템을 파괴하여 위성의 기능 장애나 영구적 파손을 일으키는 공격이다. 레이저다즐링/블라인딩은 위성의 광학센서를 목표로 레이저를 조사하여 전자광학 센서의 빛 번짐을 유도하여 촬영을 일시적으로 제한하는 공격(다즐링), 전자광학 센서의 검출기에 물리적 손상을 주어 영구적으로 불가능하게 하는 공격(블라인딩)이다. 고출력전자기파(High Power Microwave)는 위성의 전자부품이나 메모리에 저장된 자료를 훼손시키거나 위성의 데이터 처리에 장애를 유발하는 공격이다.

 사이버 우주무기의 특성

공격 유형	책임귀속	복구가능성	공격노출	공격피해평가	부수적 피해
데이터 탈취와 감시	제한 혹은 불확실	복구가능	공개적 노출 혹은 제한	근실시간 확인	없음
데이터 손상	제한 혹은 불확실	복구가능	위성운영자에게 노출, 공개적 노출 혹은 제한	근실시간 확인	없음

통제권 탈취	제한 혹은 불확실	복구불가능 혹은 공격 방식에 따라 복구가능	위성운영자에게 노출, 공개적 노출 혹은 제한	근실시간 확인	피해위성 궤도방치

　　사이버 공격은 내부 아이디를 통해 악성코드를 심어 위성에서 보내는 데이터를 탈취하거나 감시하는 공격, 지상관제소에 가짜 데이터를 장입하여 위성관련 데이터 손상을 유도하거나 관제 오류를 발생시켜 공격, 위성의 통제권을 탈취하여 위성 추진체의 연료 소모를 유도하거나 센서 등의 기능 장애를 유발하는 공격 등 다양하게 발전하고 있다.

 < 그림 13 > 우주시스템에 대한 사이버 위협

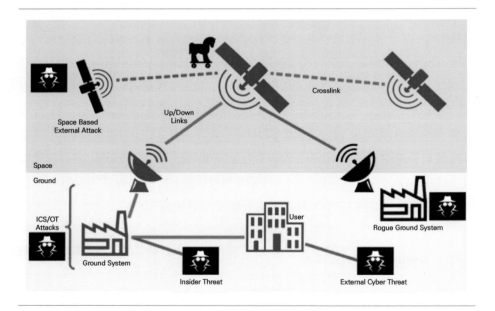

🛸 전자기 우주무기의 특성

공격 유형	책임귀속	복구가능성	공격노출	공격피해평가	부수적 피해
업링크 재밍	공격방식에 따라 보통 책임귀속	복구가능	위성운영자에게 노출, 공개적 노출 혹은 제한	성공확인 불가	방해된 신호, 인접주파수
다운링크 재밍	공격방식에 따라 보통 책임귀속	복구가능	위성운영자에게 노출, 공개적 노출 혹은 제한	지역전자파 환경감시 가능 시 제한된 확인	방해된 신호, 인접주파수
스푸핑	공격방식에 따라 보통 책임귀속	복구가능	공개적 노출 혹은 제한	효과발생 시 제한된 확인	특정전자파 신호 손상

전자기 공격에서 업링크 재밍(Uplink Jamming)은 지상재밍 기지국에서 위성의 통신대역 주파수를 교란하는 것으로 위성의 수신기에 재밍신호를 방사하여 위성 운영자를 방해하는 공격이다. 다운링크 재밍(Downlink Jamming)은 위성에서 수신되는 신호를 방해하는 것으로 해당 주파수 대역과 유사한 재밍신호를 해당 지역에 방사하여 지상관제소나 위성통신시설의 사용을 제한하는 공격이다. 스푸핑(Spoofing)은 송수신되는 신호에 잡음교란을 비롯해 신호의 위변조를 통해 수신시스템이 가짜신호를 실제신호로 인식하게 만들어 위성 및 지상관제소 운영을 방해하는 공격이다.

NASA와 유럽우주국(ESA)는 협력하여 우주 물체의 궤도를 변경하거나 포획하는 연구를 진행 중이다.[21] NASA와 ESA는 지상에서 우주로 발사한 우주비행체를 통해 적군의 위성이나 소행성 궤도를 변경하거나 포획한다. 경우에 따라 포획한 우주 물체를 이용하여 다른 우주 물체와 충돌시킬 수 있다.

북한은 우리나라 민군겸용 통신위성인 무궁화-5에 대한 재밍 공격을 했으며 감시정찰위성의 EO/IR, SAR(Synthetic Aperture Radar, 합성개구레이다) 센서를 교란하기 위한 ASAT 능력을 발전시키고 있다.[22] 실제로 북한은 항법위성 정보를 교란하고자 꾸준히 시도해왔다. 중앙전파관리소에서 작성한 『북한 GPS 전파교란 현황』에 따르면 2010~16년 사이 모두 4번의 GPS 공격이 시도되었고, 기지국 2,229

개, 항공기 2,143대, 선박 980척이 교란을 받았다.[23] 미국도 북한의 우주 위협에 주목하고 있다. 미국 전략국제문제연구소(CSIS)는 북한이 재밍을 통해 전자공격을 수행하고 있으며, 사이버 공격 능력도 강화하고 있다고 분석한다.

🚀 < 그림 14 > 공세적 우주통제 무기체계 상상도

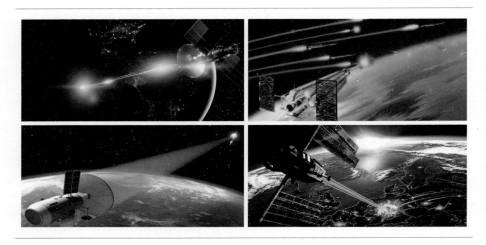

© Wikipedia Commons

방어적 우주통제 무기체계

우주 영역에서도 지구와 마찬가지로 아군의 공격 의사가 없더라도 상대방이 먼저 공격할 가능성은 항상 존재한다. 더욱이 우주 자산은 지구상 전쟁의 핵심적인 역할을 수행하고 있으며 앞으로 우주 자산에 대한 군사적 의존도는 계속 높아질 것이다. 따라서 상대방이 아군의 감시정찰능력을 무력화하기 위해 국제조약 및 협정을 무시하고 ASAT 무기 등을 배치 및 운용할 수 있으므로 상대방의 우주 무기체계 개발 동향을 계속 주시해야 한다. 미국과 중국, 러시아 등 ASAT 무기체계에 대한 개발과 실험이 이루어진 것을 고려하면, 미래 우주 환경에서 방어적 우주통제 무기체계(이하 방어적 무기체계) 개발도 활성화될 것이다.

방어적 무기체계는 크게 우주 자산의 능력을 보호하는 역할과 상실된 능력을 복원하는 역할로 구분된다. 즉 방어적 무기체계는 우주 자산의 능력을 얼마나 지속할 수 있는지가 중요하다. 특히 우주 자산은 지구상과 달리 정비, 보급, 이동과 재배치를 쉽게 할 수 없기 때문에 방어적 무기체계의 방법도 매우 중요하다. 또한 우주군사기술은 일정 부분은 공격 – 방어겸용기술이라는 점도 고려해야 한다.

우주 자산 공격에 대한 미사일 방어체계는 저궤도나 동궤도에서 운용할 수 있다. 저궤도에서 운용하는 미사일 방어체계는 감시정찰위성에서 탐지한 적의 미사일 정보를 활용하여 발사 초기나 상승 단계에서 미사일을 요격한다. 미국의 국방 우주아키텍처(National Defense Space Architecture, 이하 NDSA로 표기)는 다층적 위성 감시정찰체계로 지구의 90% 이상을 실시간 감시하고자 개발 중이다. NDSA는 고도 1,000km 영역의 통신위성, 600~1,200km 영역에 정찰위성을 운영하면서 레이저통신으로 연결하여 감시정찰 및 지휘통제를 실시간으로 운영하는 개념이다. 다음 표와 같이 NDSA의 다층적 위성 감시정찰체계는 모두 7개 역할 계층으로 구성된다.

미국 NDSA의 우주기반 다층적 위성 감시정찰체계

계층	역할
통신 계층 transport	지구상 95% 이상 군사용 통신 수행 300~500개 저궤도 위성 배치
전투관리 계층 battle management	우주기반 C3(command, control, communication) 관리
추적 계층 tracking	탄도미사일의 조기 식별 및 추적으로 표적 생성
교란 계층 custody	발사 전후 전천후 교란 임무
억제 계층 deterrence	정지궤도 이상의 억제를 위한 확장된 임무 수행
항법 계층 navigation	GPS 기반의 항법(PNT) 정보 제공
지원 계층 support	지상기지 또는 발사체 지원

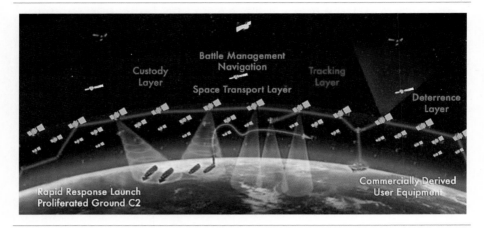

> 〈그림 15〉 다층방어체계 개념도

© Wikipedia Commons

이를 통해 우주기반 미사일 방어체계는 적의 ASAT 공격뿐 아니라 ICBM도 방어할 수 있다. 우주기반 자산으로서 감시정찰위성, 조기경보위성, 신호정보위성, 통신위성 등과 연계하여 방어적 무기체계로 활용된다. 또한 〈그림 16〉과 같이 우주기반 미사일 방어체계는 궤도상에서 운용하며 지상 복귀가 가능한 우주왕복선 형태나 고정배치하여 운용하는 인공위성 형태도 가능하다.

이러한 개념을 확장하면 우주정거장 등도 아군 우주 자산을 보호하기 위한 궤도상 방어적 무기체계로 발전할 수 있다. 우주정거장에서 다양한 무기체계를 회수 및 투입할 수 있기 때문이다. 물론 다양한 ASAT 무기체계가 활발히 개발되고 있으므로 방어적 무기체계의 효과에는 일정한 제한이 예상된다. 하지만, 방어적 무기체계는 방어 효과만으로 평가하기보다 방어 능력을 갖춘 국가가 적에 대한 억제력을 갖출 수 있고 공세적 무기체계 운용에도 유리하기 때문에 전략적인 평가가 요구된다.

< 그림 16 > 우주기반 미사일 방어체계[24]

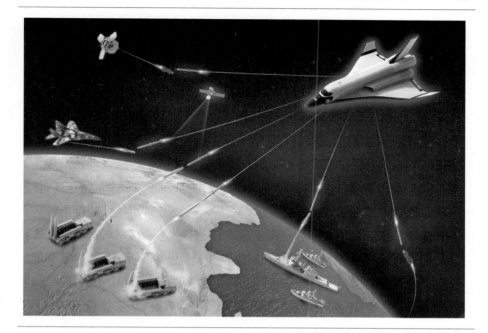

© Defense Intelligence Agency

경호위성시스템(Bodyguard Satellite)은 우주 자산을 근접 방호하기 위한 소형 위성군이다. 경호위성시스템은 지상기반 우주영역인식 정보에 따라 임무를 수행하거나 자체적인 센서로 근접하는 상대방 위성에 대해 임무를 수행한다. 적에 대해 전자기 공격(재밍 등)이나 운동성 공격(파편 발사 등)을 가함으로써 아군의 우주 자산을 보호한다.

<그림 17> 경호위성 운영 사례(파편 발사)[25]

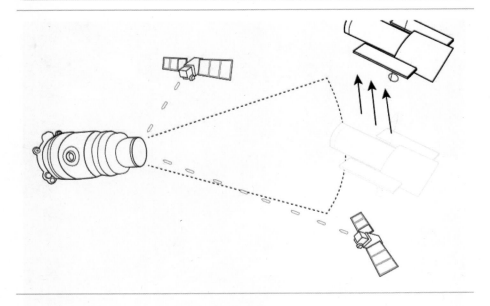

　미국 우주군은 오빗팹(Orbit Fab), 아스트로스케일(Astroscale)과 공동으로 재급유 위성을 개발하고 있다. 재급유 위성은 연료 부족으로 폐기해왔던 우주 자산의 수명을 늘릴 수 있어 위성개발의 비용을 낮추고 우주 잔해물를 줄일 수 있을뿐 아니라 군사작전의 복원력도 강화할 수 있다. <그림 18>과 같이 재급유 위성은 지구 궤도를 시작으로 시스루나 공간과 달 궤도까지 활용될 수 있으며, 심우주 우주 자산을 운영하는 데 기여한다.

　미국 국방고등연구계획국(DAPRA)과 우주개발국(Space Development Agency)이 공동 개발한 블랙잭(Blackjack)은 고도 수백~1,000km의 저궤도를 도는 1,000개의 초소형 위성(큐브셋)으로 구성된 대규모 군집위성으로 적의 위성감시 및 추적을 교란하고 아군의 우주통신과 지휘통제를 수행한다. <그림 18>과 같이 블랙잭은 상업위성 네트워크와 군사위성 네트워크가 혼합된 형태로 평시에는 개별 임무를 수행하지만 전시에는 서로를 보완한다. 이러한 상호보완성은 적의 공격으로 군집위성의 일부가 상실되어도 다른 위성이 기능을 대체하여 복원력을 강화한다.

< 그림 18 > 오빗팹의 재급유 위성(좌) / 블랙잭 대규모 군집위성(우)

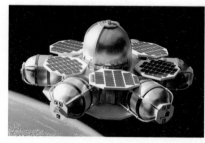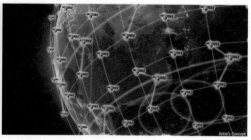

Spacenew(좌) / DARPA(우)

미국 NASA와 DARPA가 개발한 로봇 인공위성 기술인 지구동기궤도의 로봇 서비스(Robotic Servicing of Geosynchronous Satellites, RSGS)는 지구동기궤도에서 운영 중인 우주 자산을 검사하고 고장난 부분을 수리할 뿐 아니라 다른 위성과 협력 임무를 수행하고 자세 변경 및 업그레이드를 수행할 수 있는 로봇 장치 기술이다. 이를 활용한 인공위성은 다른 우주 자산의 수명을 증가시키고 기능을 향상시킴으로써 복원력 강화에 기여할 수 있다.

우주로봇 장치 기술은 인간이 활동하기 어려운 우주에서 로봇팔과 같은 장치를 활용하여 우주 자산의 수리 및 개선, 자세 제어를 비롯하여 적국 위성에 대한 물리적인 피해를 줄 수 있는 기술이다. 로봇팔은 인공위성이나 우주비행체에서 탑재하며, 다양한 관절과 센서로 구성되어 있어 우주비행체 외부뿐 아니라 내부 작업에서 요구되는 복잡한 동작을 수행할 수 있다. 미세한 제어 기술과 함께 강력한 구조와 모터를 갖추어 물체의 이동뿐 아니라 조립 및 표본 수집 등 정밀한 동작도 가능하다. 로봇팔 기술은 다양한 센서가 통합되어 주변 우주 환경을 감지하여 우주인과 우주비행체의 안전을 위한 데이터를 제공한다.

이러한 우주로봇 장치 기술은 다양한 우주 안보 임무를 수행할 수 있다. 인공위성이나 우주비행체에 탑재된 로봇팔은 다양한 군사 장비나 보급품을 이동시킬 수 있으며, 다른 위성이나 자체 수리작업, 연료 주입에도 활용된다. 우주 잔해물이나 의도적인 공격에 의해 파괴된 우주 자산의 일부를 확인하고 교체할 수 있다. 또한 천체에 착륙한 착륙선에 부착된 로봇팔은 주변 환경을 감시하고 위치, 거리, 압력,

온도 등 다양한 데이터를 전송할 수 있으며, 다양한 표본을 채취하고 분석한다. 향후 천체 우주기지를 건설하기 위한 표면 정지작업, 장비 이동 및 구조물 조립 등 로봇 장치 기술은 활용도가 높다. 로봇 장치 기술은 필요할 경우 천체에서 활동 중인 상대방 착륙선이나 자산을 물리적으로 공격할 수도 있다.

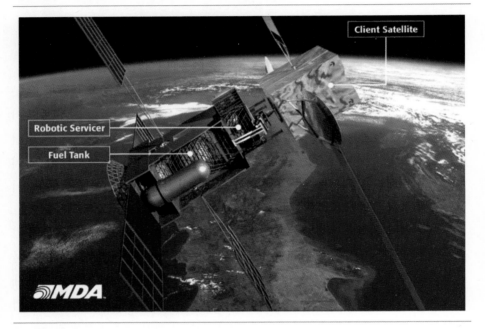

🚀 <그림 19> 우주 내 로봇 서비스(연료 주입)

© NBC NEWS

실제 이러한 원리를 활용하여 연료가 떨어져 임무를 중단한 위성들에게 연료를 주입하고 임무를 연장하는 기술도 개발 중이다. 위성 개발단계에서 위성 폭발 등 우주 잔해물이 발생할 가능성을 줄이기 위한 설계를 적용하는 방안도 있다. 다른 기술로는 궤도 위의 잔해물은 대부분 금속이기 때문에 이를 우주에서 채집해 다른 목적으로 쓰도록 자원을 재처리하는 방법도 있다. 독일의 올빗 리사이클링(Orbit Recycling)은 발사 임무 종료 후 지금도 우주 궤도를 떠돌고 있는 로켓의 상단부를 달로 가지고 가서 150t 이상의 알루미늄을 재활용하는 계획을 세우고 있다.

우주 안보의 이해와 분석

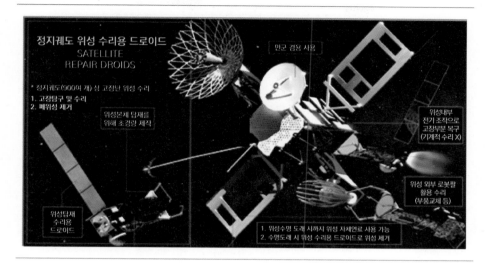

🚀 **< 그림 20 > 위성 수명연장 서비스[26]**

ⓒ 최성환

    우주로봇 장치 기술은 우주 잔해물 제거 기술과도 연계된다. 우주 잔해물 제거의 다양한 기술은 우주통제에 활용될 수 있다. 다만 활용 목적에 따라 아군 우주 자산을 보호하기 위한 우주 잔해물 제거(방어적 우주통제)가 될 수도 있고 적군 우주 자산을 공격하기 위해 우주 잔해물을 활용(공격적 우주통제)할 수도 있다.

🛸 **우주 잔해물 제거 기술 유형[27]**

우주 쓰레기 제거 방법		형상	궤도	크기(m)
항력증가 시스템(drag augmentati-on systems)	① 폼(Foam)		LEO	>0.1
	② 팽창식(Inflated)		LEO	>0.1
	③ 섬유기반(Fiber-based)		LEO	>0.1
	④ 태양 돛(Solar sail)		LEO/GEO	>0.1

방식	세부 기술		궤도	값
비접촉 방식 (contactless methods)	⑤ 인공 대기영향(artificial atomospheric influence)		LEO	>0.1
	레이저 기반 (laser-based)	⑥ 지상	LEO/GEO	<0.02
		⑦ 우주	LEO/GEO	<0.02
	⑧ 이온 빔(ion beam shepherd)		LEO/GEO	>0.1
	⑨ 정전기 트랙터 (electrostatic tractor)		GEO	<0.01
테드(끈) 기반 방식(tether-based methods)	⑨ 전도성 끈 (Electrodynamic tether)		LEO	>0.01
	⑩ 그물 포획(Net capturing)		LEO/GEO	0.1-1
	⑪ 작살(harpoon)		LEO/GEO	0.1-1
	⑫ 새총(slingshot)		LEO	>0.1
접촉 제거 방식(contact removal methods)	⑬ 접착제(adhesive)		LEO	>0.1
	⑭ 촉수포획(tentacle capturing)		LEO/GEO	0.1-1
	⑮ 단일 로봇팔(single robotic arm)		LEO/GEO	0.1-1
	⑯ 다중 로봇팔(multiple robotic arms)		LEO/GEO	0.1-1

ⓒ 최성환

　　우주 잔해물을 제거하는 기술은 크게 네 가지로 구분할 수 있다. 첫째, 항력증가 시스템(Drag Augmentation Systems)이다. 항력증가 시스템은 우주 잔해물의 면적을 크게 하여 대기 항력을 증가시켜 고도를 낮추고 지구 대기권으로 재돌입시켜 완전히 연소시키는 방식이다. 이 방식은 우주 잔해물의 크기에 상관없이 제거 시도가 가능하고 도킹이나 대기권 진입을 위한 우주 잔해물의 재진입 궤도 조정이 필요치 않다. 항력증가 시스템에는 폼(foam), 팽창식(inflated), 섬유기반(fiber-based), 태양/항력 돛(solar/drag sail) 방식이 있다. 폼 방식은 우주 쓰레기 제거 위성이 목표 위성에 접근(랑데부)하여 폼을 위성 표면에 분사하여 구 모양으로 단위 면적을 크게 만들어 항력을 증가시켜 고도를 낮추게 하는 방식이다. 팽창식 방식은 우주 잔해물에 풍선과 같은 큰 물체를 부착하여 항력을 증가시키는 방식으로 우주 잔해물 제거 위성이 목표 우주 잔해물에 접근하여 풍선과 같은 항력을 키우는 물체를 부착하는 방식이다. 섬유기반 방식은 폼 방식과 유사하며 폼 대신 섬유물질을 탑재한 우주 잔해물 제거 위성이 목표 우주 잔해물에 접근하여 섬유물질을 분사하여 구 모양으로 단위면적을 크게 만들어 항력을 증가시켜 고도를 낮추고 지구 대기권으로 재진입시켜 완전히 연소시키는 방식이다. 태양돛 방식은 알루미늄 폴리아미드(aluminium-polyamide) 막의 돛 모양을 목표 해당 위성에서 자체 탑재하고 위성폐기 기동 시 펼쳐 항력을 키우는 방식이다.

둘째, 비접촉 방식(Contactless Methods)이다. 비접촉 방식은 우주 잔해물 제거 위성이 목표 우주 잔해물에 접촉없이 제거하는 방식으로 위성 간 충돌 위험이 없기 때문에 추가적인 우주 잔해물이 발생하지 않으나, 접촉 방식에 비해 상대적으로 우주 잔해물을 제거하는데 오래 걸린다. 비접촉 방식에는 인공 대기영향(artificial at-mospheric influence), 레이저 기반(laser-based), 이온 빔(ion beam shepherd), 정전기 트랙터(electrostatic tractor) 방식이 있다. 인공 대기영향은 목표 위성 고도의 궤도에 인공 가솔린을 방사하여 항력을 증가시켜 목표 잔해물의 궤도 속도를 늦추어 대기로 추락시키는 원리이다. 이 방식은 다수의 우주 전해물이 모여 있을 경우 제거하기 쉽다. 레이저 기반 방식은 크기가 1~10cm인 우주 잔해물에 대해 레이저를 조사하여 목표 우주 잔해물의 궤도 속도를 늦추어 대기에서 소멸시키는 방식으로 지상 기반과 우주 기반 방식이 있다. 이온 빔은 목표 위성에 근접(10~20m)하여 이온 빔을 조사하여 목표 우주 잔해물의 궤도 속도를 늦추어 대기에서 소멸시키는 방식이다. 정전기 트랙터 방식은 정지궤도 상의 폐위성이나 로켓 등의 우주 잔해물 제거에 유용하다. 이 방식의 위성은 양전하를 띄는 전자빔을 우주 잔해물에 방사하여 양전하로 변화시킴으로써 견인기와 우주 잔해물의 전하를 같게 만들어 서로 밀어내는 원리이다. 이렇게 우주 잔해물을 무덤궤도로 밀어내는 방식은 2~4개월이 소요된다.

셋째, 테더(끈) 기반 방식(Tether-Based Methods)이다. 테더(끈) 기반 방식은 우주 잔해물 제거 위성이 다양한 테더(끈) 형태의 방법으로 목표 우주 잔해물을 끌어서 제거하는 방식으로 전도성 끈(electrodynamic tether), 그물 포획(net captur-ing), 작살(harpoon) 방식이 있다. 전도성 끈(electro-dynamic tether) 방식은 우주 잔해물에 전도성 끈을 달아 로렌츠 힘(Lorentz force)에 의해 발생한 항력을 발생하게 하여 우주 쓰레기 궤도 속도를 늦추어 궤도를 이탈시키는 방식이다. 로렌츠 힘은 자기장에 의해 전류가 흐르는 도선 또는 전하를 가지고 운동하는 입자에 작용하는 힘으로 움직이는 속도 방향과 자기장의 방향에 모두 수직인 방향으로 힘을 받는다. 그물 포획 방식은 간단하고 융통성이 있으며, 저궤도 및 정지궤도에서 우주 잔해물을 제거하기에 가성비가 좋다. 또한, 우주 잔해물의 부피나 관성 등 물리적 변수를 적게 고려하여 상대적으로 쉽게 우주 잔해물 제거가 가능하다. 작살 방식은 우주 쓰레기 제거 위성을 작살로 목표 우주 잔해물을 맞추어 제거하는 방식으로 작살을 이용해 우주 잔해물을 수거하고 대기권에서 태우는 방식이다.

넷째, 접촉 제거방식(Contact Removal Methods)이다. 접촉 제거방식은 우주 잔해물 제거 위성이 목표 잔해물에 접촉해 제거하는 방식으로 새총(slingshot), 접착제(adhesive), 촉수포획(tentacle capturing), 단일 로봇팔(single robotic arm), 다중 로봇팔(multiple robotic arms) 방식이 있다. 새총방식은 한번 발사에 여러 개의 우주 잔해물을 제거할 수 있는 방식으로 우주 잔해물 제거 위성은 잔해물을 포획하여 지상으로 날려보낸다. 접착제 방식은 우주 잔해물 제거 위성이 추진체가 있는 잔해물 제거 키트를 여러 개 탑재하여 다수의 우주 잔해물에 각각 접착제 방식의 제거 키트를 발사하여 목표 쓰레기에 부착시키고 대기권으로 유도하여 소멸시키는 방식이다. 촉수(집게 팔) 포획은 촉수와 같이 생긴 로봇팔이 우주 쓰레기를 잡고 대기권으로 유도하여 소멸시키는 방식이다. 단일 로봇팔 포획과 다중 로봇팔 포획은 좀 더 정밀하게 우주 쓰레기를 포획하여 대기권으로 유도하여 소멸시키는 방식으로 미세 중력 및 우주 방사선 환경에서 작동할 수 있는 기술이 필요하다.

우주 경제

우주 경제의 개념과 범위

우주 경제의 빠른 성장은 우주 안보의 심화에도 영향을 끼치고 있다. 더 많은 국가와 기업들이 시장에 참여하면서 다양한 사업과 기술이 확산되고 있으며, 시장 규모도 빠르게 확대되고 있다. 우주 경제는 무엇이며 어디까지 우주 경제에 속하는 것일까? 2012년 OECD 정의에 따르면 우주 경제란 우주를 탐구하고 이해하며, 이를 관리하고 활용하는 과정에서 인류에게 가치와 혜택을 창출하는 활동과 자원 이용의 모든 범위이다. 우주 경제에는 연구개발, 우주 인프라(지상국, 발사체, 인공

우주 안보의 이해와 분석

위성) 제조와 사용부터 우주 정보와 과학지식까지 우주와 관련한 상품을 개발하고 제공하는 일이 포함된다. 또한 우주 활동의 생산과 활용에 관여하는 모든 공공 및 민간 주체들도 포함한다. 다만, OECD의 정의는 지나치게 포괄적이며 모든 우주 활동을 우주 경제로 환원시키는 문제를 낳을 수 있다. 우리나라 우주정책에서 우주 경제가 우주 안보를 포괄하는 관점은 OECD의 정의를 따른 결과로 보인다. 어떤 정의가 맞고 틀리는지 평가할 필요는 없다. 다만 우주 안보를 위한 연구개발, 생산, 활용의 가치도 우주 경제로만 분석할 경우 경제적 해법에 치중될 수밖에 없다.

하지만 이 책은 안보의 영역으로서 우주의 가치를 분석하고 안보적 해법을 모색하므로 군사 우주를 위한 활동이 군사적 가치를 창출하고, 우주 경제를 위한 활동 중에서 안보 문제를 일으키거나 해소하는 요인에 중점을 둔다. 따라서 우주 경제에 대한 넓은 정의 대신 우주 경제를 우주 활동의 경제적 성과로서 인프라, 상품의 개발과 제공으로 정의한다. 이런 개념에 더 맞는 우주 경제의 정의는 미국 상무부가 2020년 제시한 다음의 내용이다. 우주 경제란 공공 부문과 민간 부문의 우주 관련 재화와 서비스로 구성된다. 여기에 포함되는 재화와 서비스는 우주에서 사용되거나 이를 직접 지원하는 것, 우주 연구와 관련되거나, 우주에서 기능하기 위한 재화 및 서비스에서 직접 투입되거나 이를 직접 지원하는 것이다. 즉, 미국 상무부는 우주 경제를 민간과 공공 부문에서 우주 활동과 관련된 재화와 서비스로 정의하고 있다.

🛸 우주 경제의 범위[28]	
구분	**세부 영역**
위성통신	고정식 또는 이동식 통신 서비스(음성, 데이터, 인터넷, 멀티미디어)와 방송(TV, 라디오, 비디오 서비스 및 인터넷 콘텐츠) 목적으로 지구에 신호를 보내기 위한 위성 및 관련 하위 시스템의 개발 및 사용
항법	위치 추정, 설정과 시각 정보 서비스를 위한 위성 및 관련 하위 시스템의 개발 및 사용. 항법은 항공, 해상, 육상 운송 또는 사람, 이동체의 위치 추정에 사용, 여러 시스템에 세계표준시를 제공
지구관측	기후, 환경, 사람을 포함해 지구를 측정하고 감시하기 위한 위성과 관련 하위 시스템의 개발·및 사용

우주수송	발사체 및 관련 하위 시스템의 개발 및 사용, 최종 배송 서비스, 궤도 간 수송을 위한 물류 서비스는 물론, 발사 서비스와 정부, 상업용 우주공항, 우주탐사비행 등
우주탐사	지구 궤도를 넘는 우주(달, 기타 행성, 소행성)를 탐사하기 위한 유인 및 무인 우주비행체(우주정거장, 월면차, 우주탐사선)의 개발과 사용. 국제우주정거장 및 우주인 관련 활동 등
우주과학	우주 비행 혹은 우주나 다른 행성에서 발생하는 현상과 관련한 다양한 과학 분야를 일컫는 우주과학(천체물리학, 행성과학, 우주 관련 생명과학, 우주 잔해물 추적) 우주 기반 관측을 통해 지구와 지구 대기의 물리적 및 화학적 구성을 연구하는 우주 관련 지구과학(대기과학, 기후 연구) 등 과학 활동 등
우주기술	우주 핵동력 시스템(동력 공급, 추진), 태양전기 추진 등과 같이 다양한 우주 임무에 사용되는 특정 우주 시스템 기술 등
기반기술	초기 단계 연구, 다양한 시스템에 사용되는 소형 규격 구성 요소 또는 통합 애플리케이션을 기반으로 하는 서비스 등

<그림 21> 우주 경제의 세부 분야

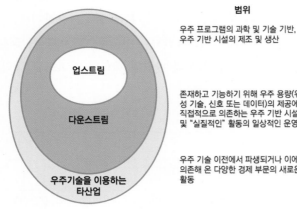

우주 경제는 업스트림, 다운스트림, 우주기술 기반의 다른 사업과 같이 세 가지 분야로 나눌 수 있다. 업스트림(upstream)은 연구개발, 위성 및 발사체 제조, 발사, 과학 분야로 지상에서 우주(up-to-space)로 제공하는 상품에 해당한다. 우주 시스템을 구성하는 지상 부문(지상국, 발사체 등), 우주 부문(인공위성 등)의 제작, 연구개발과 부품의 공급, 보험과 금융 등 보조 서비스를 포함한다. 다운스트림

　　　　　　　　　　　　　　　　　　　우주 안보의 이해와 분석

(downstream)은 우주 인프라 운영, 작동과 기능을 위해 위성 데이터와 신호에 직접 의존하는 우주에서 지상(down-to-earth)으로 제공하는 유형의 상품이다. 예를 들어 우주 시스템의 운영과 이로 인한 상품의 제공, 데이터 처리와 배포 서비스, 사용자 시장을 지원하는 장비(단말기, 소프트웨어 개발 등) 등이다. 마지막으로 우주기술을 이용하는 다른 사업은 우주기술이 파생되어 생산된 상품 유형이다. 우주기술이 응용된 수많은 재화와 서비스가 포함되어 범위가 넓지만 우주 시스템에 직접 연계되지 않은 사업으로 볼 수 있다.

예를 들어 1964년 우주비행사의 건강을 관리하기 위해 NASA가 개발한 원격의료 프로그램은 현재 우주와 관련 없는 상황에서도 활용되고 있다. 사업 분야로 볼 때 우주 경제에서 차지하는 비중은 다운스트림이 압도적이다. 우주에서 제공되는 정보를 처리, 분석, 판매하는 시장에 공급자가 증가하고, 이들이 제공하는 정보의 품질이 향상되면서 수요도 급증하고 있기 때문이다. 2022년 우리나라 국내 우주 산업 현황에서도 다운스트림 사업인 위성 활용 서비스 및 장비가 포함된 우주활용 금액이 전체 우주 산업의 68%를 차지하고 있다.[29]

> 🚀 **< 그림 22 > 2022년 국내 우주 산업 현황**

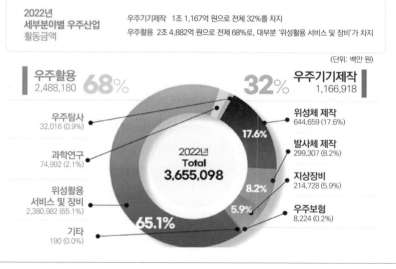

Ⓒ 과학기술정보통신부

우주 경제의 구조

우주 경제의 구조는 2010년 이후 우주 활동에 참여하는 국가와 기업이 급증하면서 이해관계자와 가치사슬에 대변화가 일어나고 있다. 우주발사체를 보유하지 못한 국가도 위성체를 개발할 수 있고, 위성체가 없는 국가도 위성정보를 분석하거나 우주부품을 생산할 수 있다. 이처럼 많은 국가와 기업들이 우주에서 이익을 창출해 왔으며, 더 많은 이익을 위해 혁신적 기술을 개발하고 새로운 상품을 시장에 내놓고 있다. 현재 스페이스X만 보유한 재사용 발사체 기술도 조만간 여러 국가에서 보유할 것이며, 위성과 우주비행체 기술이 발전하면서 궤도별로 이루어지던 전통적 우주 사업은 궤도의 구분없이 확장될 것이다. 예를 들어 과거 방송과 통신은 지구 전체를 연결하기 위해 정지궤도 위성으로 수행했으나 현재는 대규모 소형위성을 군집으로 활용함으로써 저궤도에서 수행하는 글로벌 통신 사업으로 변화했다. 군사 우주 영역에서도 탄도미사일 조기경보위성과 같이 특정한 위치를 지속적으로 감시하기 위해 정지궤도에 배치했던 우주 자산도 소형위성 이하로 대체될 가능성이 높아지고 있다.

대기업은 정부 대상 발사체와 위성 제작·발사 중심에서 민간시장을 겨냥한 위성데이터 활용으로 사업 모델을 확장하고 있으며, 중소기업과 스타트업도 단일 분야에서 전문성을 유지하기보다 제조, 발사에서 활용서비스까지 공급망과 서비스를 통합하는 사업 모델(수직계열화)로 발전하고 있다. 또한 우주 사업에서 발사체나 위성체와 같은 우주 인프라를 개발하는 우주 부문과 우주 정보를 분석하고 활용하는 비우주 부문의 경계도 점차 모호해지는 추세이다. 새로운 행위자들이 우주 경제에 진입하고 있는 가운데, 다양한 분야에서 위성 데이터를 다른 데이터와 통합하여 사용하는 경우가 점점 많아지고 있다. 특히 저궤도 군집위성이 글로벌 서비스를 시작하면서 정보통신기술 기업이 참여하는 우주 경제 시장에 대한 낙관적 전망이 지배적이다. 이로 인해 많은 공공 및 민간 투자가 우주 산업에 유입되는 상황이다.

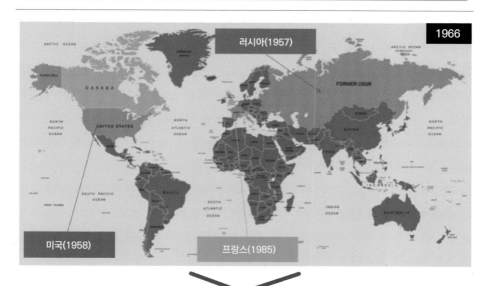

위성 보유국   발사체 보유국

© UCSUSA 위성데이터베이스

세계 우주 경제 규모는 2020년 4,470억 달러에서 2040년 11조 달러까지 성장할 것이라는 모건 스탠리의 전망도 제시되었다.[30] 우리나라 우주 경제의 규모는 2021년도 약 3.19조 원으로 꾸준히 성장해왔으나 여전히 세계 우주 경제에서 차지하는 비중은 1%에 머물고 있다. 우주 경제의 발전 추세 중 하나는 세계적으로 정부 예산에서 우주개발 예산이 증가하고 있다는 점이다. 정부의 우주프로그램 지출 증가가 갖는 안보적 의미도 주목해야 한다. 전 세계 군사비 비중과 마찬가지로 정부의 우주지출도 미국이 나머지 국가들을 압도하는 수준이다. 전 세계 정부의 2022년 우주프로그램 지출은 1,030억 달러였는데 이 중 미국이 60%에 해당하는 620억 달러를 차지했다. 뒤를 이어 중국이 120억 달러, 프랑스 42억 달러, 러시아 34억 달러, 우리나라는 7억 달러였다. 정부의 우주프로그램은 우주기업과 달리 장기적인 우주탐사나 군사 우주 분야를 우선한다. 실제로 전 세계 정부의 군사 우주 프로그램 지출은 정부 우주프로그램 지출의 절반에 가까운 480억 달러였다. 이 중 미국은 75%를 차지하는 370억 달러를 지출했는데, 2위인 중국이 40억 달러(10분의 1 수준), 우리나라는 1.3억 달러였다. 이처럼 군사 우주에 사용되는 국가별 비용은 전체 군사비 차이보다 더 크다는 것을 알 수 있다.[31] 2023년 전 세계 국방비 지출(2조 2,400억 달러)에서 미국이 차지하는 비중은 39%(8770억 달러)로 2위인 중국(2920억 달러)은 미국의 3분의 1에 그쳤다.[32]

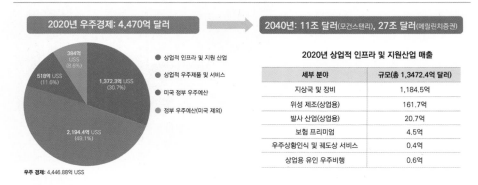

< 그림 24 > 세계 우주 경제 규모

2020년 우주경제: 4,470억 달러 → 2040년: 11조 달러(모건스탠리), 27조 달러(메릴린치증권)

- 상업적 인프라 및 지원 산업 1,372.3억 US$ (30.7%)
- 상업적 우주제품 및 서비스
- 미국 정부 우주예산 2,194.4억 US$ (49.1%)
- 정부 우주예산(미국 제외) 518억 US$ (11.6%), 384억 US$ (8.6%)

우주 경제: 4,446.88억 US$

2020년 상업적 인프라 및 지원산업 매출

세부 분야	규모(총 1,3472.4억 달러)
지상국 및 장비	1,184.5억
위성 제조(상업용)	161.7억
발사 산업(상업용)	20.7억
보험 프리미엄	4.5억
우주상황인식 및 궤도상 서비스	0.4억
상업용 유인 우주비행	0.6억

우주 안보의 이해와 분석

중요한 것은 이러한 정부 예산보다 민간 투자와 관련 예산이 더 빠르게 증가할 것이라는 전망이다. 예를 들어, 미국의 우주 예산은 2014년에서 2020년까지 매년 16%, 중국은 22%, 일본은 11%, 인도는 16%가 증가하였다. 그런데 정부 지출의 구성비는 오히려 2020년에 26%였던 것이 2040년에는 18%로 떨어질 것이라는 예상이다. 그만큼 우주활동에서 민간 부문의 비중이 확대되고 있는 추세이다. 우주 경제 분야로 보면, 2040년에는 글로벌 우주 경제에서 위성 인터넷 시장의 점유율이 현재는 1% 미만이지만, 27%로 크게 향상할 것으로 전망된다. 나아가 세계 시장에서도 위성 제조, 발사 산업, 상업 유인 우주비행, 상업 원격탐지가 발전할 것이다. 우주 채굴, 제조, 전력, 우주 잔해물 제거 등 새로운 우주 활동도 2040년까지 우주 경제의 4%를 차지할 것으로 예상된다.

　오늘날까지 우주 경제의 패러다임은 스페이스 1.0 단계부터 발전을 거듭해왔다. 현재는 스페이스 4.0의 진입단계로 볼 수 있다. 스페이스 1.0 단계는 경제적 활동이라기보다 천문학과 우주과학의 태동기로 우주를 이해하고 과학적으로 관측하려는 시기였다. 이어서 각국의 우주개발이 정책적으로 추진되면서 우주 경제에서 우주 기관의 역할이 자리 잡기 시작한 시기를 스페이스 2.0으로 본다. 1950년대 시작된 스페이스 2.0에서 국가는 우주개발의 방향을 정하고 이에 따른 예산도 투자하는 행위자였다. 대표적인 사례가 미국의 우주기관 NASA이다. 1969년 아폴로 11호가 유인 달착륙에 성공했던 우주 경쟁의 절정기, NASA의 예산은 미국 연방 예산의 4.5%를 차지했다. 현재 NASA의 예산이 연방 예산의 0.5% 미만인 것을 고려하면 엄청난 비중이었다. 이 기간 NASA는 군사 우주 분야를 뒷받침하면서도 표면적으로는 민간 우주개발을 주도하는 기관이었다. 두 가지 역할을 모두 수행한 주요 계약자이자 독점적인 고객이었다. 1970~90년대 스페이스 3.0 단계 우주활동은 NASA가 여전히 국가우주 분야의 주요 행위자였지만 소련과의 경쟁보다 국제 협력을 통한 다양한 프로그램이 중요한 시기였다. 우주개발 비용이 천문학적으로 높아진 상황에서 국가경제에 대한 부담, 정치적 리더십의 의지 부족 등으로 NASA는 우주개발의 경제적 토대를 혼자서 감당하기 어려웠다. 예를 들어 NASA가 유럽 우주국(ESA), 일본우주국(JAXA), 캐나다우주국(CSA), 소련우주국(Roscosmos)과 협력하여 국제우주정거장을 운영했다. 2000년대 시작된 스페이스 4.0 단계 우주 활동은 상업우주 영역이 활성화되면서 대부분의 우주 경제에 민간 기업과 정부가 함께 참여했다. 대표적인 사례가 NASA가 맡아왔던 우주수송을 민간기업에 이전하기 위해 시작된 2006년 상업용 궤도 수송 서비스(Commercial Orbital Transportation Services, COTS) 프로그램이다. NASA는 우주왕복선의 퇴역, 예산 압박, 상업적 우주개발에 높아진 관심, 민간 기업의 빠른 성장과 기술력 등으로 인해 우주 경제의 파트너를 발굴하고 지원하기 시작했다. 스페이스X, 블루오리진과 같은 미국의 우주기업이 발전하게 된 토대였다.[33]

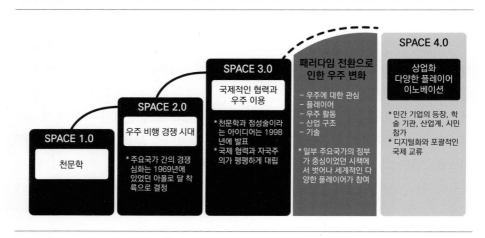

🚀 <그림 25> 우주 경제의 패러다임 변화

© European Space Agency, Arthur D. Little

미국의 경우에서 볼 수 있듯이, 우주 경제에서 전환점이 된 것은 정부가 주도했던 우주 활동을 민간기업과 협력하려는 시도였다. 1988년 NASA는 우주비행체 발사 비용이 85%나 증가하면서 1회 발사 비용도 9천만 달러까지 상승하였다. 늘어난 비용으로 우주활동 자금이 부족했던 NASA는 2006년 상업 궤도 수송 서비스(COTS) 프로그램을 시행했다. 민간기업 스페이스X와 오비탈사이언스(Orbital Science, 현재는 Orbital ATK)가 선정되어 각각 국제우주정거장까지 화물을 수송할 수 있는 발사체와 우주비행체를 개발하는 목표였다. 이 프로그램으로 스페이스X는 발사체 펠컨-9과 우주비행체 드레곤(Dragon)을 개발하였고, 오비탈사이언스는 발사체 안타레스(Antares)와 우주비행체 시그너스(Cygnus)를 각각 개발하였다. 이어서

우주 안보의 이해와 분석

NASA의 상업 재보급 서비스(Commercial Resupply Services) 프로그램을 통해서 스페이스X는 2012년, 오비탈사이언스는 2014년 국제우주정거장(ISS)로 화물수송에 성공했다. 화물수송에 성공하자 NASA는 우주왕복선 퇴역으로 공백이 된 유인 우주활동도 민간기업과 협력하기로 한다. 2011년 시작된 상업 우주인 프로그램 (Commercial Crew Program, CCP)은 1단계로 민간기업의 유인우주비행 연구에 자금을 지원하였고 2단계로 우주비행을 수행할 민간기업을 선정하여 개발에 들어갔으며, 3단계로 최종 선정된 스페이스X와 보잉(Boeing)이 우주비행체를 개발하여 우주인 수송까지 완료하였다. 나아가 NASA는 노후화로 인해 임무가 종료되는 국제 우주정거장을 대신할 우주정거장도 민간기업이 만들어 운영하는 방안을 추진 중이다.

이러한 사례는 우주 경제의 발전이 투자 규모나 매출로 이야기되는 것보다 현실적인 인식을 심어준다. 상업 궤도수송과 상업 우주인 프로그램은 우주활동이 민간기업을 통해 어떻게 발전할 수 있는지 잘 보여준다. 이 과정에서 스페이스X는 재사용 발사체를 개발하여 발사 비용을 획기적으로 줄였으며, 민간기업 간 경쟁을 유도하고 정부 예산에만 의존하지 않고 시장 투자를 유치하여 개발 비용을 분산하였다. 또한 다수의 발사체를 개발하면서 표준화된 설계와 생산 방식으로 생산 단가를 낮추었다. 정부가 민간 기업과 협력하는 우주활동은 우주 경제에 긍정적 효과를 거두고 있다.

우주 시장의 발전

발사체 시장

우주 산업의 성장 속도는 우주발사와 인공위성 증가로도 가늠할 수 있다. 2021년 기준 세계 우주발사체 시장 규모는 전년 대비 8% 상승한 57억 달러를 기록했으며, 위성체 시장 규모도 전년 대비 12% 성장한 137억 달러 기록했다. 발사체 분야는 미국과 중국이 주도하고 있다. 2022년 우주발사 횟수는 역대 최대로, 186회 발사 시도와 180회 성공을 거두었다. 우주발사를 주도한 곳은 민간 기업 스페이스X와 중국 정부 및 기업들이다.

스페이스X는 2023년 96회차라는 기록적인 발사를 수행했으며(4일에 1번 발사)

현재 2025년까지 발사 계약이 끝난 상황이다. 이러한 상황은 새로운 발사체 기업에게도 기회이다. 물론 발사체 기업에게 모두 유리한 것은 아니다. 발사체 시장에서 기업이 성공하기 위해서는 ① 충분한 기술력과 효율적인 운영으로 발사 원가를 낮추어야 한다. ② 발사체 운용의 신뢰성을 인정받아야 한다. ③ 단기간 반복적인 발사가 가능하도록 생산성이 높아야 한다. 현재로는 재사용 발사체가 발사 단가를 낮추는 핵심 기술이다. 스페이스X는 발사비용의 60%를 차지하는 발사체 1단 이외에 페어링까지 회수하여 재사용 중이다. 페어링도 발사비용의 10% 정도 차지한다. 2023년 기준 팰컨-9 최신형은 저궤도에 최대 22,800kg의 화물을 운송하는데 5,000만 달러를 받는다. 이는 1kg당 약 2,200달러이고 재사용 발사체를 사용할 경우 30% 할인(1,500달러 수준)도 받을 수 있어서 경쟁 기업의 5분의 1 수준에 불과하다. 2023년 말 기준 스페이스X의 최고 재사용 발사를 기록한 단일 발사체는 19회였으며 계속 갱신될 것으로 보인다. 더욱이 개발 중인 우주비행체 스타십(Starship)은 발사체(팰컨 헤비)와 우주비행체를 모두 재사용할 수 있어 비용이 획기적으로 줄어들 전망이다. 이런 추세로 2040년에는 1kg당 100달러까지 감소할 것이라는 예상도 있다.

🛸 우주 발사체 발사 비용 추이(2022년)[34]

기간	1982년 NASA	1970~2010년(평균)	2022년	2040년(예상)
발사 비용	$51,800/kg	$16,000/kg	$1,500/kg	$100/kg

스페이스X는 2023년 한 해 평균 4일에 한 번씩 팰컨 로켓 등 우주발사체를 발사했다. 상용화된 우주발사체의 발사 성공률도 95%를 넘는다. 스페이스X 발사체는 스타링크 통신위성 네트워크를 포함한 상업용 탑재체를 싣고 발사됐다.[35] 중국은 2022년 동안 2021년보다 9회 늘어난 62회 발사에 성공했다. 중국은 창정(長征) 발사체를 중심으로 하면서, 다수의 민간기업도 로켓 발사 시장에 뛰어들어 향후 발사 횟수가 급증할 것으로 보인다. 이 기간 중국은 독자적으로 톈궁 우주정거장을 완공했다. 러시아는 총 21회로 중국의 3분의 1에 그쳤다. 우주 강대국의 순위가 러시아에서 중국으로 대체되고 있다는 평가가 나오는 이유이다.[36] 이 밖에도 성공

우주 안보의 이해와 분석

한 우주발사 중에는 우리나라의 누리호 발사 외에 뉴질랜드 9회, 유럽연합 5회, 인도 5회, 이란 1회 등이 포함됐다.

특히 자주적 우주발사능력은 우주 안보 차원에서 중요하다.[37] 정부가 발사하는 안보관련 위성들은 임무의 보안 및 특성상 자국의 발사체를 이용한다. 현재 우주에서 활동하는 정부 위성의 90%는 자주적 우주발사능력을 갖춘 국가들이 운영 중이다. 특히 미국, 중국, 러시아, 일본은 정부 위성을 자국의 우주발사체로 발사하고 있다. 다만, 우주 안보 차원에서 자국의 우주발사체만 고집할 수 없는 상황도 대비해야 한다. 예를 들어 달, 소행성 등 다른 천체로 발사하는 우주비행체는 특정 시기에 발사가 필수적이다. 만약 자국의 우주발사체 생산에 차질을 빚는다면 동맹국의 우주발사체를 활용하는 대안도 마련되어야 한다. 실제로 상업위성은 국제 우주발사 시장에서 활발히 거래되고 있다. 약 40%가 자국이 아닌 해외 시장에서 발사되고 있다. 2022년 시작된 러시아-우크라이나 전쟁으로 해외 발사의 유동성이 더욱 높아진 것으로 분석된다.[38] 이런 영향으로 우주발사체 시장은 우수한 수송능력의 저비용·고효율 발사체 개발로 빠르게 성장하고 있다. 우주 안보 차원에서도 우주발사체는 우주전력투사와 우주통제를 수행하는 핵심 요소이다.

미래 우주발사체 시장은 지구에서 우주로 인력과 장비를 수송하는데 한정되지 않는다. 장기적으로 우주발사체는 우주수송 시장의 일부로 봐야 한다. 지구에서 발사되는 위성 중에는 우주정거장이나 다른 우주거점 시설로 수송된 이후 상황과 임무에 맞게 우주로 재발사되는 과정을 거치는데 이러한 과정이 모두 우주수송에 포함된다. 우주수송 활동은 우주 내 서비스와도 직접 연관된다. 우주 내 서비스는 인공위성의 정비, 연료 주입뿐 아니라 우주인의 체류, 구조 등 다양한 분야로 확장될 것이다. 시스루나와 달궤도에 필요한 우주수송이 더 많아지고 우주주유소나 상업 우주정거장과 같은 중간거점이 증가된다면 우주수송과 우주 내 서비스는 중요한 시장으로 자리잡을 것이다. 현재는 지구정지궤도 위성과 같이 많은 비용이 투입된 대형 위성을 중심으로 우주 내 서비스를 개발 중이다. 저궤도의 경우 상업 우주정거장이나 우주거점의 증가에 따라 생필품이나 장비 부품 등에 대한 수요가 증가할 것이다.

인공위성 시장

인공위성 시장도 급속히 성장하고 있다. 2022년 궤도에 발사된 인공위성 숫자는 사상 최대인 2,368기로 지난 10년간 약 11배 증가했다. 인공위성 증가의 중심은 상업위성이며, 그중 스타링크는 2024년 1월 기준 약 5,500기를 발사했고 그중 약 4,300기가 작동 중이다.[39] 이는 지금까지 인류가 발사한 인공위성의 20% 이상에 해당한다. 상업위성 발사는 향후 계속 늘어날 전망이다. 군집으로 계획된 통신위성만 5만 개가 넘는다. 상업 우주정거장, 달과 달 인근의 활동 거점 건설, 물자와 인력 수송 등 새로운 우주 경제 활동이 활발해질 전망이다. 지난 10년간 상업용 위성발사 시장에서 스페이스X의 점유율이 크게 높아진 반면 인도와 러시아의 점유율은 하락했다. 러시아는 2022년 시작된 우크라이나 침공의 영향이 크다. 이에 따라 위성 사업자들은 스페이스X의 시장 독점을 우려하기 시작했으며 국제적으로 다양한 발사기업의 증가를 기대하는 상황이다.

 < 그림 26 > 스타링크(좌), 원웹(Oneweb)(우) 실제 운용도(2024년 1월 기준)

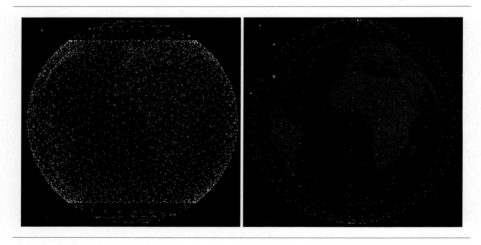

© Satellitemap.space

2023년 기준 전 세계 81개국이 6,718기의 위성을 운용하고 있다. 미국은 전체 위성의 67.1%인 4,511기를 보유하고 있으며, 이중 5.3%인 239기가 군사위성으로 분류된다. 다만, 이 표에서 군사위성 분류는 정부 위성에 포함된 정보기관 위성과 알려지지 않은 군사위성을 제외한 수치임을 고려해야 한다. 두 번째로 많은 586기의 인공위성을 운용하고 있는 중국의 경우 26.5%인 155개가 군사용 위성이다. 우주발사체를 운용하지 않고 있는 영국의 경우 561개의 위성을 운용하고 있지만 대부분 상업용 위성으로 군사위성은 6기에 불과하다. 러시아의 경우 177기의 인공위성을 운용하고 있지만 전체의 61%인 108개가 군사위성이다. 군사위성의 비중이 가장 높은 국가는 프랑스로 24개의 위성 중 15개가 군사위성으로 분류되어 있으며, 이탈리아(60%), 이스라엘(40.7%)도 군사위성의 비중이 높다.

주요국 운용 목적별 위성 현황(2023년 1월, 단위는 기)[40]

구분	민간	상업	정부	군사(비중%)	발사체 보유	저궤도	합계
미국	28	4,082	162	239(5.3)	○	4,266	4,511
중국	31	187	205	155(26.5)	○	474	586
영국	–	553	2	6(1.1)		521	561
러시아	10	39	20	108(61)	○	100	177
일본	18	35	33	2(2.3)	○	61	88
ESA	1	29	32	–	○	28	62
다국적위성	42	11	9	–		5	62
인도	4	1	46	8(13.6)	○	30	59
독일	21	13	6	8(16.7)		46	48
이스라엘	2	11	3	11(40.7)	○	24	27
프랑스	2	6	1	15(62.5)	○	18	24
한국	5	3	11	2(9.5)	○	13	21
이탈리아	3	2	1	9(60)	○	13	15
합계 (비중%)	162 (2.4)	5,278 (78.6)	683 (10.2)	595 (8.9)			6,718 (100)

인공위성 시장에서 주목할 분야는 소형위성이다. 세계 소형위성 시장은 2022년 29억 달러로 평가되었으며 2023~2030년 사이 연평균 17.3% 성장하여 2030년에는 88억 6천만 달러에 이를 것으로 전망된다. 특히 저궤도 통신 서비스의 확산이 소형위성 시장을 주도하고 있다. 소형위성은 군사 우주 분야에서도 유용하다. 우

리나라는 2023년 12월 한반도와 주변을 감시하기 위한 군정찰위성(425사업)을 궤도에 올렸다. 그러나 전자광학(EO)/적외선(IR) 탑재위성 1기와 레이더(SAR) 위성 4기로 구성된 군정찰위성은 총 5기로 운영되기 때문에 2시간 간격으로 한반도를 재방문할 수 있다. 따라서 정부는 부족한 상시 감시능력을 보완하기 위해 초소형 군집위성을 통해 재방문 주기를 30분까지 단축하려는 계획을 추진 중이다.

정찰위성 이외에도 북한의 탄도미사일을 상시 감시하고 즉시 정보를 전달해야 할 조기경보위성도 소형 위성으로 보완할 수 있다. 현재 개발 중인 중대형급 조기경보위성은 지구정지궤도에서 운영할 예정이다. 하지만 차세대 조기경보위성은 초소형위성을 군집형태로 저궤도에서 운영하는 방향으로 개발될 필요가 있다. 초소형위성은 저궤도에서 운영하기 때문에 수명이 중대형 위성보다 짧지만 군집을 이루는 다른 위성으로 임무를 대체함으로써 복원력을 향상시킬 수 있다. 초소형위성은 중대형 위성보다 경제적이기 때문에 기능을 상실한 위성을 대체하여 새로 발사하는데 부담이 적다. 위성의 발사 실패에 따른 위험 부담도 적다. 무엇보다 초소형위성은 현재 우리나라 우주발사체인 누리호를 활용할 수 있는 장점이 있다. 또한 우리나라 스타트업이 개발한 우주발사체, 공군에서 추진 중인 공중 발사체, 국방과학연구소가 개발 중인 고체발사체 등 다양한 발사 옵션을 활용한다면 발사 비용도 낮추고 발사 시기에 제한을 덜 받으면서 필요할 때 신속하게 발사할 수 있다.

이런 전망에 부합하도록 소형위성 기업들은 탑재체 성능을 향상시키고 대량 생산이 가능하도록 기술 개발에 노력하고 있다. 소형위성의 단점 중 하나는 탑재체의 크기와 용량이 제한된다는 점이다. 따라서 소형위성 기업들은 제한된 용량에서 최대한 기능을 발휘할 수 있도록 구성 요소를 소형화하고 모듈식으로 개발을 해야 한다. 또한 부품의 통합으로 공간을 확보해야 한다. 설계와 생산과정에서 위성 본체와 탑재체의 표준화를 달성하고 임무 수명이 길지 않은 소형위성의 특성을 고려하여 위성 부품도 저렴한 상용 부품을 적용할 필요도 있다. 저비용 소형위성은 전세계 위성 시장에서도 수요가 증가할 것이다. 국토가 다수의 섬으로 이루어지거나 험준한 산악지형, 사막 등 통신과 인터넷이 제공되지 못하는 국가에서 저비용의 소형위성을 군집 형태로 운영하려는 수요가 있기 때문이다. 실제로 소형위성 시장은 2020~2025년 연평균 20.5% 증가할 전망이다.[41]

지상장비 시장

지상장비 분야는 네트워크 장비, 위성 제어장비, 정보 수신용 단말기 등으로 구성된다. 네트워크 장비는 지상 부문을 이루는 지상국, 발사장, 발사체 등 사이에 데이터를 전송하는 장비들이다. 위성 제어장비는 지상국에서 위성과 우주비행체를 통제하고 정보를 수신하여 관리하는 장비들이다. 정보 수신용 단말기들은 다양한 위성 정보(항법, 통신 등)를 지상에서 수신할 수 있는 장비들이다. 여기서 지상은 육지만을 의미하는 것이 아니라 위성 정보를 활용하는 지구상 수신장비(항공기, 선박 포함)를 모두 의미한다. 발사체와 위성 시장이 성장하는 만큼 이를 제어하고 정보를 수신할 수 있는 지상장비 시장도 동반 성장하게 된다. 특히 소형위성 발사가 급증하면서 산간·오지에 위성 송신이 가능해지고 데이터 수신을 위한 지상장비 수요도 증가하고 있다. 실제로 세계 우주 경제 시장에서 가장 높은 비중을 차지해 온 분야는 <그림 27>과 같이 위성서비스와 지상장비 시장이다.

🚀 **<그림 27> 세계 우주경제 시장 매출**

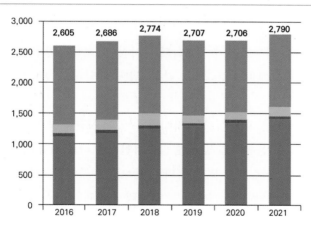

	2016	2017	2018	2019	2020	2021
■ 위성서비스	1,277	1,287	1,265	1,230	1,178	1,180
■ 위성제조	139	155	195	125	122	137
■ 발사산업	55	46	62	49	53	57
■ 지상기기	1,134	1,198	1,252	1,303	1,353	1,420
총 매출	2,605	2,686	2,774	2,707	2,706	2,790

지상장비 시장도 계속 성장하고 있다. 지상장비의 경우 1기로 다수의 위성과 교신할 수 있기 때문에 위성의 수가 증가하는 만큼 비례하여 수요가 늘어나진 않으나, 위성의 수가 급격히 증가하고 있어 주파수 대역, 송수신 속도 등 향상된 기술력을 갖춘 장비 수요가 확대될 전망이다. 이로 인해 지상장비에서는 위성에서 정보를 효율적으로 전송받기 위한 안테나 기술과 주파수 대응 기술이 발전하고 있으며, 정보를 수신할 수 있는 단말기 기술과 영역도 확대되고 있다. 예를 들어 개인 휴대폰과 위성을 직접 연결하는 서비스가 시작되었으며, 휴대폰 사업자와 위성 사업자가 협력하여 서비스가 지속 확대될 전망이다.

우주 서비스 시장

우주 경제에서 가장 큰 시장은 우주 서비스이다. 즉, 위성과 우주비행체 등 하드웨어를 어떻게 활용하여 수익을 창출하고 거래할 것인가라는 소프트웨어 측면이다. 대표적인 우주 서비스 사업은 우주 통신(인터넷) 시장이다. 과학기술정보통신부에 따르면, 글로벌 위성산업에서 위성통신 비중은 2018년도 15%에서 2040년 53%까지 성장할 것으로 예측된다. 특히 저궤도 위성통신 비중은 더욱 높아질 것이다. 이러한 우주 통신 시장은 상용화를 앞둔 6G 이동통신 시장과 연동해서 발전할 것이다. 6G 이동통신 규격에 기반한 기술이 위성통신 쪽으로 들어오고 있기 때문이다. 그 결과 6G 이동통신이 상용화되는 시점인 2028년 이후 위성산업 중 위성통신 비중은 33.6%, 2030년 40.2%로 각각 2,195억 달러, 2,978억 달러 수준으로 추정된다.[42]

초고속 위성 통신은 항공을 모두 커버할 수 있어 자율주행과 드론, 도심항공 모빌리티 등 미래 물류, 운송사업 발전에 필수적인 인프라로 기능할 것이다. 위성 인터넷 통신은 대규모 군집위성 발전에 따라 글로벌 수준에서 더욱 빠른 대용량 정보 전달을 추구한다. 우리나라에서도 우주 인터넷에 대한 관심은 스타링크와 영국 위성통신기업인 원웹의 우주 인터넷 사업이 현실화되면서 높아졌다. 다만, 우리나라와 같이 인터넷 환경이 뛰어난 국가에서는 일반인들보다 항공기 와이파이, 선박, 기업 간 거래에 초점을 둘 것으로 보인다. 실제로 6G 이동통신이 상용화될 경우 위성통신을 이용한 선박 와이파이, 해상물류 사물인터넷, 도심항공교통(Urban Air Mobility, UAM) 등의 서비스가 확대될 것이며, 이 경우 하늘을 향해 전파를 쏘는 기존 통신사보다 위성으로 전파를 쏘는 위성 통신이 유리하다. 또한 국토가 넓거나 산악 지형 혹은 섬으로 이루어진 국가에서는 위성 통신의 활용도가 훨씬 높을 것이다. 스타링크는 인도네시아, 말레이시아, 탄자니아, 케냐, 콩고 등 동남아시아와 아프리카에서 서비스를 시작했으며, 글로벌 시장을 확대한다는 구상이다.

우리나라가 위성통신 시장에서 성장하는데 가장 큰 장벽은 저궤도 위성을 발사하는 비용이다. 저궤도 위성을 활용해 지구 전역에 위성통신 서비스를 제공하려면 이론상 수백 개의 위성을 저궤도에 쏘아 올려야 하기 때문이다. 이를 해결하기 위해서는 글로벌 저궤도 위성통신 기업들과 협력이 필요하다. 현재는 우리와 비슷한 국가 또는 해외 상용 저궤도 위성통신 기업과 국제협력을 통해 시범적으로 운영하고 검증해볼 필요가 있다. 또한 안보적 차원에서 위성통신의 군사용과 민간용을 효율적으로 함께 활용하는 방안도 연구되어야 한다. 국가적 차원에서 우주 통신을 위한 군집위성을 추진하면서 군용과 민간용을 별도로 구축하기에는 한계가 있다. 네트워크 주파수 슬라이싱으로 사용자를 구분하고 군용 서비스에 적용될 암호 기술(양자통신 포함)을 발전시켜야 한다.

지구관측 시장은 2020년 이전까지 세계적으로 발사된 정부 위성 중 87%를 차지할 만큼 정부 수요가 큰 분야이다. 이후 상업 위성의 비중이 커지면서 성장세는 더욱 빨라질 것으로 보인다. 세계적으로 2017~2026년까지 50kg 이상 민간 지구관측 위성 증가는 이전 10년(2007~2016년)보다 3배 이상 증가할 전망이다. 특히 지구관측 시장에서 상업 위성의 증가는 저가의 소형위성을 군집으로 구축하는 추세이다. 이를 통해 민간 기업은 데이터 가격을 낮추고 관측빈도를 높여 변화탐지 역량을 향상시키고 시장을 확장하고자 한다. 한편 지구관측 정보는 국가의 정보 자립과 안보에 중요한 역할을 하기 때문에 정부(국방 포함) 수요도 지속될 것이다. 국토 크기에 따라 차이는 있지만, 모든 국가가 기존 수단으로는 영토, 영해, 영공을 효과적으로 관측하기 어렵다. 하지만 지구관측 정보는 이러한 제한을 상당 부분 해소하며, 재난재해 대비, 기상 예보, 농업과 해양 상황 예측 등 국민 안전과 국가 안보에 활용된다.

지구관측 정보는 다양한 기준으로 구분할 수 있다. 지구관측 정보 시장은 데이터 판매시장과 데이터 가공·분석 서비스로 구분할 수 있다.[43] 지구관측 위성 데이터의 주요 고객은 국방 기관으로서 특히 미국의 국방부가 세계 매출의 큰 비중을 차지한다. 이들은 높은 해상도와 위치 정확도를 요구하는데, 고정밀 데이터에 대한 수요는 고성능 카메라, 별추적기 등 최고 성능을 보유한 위성 시스템을 필요로 하고 위성 자체와 위성이 생산하는 데이터의 가격을 높이는데 영향을 준다. 지구관측 데이터 활용 시장은 소비자 측면에서 데이터 판매 시장과 다르다. 데이터 판매 시장에서는 국방 수요가 구매 비중이 높지만(국방 수요는 데이터 판매 시장에서는 60% 차지), 국방 기관들은 데이터 분석 업무를 주로 내부에서 자체적으로 수행하기 때문에 부가가치가 시장 매출액으로 집계되지 않는다. 다만 제작, 자원 및 환경 모니터링 등의 민간 소비자들은 저가나 무료 데이터를 활용하는 경향이 높기 때문에 데이터 시장에서는 낮은 매출을 보이나 활용시장에서는 상대적으로 높은 비중을 나타낸다. 정부나 민간기관이 우주 데이터를 무료 또는 저가로 공급한다면 활용 서비스 개발 및 제공자들은 더 큰 부가가치를 창출할 수 있는 기회가 된다.[44]

지구관측 정보는 다양한 방식으로 소비자들에게 활용되고 있다. 특히 인공지능을 활용해 맞춤형 정보를 제공하고, 소비자 및 사업자를 연결하는 정보유통 플랫폼이 발전하면서 시장도 더욱 확대될 전망이다. 현재는 위성 사업자가 정보를 판매하는 것에 초점을 두고 있다면, 미래에는 데이터 활용 서비스가 주도할 것으로 보인다. 또한 소비자가 위성 사업자에게 필요한 정보를 필요한 방식으로 요구하여 확보하는 소비자 중심의 시장으로도 변화할 전망이다.

우주 잔해물 처리 시장도 유망하다. 아직은 관련 산업 규모가 미비하지만, 우주 잔해물의 지속적인 증가는 관련 시장의 성장을 뒷받침하기에 충분하다. 우주 잔해물이 양상되지 않도록 국가나 국제기구에서 다양한 제한과 의무를 수립하고 있지만, 이미 우주에 남아있는 잔해물이 많고, 우주물체의 자연적 충돌이나 폭발로 잔해물이 발생할 수 있기 때문에 우주 잔해물 사업은 경제성이 있다. Market Business Insights에 따르면, 우주 잔해물 제거 시장은 2021년 26.5억 달러에서 연평균 23.9% 성장하여 2030년에는 452.7억 달러에 이를 것으로 전망된다.[45] 특히 정부도 적극적으로 기술 개발을 지원하고 있고, 민간 투자도 활발하여 다수의 스타트업이 다양한 아이디어를 바탕으로 능동적 잔해물 제거(Active Debris Removal, 이하 ADR로 표기) 방식의 기술을 개발 중이다.[46] 다만 현재 ADR 방식은 대부분 기술 개발 초기 단계이며 우주 실증에 성공한 기술도 상용화에 시간이 필요하여 서비스 산업을 형성하기는 시간이 필요하다. 하지만 향후 우주 잔해물 제거에 대한 수요는 증가할 것이다. 이미 미국 등 선도 국가는 법률로서 우주 잔해물 제거를 의무화하고자 추진 중이다. NASA가 우주 잔해물 제거 프로그램을 신설하고 기술을 민간 기업에 이전하도록 규정함에 따라 우주 잔해물에 대한 투자도 확대될 것으로 예상된다. 유럽(ESA)와 일본(JAXA)도 우주 잔해물 제거 기술을 개발하는 기업에 투자를 진행하거나 우주 잔해물 기술 개발을 위한 사업을 운영 중이다. 또한 대부분의 우주영역인식 임무는 우주 잔해물 탐지와 추적과 연계되어 발전하고 있다.

우주 클라우드 사업도 확대되고 있다. 우주 클라우드는 클라우드를 활용해 우주에서 위성이 모은 정보를 효과적으로 저장하고 분석, 활용하는 기술이다. 우주 클라우드는 서버에 데이터를 저장하고 이용하는 개념인 클라우드가 우주 정보까지 확대된 것이다. 이러한 우주 클라우드는 지구 궤도를 도는 인공위성이 폭발적으로 늘어나면서 주목받고 있다. 현재 8,000기 안팎인 인공위성은 10년 뒤 수만 기로 늘어날 전망이며 위성이 관측한 데이터양도 급증할 것이다. 시장에서는 늘어나는 데이터를 어떻게 처리하느냐가 중요한 사업이 될 것으로 본다. 아마존 클라우드 사업을 진행하는 아마존웹서비스(Amazon Web Service)는 우주정책팀을 신설하고 우주 클라우드 사업을 강화하고 있으며, 마이크로소프트도 클라우드 서비스인 애저(Azure)를 우주로 확장한 애저 스페이스(Azure Space) 사업을 진행하고 있다.

현재까지 위성에서 수집한 데이터는 지상으로 송신하고, 지상에서는 이 데이터를 처리 및 분석했다. 하지만 우주 클라우드는 위성 내 클라우드 서버에서 직접 데이터를 처리하고 인공지능으로 불필요한 데이터를 걸러낸다. 우주 클라우드는 처리 시간이 적게 걸리고, 지상으로 전송할 데이터의 양도 크게 줄일 수 있다. 위성 자체적으로 더 많은 저장 용량을 활용할 수 있다는 장점도 있다. 우주 클라우드 자체가 다양한 분야에서 활용될 수 있다. 예를 들어 클라우드에 정보를 제대로만 담아놓으면 실제 우주 장비가 없는 기업도 클라우드에 저장된 우주 관련 정보를 활용할 수 있다. 실제로 남아프리카공화국 기반의 디지털 어스 아프리카(Digital Earth Africa)는 우주 클라우드에 올라온 고해상도 영상을 분석해 지구 어느 지역에 기근 위험이 있는지 파악한다.[47]

군사 우주 분야에서도 우주 클라우드의 활용성은 매우 높다. 우주 클라우드는 데이터를 위성에서 처리하기 때문에 적대적 행위자에 대해 신속하게 대응할 수 있다. 또한 보안을 위해 지상국으로 데이터를 전송하지 않고 자체 처리된 정보에 기반하여 다른 위성이나 우주비행체에 임무를 지시할 수 있다. 모든 임무를 우주 내에서 지시할 수는 없겠지만, 사전에 군사 우주 차원에서 설정한 위기 시나리오에 따라 정해진 범위에서 즉시 대응은 가능하다. 우주 클라우드는 지상국에서 정보를 처리한 후 공유하는 것보다 지형적 제한이나 지상 네트워크의 물리적 제약을 받지 않고 글로벌 수준에서 데이터 네트워크에 활용될 수 있다. 미래에는 공중을 비롯한 우주 내 다층 네트워크를 구축할 것이다. 매우 많은 우주 자산이 네트워크로 연결된 상황에서 데이터의 효율적 공유가 이루어지려면 지상국을 거치지 않는 정보 처리와 공유가 필수적이다.

이 밖에도 넓은 의미에서 우주 서비스에는 우주 관광 사업도 포함되며, 지상과 우주로 구분하지 않더라도 우주 활동에 포함된 우주 보험사업도 확대될 것으로 보인다.

우주 경제와 안보·외교의 연관성

우주 안보의 발전은 우주 경제와 상호 연관성을 갖는다. 우선 우주 경제의 동력인 우주 산업은 상당수 방위산업과 관련이 깊다. 항공우주 분야는 첨단기술이 적용된 국방산업이기 때문이다. 따라서 우주 기업의 발전과 기술개발은 경제안보 차원에서도 다뤄져야 한다. 경제안보란 국가 경제에 위협이 되는 타국의 경제적 공세로부터 자국의 경제와 안전을 보호하는 적극적 개념이다. 우주 안보와 관련해서는 우주 기술뿐 아니라 우주관련 소재 및 부품, 장비에서 전략적 우월성을 확보하고 동시에 경쟁국의 침투나 탈취로부터 보호하는 활동이다. 경쟁국이 우주관련 소재 및 부품, 장비를 제한하거나 코로나19 사태와 같이 예상하지 못한 상황이 발생할 경우 우주 산업에 필수적인 공급망 충격이 발생할 수도 있다. 따라서 안정적 공급망의 구축은 우주 안보에 필수적이다.

우주 분야와 같은 첨단기술 분야는 민군 이중용도이므로 기술의 확보가 경제의 성공이자 군사력 강화로 이어지므로 경제와 안보가 분리되지 않는다. 미국 등 동맹국의 경우에도 전략경쟁 상대인 중국을 글로벌 공급망에서 배제하려는 움직임을 지속하고 있다. 우리나라도 미국의 경제 조치 속에서 안정적 공급망을 확보하기 위한 노력이 필요하다. 특히 우주 경제 분야는 이제 성장하는 신성장 산업으로서 충분한 경쟁력을 갖추기 전까지 소재, 부품, 장비의 안정적 제공이 지속되어야 한다. 게다가 우리나라의 우주발사체 개발을 제한해왔던 한미 미사일지침이 2021년 폐지됨으로써 고체발사체를 포함한 군사 우주와 우주 경제에 긍정적인 효과가 기대된다. 예를 들어 누리호에 이은 차세대 우주발사체는 고체연료 보조부스터를 활용하거나 4단용 고체모터를 개발할 수 있다.[48] 더 많은 중량을 우주로 발사할 수 있는 능력은 국가우주개발 계획을 과감하게 추진할 수 있는 여건이 될 것이며, 우주 기업 활동을 비롯해 우주 경제의 빠른 성장에도 도움이 된다.

그동안 한국의 우주활동은 우주 외교 분야에서 미국과의 협력을 통해 진행되었다. 우리나라가 우주영역인식 인프라를 구축하는 과정에서 우주 물체에 대한 정보를 미국과 공유하고 있으며, 군사 우주 분야에서는 미 우주군과 연합훈련, 군사 우주연습에 한국군 참여 등 양자, 다자협력을 이어왔다. 군사 우주 분야의 협력과 달리 우주 경제에서는 미국의 수출규제가 우리나라 우주 경제 발전을 제한하는 요소로 작용했다. 따라서 우리나라 정부는 수출 규제를 완화해줄 것을 지속적으로 요구해왔다. 한미 미사일지침 폐지와 함께 우리나라 우주 경제와 기술 개발에 도움이 될 조치가 2023년 발표되었다. 미국은 우주 산업에 적용해온 새로운 규정에서 우주 내 서비스, 조립과 제조(In-space Servicing Assembly and Manufacturing, 이하 ISAM으로 표기) 관련 규제를 완화하기로 했다. 미국은 우주 사업에 친화적인 수출관리 규정을 통해 우주 기업들이 더 쉽게 일하도록 지원하겠다고 밝혔다. 구체적인 효과는 시간을 두고 확인해야 하겠지만, 우주 경제의 발전을 위해서 한미 우주협력을 비롯한 우주 외교분야의 노력이 중요하다.

우주 외교는 미국과 같은 우주 강대국만 중요한 것이 아니라 우주 신흥국을 비롯해 우주활동 능력이 뒤처지는 국가와도 필요하다. 우주활동 영역은 매우 넓기 때문에, 서로의 강점을 활용한 비교우위 전략도 필요하다. 예를 들어 우리나라는 지리적 위치로 인해 적도 인근의 국가들에 비해 지구동기궤도에 우주 자산을 올리기 어렵다. 따라서 적도에 더 가까운 필리핀, 인도네시아, 인도 등 인도-태평양 국가들과 협력하여 발사장을 이용하거나 우리나라가 지원하는 새로운 발사장을 구축하는 협력을 모색할 수 있다. 반대로 우리나라는 이들 국가의 우주 자산을 우리나라 발사체로 발사할 수 있도록 협력할 수 있다.

이런 맥락에서 우주 외교와 관련된 국내외 규범이 우주 경제에 미치는 영향도 주목해야 한다. 우주 활동은 많은 부분이 처음 시도되는 영역이다. 우주 기술의 발전에 따라 이전에 적용하지 못했던 우주 활동이 계속 증가하고 있다. 새로운 활동에는 국내외 규범과 규제가 뒤따른다. 새로운 활동이 안전하며 기존의 활동을 침해하지 않는지 등을 검토해야 한다. 동시에 국내외 규범은 새로운 활동을 촉진하고 지원하는 역할도 한다. 우주 경제의 발전을 위해서는 새로운 시장의 창출뿐 아니라 많은 행위자들이 적극적으로 참여할 수 있는 여건이 조성되어야 한다. 새로운 우주 기술을 개발하더라도 안정성과 효과를 시험하고 생산을 보장할 수 있는 규칙이 제정되어 있지 않으면 기업들의 수익은 보장되지 않는다. 투자자들도 마찬가지다. 우주 기술과 사업에 대해 신뢰성을 갖고 투자하기 위해서는 국내외 시장에서 생산하고 거래가 이루어질 수 있다는 규칙과 법규가 존재해야 한다.

예를 들어 많은 기업과 국가가 개발하고 있는 우주 잔해물 처리 기술을 살펴보자. 우주 잔해물 처리는 우주 경제 측면에서도 수익이 기대되는 우주 사업이다. 우주 잔해물은 국가뿐 아니라 기업 등 우주활동 행위자에게 공통된 위험이며 특정한 궤도에 존재하는 우주 잔해물을 제거하는 것은 우주활동의 자유에 중요하다. 많은 우주 기업이 우주 잔해물 처리 기술을 개발하고 있으며 국제규범이나 국가의 법률로 우주 잔해물 처리를 의무화하는 추세이므로, 우주 잔해물 처리 수요는 증가할 것으로 보인다. 실제로 미국 정부는 우주 잔해물을 제대로 관리하지 않은 우주기업에 대해 사상 처음으로 벌금을 부과하기도 했다. 2023년 9월 미국 연방통신위원회는 미국 위성 TV기업 디시 네트워크(Dish Network)에 승인했던 위성폐기 계획을 지키지 않았다는 이유로 15만 달러(약 2억 원)를 부과했다. 이 기업은 2002년부터 지구정지궤도에서 방송통신위성 1기를 운영하다 2012년 폐기 계획을 승인받았다. 계획대로면 이 위성이 수명을 다하기 전에 300km 상공의 무덤궤도로 이동해야 했다. 하지만 이 기업은 위성 운영을 지속하다가 무덤궤도로 이동할 만큼의 연료를 남겨두지 않아 무덤궤도로 이동하는 데 실패했다.[49]

벌금 규모는 크지 않지만 이러한 조치는 우주 잔해물을 방치할 수 없다는 좋은 선례가 될 수 있다. 또한 우주 기업의 가치를 좌우하는 평판에도 영향을 미칠 수 있는 요소로 우주 잔해물 처리가 포함될 것이다. 다른 분야 기업들과 마찬가지로 우주 기업도 기업의 가치를 평가하는 ESG(에너지, 사회, 환경) 요소를 반영해야 한다. 우주 잔해물은 환경에 기여하는 기업 평판에 직결된다. 디시 네트워크도 벌금 규모에 비해 벌금 부과 소식으로 인해 기업 주가가 급락하는 등 시장의 반응으로 어려움을 겪었다. 또한 이번 조치는 아직 초기 단계에 있는 우주 잔해물 시장에서 서비스 비용의 기준점(벌금 15만 달러)이 되는 동시에 활력소가 될 수 있다.

국가의 규제는 국제적 규범 수립에도 긍정적인 영향을 끼칠 수 있다. 우주 잔해물은 특정 국가가 해결할 수 없는 대표적인 공유지 관리의 문제이다. 국제기구에서 우주 잔해물 처리 문제가 공론화되고 있다. 기후변화 문제와 유사하게 우주 잔해물 문제도 우주 강대국과 우주 신흥국 사이의 갈등, 우주 잔해물 처리에 드는 비용 부담 문제, 기술 발전을 위한 연구개발 문제 등 다양한 문제가 우주 외교 관점에서 논의될 것이다. 일부 국가가 선도적으로 우주 잔해물 제거를 규정하고 강제성을 부여하는 것은 바람직한 방향이다. 일정 부분 다른 국가들이 이를 따를 가능성도 충분하다.

군사 우주 관점에서도 우주 잔해물 처리는 우주 자산의 안전하고 자유로운 활동을 위해 필수적인 능력이다. 현재와 같이 국가와 군이 민간 기업의 서비스를 구입하여 목적을 달성할 수도 있다. 나아가 공세적 우주통제를 위해서는 군이 우주 잔해물 제거 능력을 보유할 가능성이 높다.

우주 외교

우주 안보 관점의 우주 외교

우주 안보는 군사와 경제 이슈에서 활발히 논의되고 있지만, 그 이면에는 우주 활동의 경쟁과 협력이 이루어지는 국내외 질서에 영향을 받는다. 우주 외교는 우주활동의 질서를 형성하는 국내외 규범과 제도의 영역이다. 우주관련 국제법은 1967년 우주조약(Treaty of Outer Space)을 시작으로 우주 물체의 등록, 책임 등 다수의 국제법이 마련되었고, 국가별로 개별 입법화한 국내법 등이 존재한다. 물론 국제법은 서명하고 비준한 국가들에게만 의무 사항이 있으며 국제법 조항에 대한 해석에 따라 국가별 행동은 달라질 수 있다. 하지만 우주 잔해물 문제나 우주탐사 등 우주 안보는 어떤 강대국이라도 모든 우주활동을 좌우할 수 없고 국가뿐 아니라 기업, 조직과 개인이 참여하는 영역이므로 규범과 기준이 필요하다. 따라서 이러한 규범과 기준을 형성하는 우주 외교를 주도하는 것은 중요한 문제이다.

우주 안보 관점에서 우주 외교를 주목하게 된 배경은 2010년대 들어 우주활동과 개발에 나선 국가와 기업이 크게 증가했기 때문이다. 1967년 우주조약이 수립된 이후 40여 년 동안 우주 외교에 큰 변화가 없었던 것은 우주활동과 개발 문제로 긴급한 갈등이나 문제가 부각되지 않아서였다. 실제로 냉전 동안 미국과 소련은 양국 경쟁에 몰두했고 우주활동에 동참할 능력을 가진 다른 국가도 없었기 때문에 우주 외교는 주목받지 못했다. 미국과 소련도 너무 많은 비용, 도전적인 기술, 충분하지 않은 정치적 의지가 발목을 잡고 있었다. 어느 국가도 우주활동의 주도권을 행사하지 않은 채, 각국의 국가이익만 반영된 주장과 타협이 이루어지면서 우주조약은 모호한 문구로 만들어졌다.

우주조약의 문구는 한편으로 국제협력의 토대가 되지만, 다른 한편으로는 서로 다른 해석의 근거가 된다. 대표적으로 1967년 우주조약과 1979년 달협정은 군사 우주 차원에서 다른 해석을 낳아왔다. 우주조약은 우주공간을 평화적 목적에서 활용하자는 국제적 규범을 담고 있다. 하지만, 여기서 '평화적 목적'은 국가의 입장에 따라 세 가지로 해석될 수 있다. 첫째, 완전한 비군사화로 이해해야 한다는 해석, 둘째, 침략적 이용만 금지해야 한다는 해석, 셋째, 비무기화만 의미한다는 해석이다. 실제로 미국, 중국 등 우주 강대국들은 상대방 영토와 영공에 대한 정찰위성 운영, 우주군 창설 및 군인의 우주비행사 활용 등 우주의 군사적 활용이 우주조약을 벗어나지 않는다고 본다. 각국은 국가안보와 국제적 평화를 위해 우주에서 군사력을 증강할 수 있다는 입장이다. 게다가 우주조약과 달협정에서 금지하는 무기체계도 '핵무기와 대량살상무기'로 명시됨으로써, 우주에서 재래식 무기를 허용하는 것으로 해석된다.

달협정도 마찬가지다. 달협정은 달과 달에 있는 천연자원을 인류 공동의 유산으로 보고 국가, 기관, 개인의 재산이 될 수 없다고 명시하고 있다. 그러나 달협정을 비준한 국가는 18개국에 불과하며, 미국, 중국, 일본, 우리나라 등도 가입하고 있지 않다. 게다가 달을 비롯한 우주자원을 채굴할 수 있는 기술과 상업이 발전하면서 미국, 룩셈부르크 등 개별 국가들은 달에서 채굴한 자원을 상업적으로 활용할 수 있는 권리를 부여하기 시작했다. 실제로 미국 트럼프 대통령은 2020년 행정명령을 통해, 우주 자원이 인류 보편적 재산임을 부정하고, 우주 자원의 상업적 활용을 지시했다. 앞으로 새로운 국제법이 수립되지 않는 한 우주자원에 대한 개별 국가의 입법은 확대될 것이며, 우주 경제의 틀이 될 것으로 보인다.

우주 안보의 이해와 분석

우주의 무기화와 관련된 우주조약과 달협정

1967년 우주조약 제4조

조약 당사국들을 핵무기 또는 기타 모든 종류의 대량파괴무기를 운반하는 물체를 지구주변궤도에 두지 않으며, 천체에 그러한 무기를 장치하거나 기타 어떠한 방법으로든 그러한 무기를 우주에 배치하지 않을 것을 약속한다.

달과 기타 천체는 조약의 모든 당사국에 의하여 오직 평화적 목적을 위해서만 이용되어야 한다. 천체에서 군사기지, 군사시설 및 군사요새의 설치, 모든 형태의 무기 실험과 군사연습의 실시는 금지되어야 한다. 과학적 조사 또는 기타 모든 평화적 목적을 위하여 군인을 이용하는 것은 금지되지 아니한다. 달과 기타 천체의 평화적 탐사에 필요한 어떠한 장비 또는 시설의 사용도 금지되지 아니한다.

1979년 달협정 제3조

달에서는 어떠한 무력 위협이나 사용 또는 그 밖의 다른 적대적 행동이나 적대적 행동의 위협도 금지된다. 마찬가지로 지구, 달, 우주선, 우주선원 또는 인공우주 물체와 관련하여 그러한 행동을 범하기 위하여 또는 위협하기 위하여 달을 이용하는 것도 금지된다.

당사국은 달 주변의 궤도 또는 달을 향하거나 선회하는 그 밖의 다른 궤적에 핵무기 또는 그 밖의 모든 종류의 대량파괴무기를 운반하는 물체를 설치하지 아니하며, 그러한 무기를 달에 또는 달 안에 설치하거나 사용하지 아니한다.

달은 모든 당사국에 의하여 오직 평화적 목적으로만 이용된다.

오늘날 우주 외교는 우주의 무기화뿐 아니라 상업화, 민주화 속에서 많은 행위자들의 이해관계, 인류 공동의 우주 위험, 우주탐사 영역의 확대 등 빠르게 변화하는 현실을 마주하고 있다. 우주 외교의 역할은 군사 우주, 우주 경제에 매우 중요하다. 우주군사 측면에서 볼 때, 우주 강대국의 경쟁이 우주 외교를 통한 규범과 기준으로 합의를 이루지 못한 채 갈등으로 치닫는다면 지구상 전쟁과 동반된 우주전으로 비화할 수 있다. 지구 궤도를 벗어난 우주탐사는 분쟁보다는 협력을 요구한다. 특정 국가가 광활한 우주를 모두 탐사할 수 없기 때문이다. 사실 우주를 경험한 많은 우주인들은 개인적으로 지구상 분쟁을 초월할 수 있었다.[50] 우주 경제 측면에서도 우주 외교는 기업을 비롯한 우주 행위자들이 투자와 기술개발, 서비스 제공, 수익 창출을 안정적으로 할 수 있는 토대가 된다. 우주 경제는 새로운 기술과 활동을 계속 요구한다.

우주활동은 기존의 지구상 규범이나 제도로는 다룰 수 없거나 다룬 적이 없는 이슈를 만든다. 달 기지에서 상주하는 여러 국가나 기업 중에 특정 기업이 우주자원을 먼저 발견하고 채굴하고자 한다면 지구에서는 어떤 협의가 필요할까? 시스루나 공간에서 먼저 위치한 위성이 다른 국가나 기업의 위성 활동을 의도하지 않게 방해한다면 어떤 기준이 필요할까? 이처럼 군사 우주와 우주 경제를 이끌고 있는 우주활동이 안정, 안전 속에서 지속가능한 방식으로 이루어지려면 우주 외교의 역할이 중요하다. 우주 외교는 우주 영역의 안전, 안보, 지속가능성을 모색하는 협력의 장이다. 예를 들어 ASAT 시험은 국가 간 우주 안보의 문제였지만 시험의 결과 발생한 우주 잔해물은 곧바로 국제사회에서 우주활동의 안전과 지속가능성의 문제이다. 우주 잔해물 문제는 우주활동에서 안전을 보장하는 이슈이자 우주 자산을 위협하는 안보적 문제이다. 나아가 모든 우주활동 행위자에게 우주활동을 지속할 가능성에 대한 규범을 확립하는 문제이다. 정리하면, 우주 외교는 안보(security), 안전(safety), 지속가능성(sustainability)을 통합적으로 다뤄야 한다.

과거에는 우주활동을 위해 국제협력을 활용했다면, 현재는 군사, 경제, 외교적 목적을 달성하기 위한 영역으로 우주를 활용하고 있다. 우주활동에 필요한 첨단 기술과 자원을 보유한 국가는 소수이지만, 국제적 수요는 급격히 증가하고 있기 때문이다. 여기에 미국과 중국의 우주 경쟁이 치열해지면서 이런 추세가 심화되고 있다.

미국과 인도는 2023년 6월 22일 정상회담에서 우주협력 강화에 합의했다. 미국은 인도의 유인우주비행과 국제우주정거장 임무를 지원하고, 인도는 미국이 주도하는 아르테미스 협정에 가입했다. 하지만 양국 사이의 합의사항은 미국이 인도의 우주개발을 지원하고 인도는 대중국 견제에 동참한 것으로 분석할 수 있다.

반면 중국도 진영 세력을 확대하고 있다. 중국은 중동지역 국가와 우주협력을 진행 중이다. 사우디아라비아와 아랍에미리트를 비롯한 주요 산유국들은 탈석유·경제 다각화를 위해 우주분야에 대한 투자와 인력양성에 힘을 쏟고 있다. 중국은 중동에서 미국의 영향력이 줄어든 틈을 이용해 이들 국가의 우주정책을 지원하고, 산유국들은 석유 결제에 중국 위안화를 사용하는 것과 같은 대미 견제에 동참하는 모습이다.

우리나라와 관련된 사례로는 2023년 9월 13일에 열린 북한 – 러시아 정상회담을 들 수 있다. 이 회담에서 합의된 구체적 내용이 공개되지는 않았지만, 북한은 러시아에 재래무기를 제공하고, 러시아는 북한이 원하는 우주발사체와 인공위성 관련 지원을 약속했다는 것이 전문가들의 대체적인 분석이다. 우주와 비우주 분야가 교환된 우주 외교의 사례로 볼 수 있다.

이처럼 우주 외교의 경쟁과 협력도 우주 안보의 관점에서 살펴볼 수 있다. 2023년 ASAT 미사일 시험을 중단하겠다는 미국의 선언 이후 우리나라를 포함해 많은 국가들이 이에 동참하면서 우주 외교의 이정표를 세웠다. 이는 시작에 불과하다. 우주 안보에는 외교적으로 논쟁하고 합의할 문제가 계속 등장하고 있다. 하지만 우주관련 국제규범과 제도들은 군사 우주와 우주 경제에서 벌이는 국가들의 분쟁과 경쟁을 강제할 수 없다. 우주에서도 지구상 국제정치와 마찬가지로 힘을 가진 국가가 영향력을 행사하고 상대적 이익을 추구할 수 있다. 동시에 국가는 협력을 통해 불신의 소지를 줄이고 절대적 이익을 추구할 수 있다. 우주도 국제정치의 협력과 갈등이 공존하는 영역이다.

우주 안보와 관련된 국제법

우주 안보와 관련된 국제법은 우주를 글로벌 공유지로 간주하며, 지구상의 공유지(공해, 공역, 남극 대륙 등)와 공간적으로 유사하다는 입장에서 접근한다.[51] 국제우주법이 무에서 창출될 수는 없으며 우주활동의 경험이 충족된 이후에 완성될 수도 없다. 이런 점에서 우주관련 국제법은 인류가 해양을 개척하던 경험을 반영하여 국제해양법과 유사한 점이 있다. 첫째, 공해와 마찬가지로 우주도 특정 국가가 통제하지 않는 자유로운 행동을 보장한다. 물론 공해에서도 유엔 해양법(제82조)에 따라 부과되는 행동의 제약이 있으며 우주에서도 이러한 규제가 적용될 수 있다. 즉, 국가는 우주에서 다른 이해관계자의 활동을 제한하면 안 된다. 같은 맥락에서 우주에서 평화적 목적의 군사 활동을 제약해서도 안 된다. 둘째, 공해에서 발생한 사고나 조난의 경우 사고의 주체가 아닌 국가라도 도움을 주도록 한다. 우주 조약(제5조)에 따르면 우주인은 우주에 나간 인류의 사절로 간주하며 사고나 조난 또는 다른 국가의 영역이나 공해에 비상착륙한 경우 해당 국가는 가능한 모든 원조를 제공해야 한다. 셋째, 우주에서 필요한 긴장완화 절차도 유엔 해양법의 내용을 적용할 수 있다. 유엔 해양법은 당사자들의 안전과 안정을 위해 해양 충돌을 방지하기 위한 절차를 규정하고 있다. 예를 들어 통신 유지, 신호 지정 등이다. 우주에서도 투명성을 제고하고 의사소통이 원활하도록 이러한 절차가 필요하다.

이처럼 국제우주법이 다루는 범위는 안보를 넘어 민간 과학과 상업 활동까지 포괄한다. 비국가 행위자와 조직들이 증가함에 따라 이들의 자유로운 행동과 안전을 위해 우주 안보에 대한 관심도 높아지고 있다. 따라서 우주 안보는 군사 우주, 우주 경제를 포함한 국제법적 접근이 중요한 영역이다.[52] 우주에 관한 국제법은 분쟁과 갈등 상황을 어떻게 조정하고 협력할 것인가를 다룬다. 국제우주법에 대한 많은 연구들은 우주에서 국가가 협력할 수 있는 역량에 초점을 둔다.[53] 냉전이 끝난 1990년대 이후 국제우주 활동을 낙관적으로 전망하기도 하지만[54] 이슈에 따라 협력에도 우호적인 정도가 다르다는 분석도 있다.[55] 분명한 것은 우주 외교가 민간과 상업 활동을 위한 우주의 안정에 중요할 뿐 아니라 군사 분쟁과 관련된 문제를[56] 규율해야 한다는 주장이 지속되어왔다.[57]

우주관련 국제법 논의는 유엔이 제정한 1967년 우주조약에서 시작되었다. 유엔이 제정한 국제우주법은 국가들이 규범 정립에 광범위하게 참여할 수 있고 우주 활동의 국제적 성격과 조화를 이룰 수 있다는 장점이 있다. 또한 우주활동에 참여하는지 여부와 관계없이 우주활동을 규율하기 위해 모든 국가의 이익을 고려한다.

오늘날 우주 외교의 논의는 새로운 협의체와 레짐 형성, 다양한 이해관계자 등 행위자의 확대, 우주에서 위협 감소를 위한 신뢰구축 조치, 장기지속가능성을 위한 규범 창출 등에서 이루어지고 있다. 우주 안보 논의는 유엔 및 다자협의체를 중심으로 활발히 논의되고 있는데, 문제는 각각의 협의체가 상호 영향을 미치면서 미국과 중·러 간 입장에 뚜렷한 차이를 보이는 상황이다. 즉, 미국의 경우 우주 안보와 관련 1967년 우주조약으로 충분하고 우주에서 안보 위협을 제거하기 위해서는 우선 우주의 행동 지침이나 통행 규칙, 투명성 및 신뢰구축조치 등 강제성 없는 자발적 조치의 이행 강화가 중요하다는 입장이다. 이에 반해, 중·러는 우주의 군사화·무기화 등 군비경쟁방지를 방지하는 것이 시급한 과제이며, 급격히 변화하는 우주 환경에 대응하기에는 기존 우주조약으로는 한계가 있어 법적 구속력 있는 새로운 국제조약의 채택이 필요하다는 견해이다.

우주 안보의 국제규범 창설과 관련, 유엔 차원에서는 우주의 평화적 이용 위원회(Committee on the Peaceful Uses of Outer Space, 이하 COPUOS로 표기)와 군축회의(Conference on Disarmament, 이하 CD로 표기)를 중심으로 논의되고 있다. 양 협의체가 최근 역할의 분화를 보이고 있다. 즉, COPUOS의 경우 지난 1959년 유엔 총회 산하 위원회로 설립된 이래 국제우주법의 근간인 5개의 조약과 5개의 총회 결의안을 주도하였는데 최근에는 국제조약의 채택을 주도하기보다는 국가 간 공동의 합의를 유도하는 경향으로 선회하고 있는 추세이다. 가령, COPUOS는 2010년 이래 우주활동에 관한 국가 간 상이한 관행 및 규정을 국제적으로 통일함으로써 장기적으로 우주 환경 조성에 필요한 가이드라인을 제정하기 위하여 과학기술소위원회에 우주활동 장기지속가능성(Long-Term Sustainability, 이하 LTS로 표기) 가이드라인 워킹그룹을 구성하여 가이드라인 작성을 주도하고 있다. LTS 가이드라인은 국가별로 강제력은 없으나, 국가별 경험과 최적 사례(best practices) 공유, 이행현황 제출 등을 통해 다양한 지속가능성을 지향하는 우주운영 정책들을 국제사회로 확산·유도하고 있다. 이는 국가들의 행동을 규율하는 최소한의 가이드라인이 필요하다는 문제의식에 기인한다.

한편 우주 군축회의(CD)는 우주의 무기화를 방지하고, 우주 활동의 평화적 사용을 촉진하기 위해 글로벌 협력과 국제규범 수립에 필수적인 역할을 한다. 특히 군축회의는 우주를 무기화하는 국가 간 경쟁을 억제하는 데 중점을 둔다. 예를 들어, ASAT 무기나 ICBM과 같은 우주기반 무기체계의 개발은 국제적 긴장을 고조시키고, 우주 잔해물 증가로 이어져 우주 안보에 위협적이다. 또한 군축회의는 우주 활동의 평화적 사용을 장려한다. 이를 위해 군축회의에서는 각국이 우주기술을 과학적, 상업적 목적으로만 사용하도록 유도하는 동시에, 우주 환경을 보호하고 지속가능한 우주활동을 위한 국제적 노력을 강화하도록 한다. 끝으로 군축회의는 글로벌 협력을 촉진한다. 지구상 군축 경험과 마찬가지로 우주에서도 군축문제는 특정 국가의 노력만으로 해결할 수 없으며, 국제적 협력과 대화가 필요하다. 이를 위해 군축회의는 다양한 국가들이 참여하여 우주 군축에 관한 의견을 공유하고, 이해관계의 조정을 통해 공동의 해결책을 모색하는 장이 된다.

유엔이 채택한 국제조약(2024년 1월 기준)

구분	약칭	발효일	비고
우주의 법적 지위와 기본원칙	1967년 우주조약 (Outer Space Treaty)	1967년	현재 112개국이 비준, 한국 1967년 발효
	1979년 달협정 (Moon Agreement)	1984년	현재 18개국 비준, 미국, 중국, 일본, 한국 등 많은 국가가 가입하지 않음
우주구조와 책임 및 등록	1968년 우주구조반환협정 (Rescue Agreement)	1968년	현재 99개국 비준, 한국 1969년 발효
	1972년 우주손해책임협약 (Liability Convention)	1972년	현재 98개국 비준, 한국 1980년 발효
	1975년 외기권 물체 등록 협약 (Registration Convention)	1976년	현재 75개국 비준, 한국 1981년 발효

그런데, 우주 안보의 관점에서 보면 우주 외교에서도 지구상 군비경쟁과 마찬가지로 양극화 현상이 심화되고 있다. 미국과 중국의 전략경쟁은 우주에서도 연장되는 양상이다. 무엇보다 중국의 우주력이 빠르게 발전했고, 특히 군사 우주 분야에서 미국의 위협인식을 자극해왔다. 미국 국가안보와 우주 전략에서 가장 많이 언급된 2007년 중국의 ASAT 시험은 인식의 전환을 보여준 상징적인 사건이었다. 당시 중국은 수명을 다한 자국의 기상 위성(약 850km)을 ASAT 미사일로 요격했는데 이로 인해 3,000개 이상의 잔해물이 발생하여 궤도를 돌고 있다. 우주 잔해물은 아군과 적군을 가리지 않는다. 2013년 러시아의 과학실험위성 블리츠(BLITS)가 중국 잔해물과 충돌해 궤도를 이탈하는 사고가 발생했다. 15년이 지난 2022년에는 이 잔해물을 회피하기 위해 국제우주정거장(ISS)의 고도를 수차례 변경시켰다. 중국의 ASAT 시험 이후 미국의 위협인식은 매우 높아졌으며 우주력을 증강하고 중국과 우주협력을 견제하기 시작했다. 예를 들어 2011년 미 의회는 「울프 수정법안(Wolf Amendment)」을 통해 NASA와 미국 정부의 자금으로 운영되는 우주 기관들이 중국과 직접 협력하는 것을 제한했다. 2023년 NASA 국장은 울프 수정법안을 유지해야 한다고 밝혔다. 우주기술이 중국의 군사 우주 분야 발전에 전용될 것을 우려했기 때문이다.

2022년 러시아의 우크라이나 침공은 군사 우주뿐 아니라 우주 경제와 우주 외교 분야에도 적지 않은 영향을 주었다. 러시아에 대한 서방 국가들의 다양한 제재가 시작되면서 러시아도 우주분야 국제협력을 중단하거나 새로운 개발 협력을 추진할 수 없었다. 이로 인해 러시아와 중국은 양자 협력을 강화하고 중국을 중심으로 국제협력 국가들을 확대하고 있다. 특히 중국의 전략은 기존의 일대일로* 협력

🚀 **<그림 28> 중국과 러시아의 글로벌 우주경제 거래(2022)[58]**

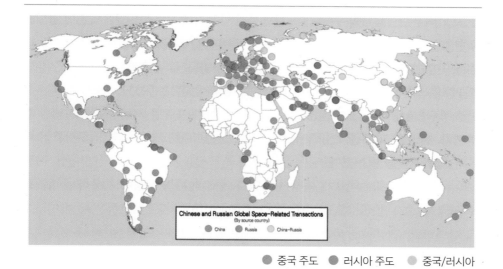

Chinese and Russian Global Space-Related Transactions
(By source country)
● China ● Russia ● China-Russia

● 중국 주도 ● 러시아 주도 ● 중국/러시아

© Prague Security Studies Institute

국가들과 외연을 우주 영역까지 확대하는 방식이다. 이처럼 우주 외교의 진영화는 우주 경제의 경쟁과도 맞물려 세계 질서의 주도권을 다툼으로 이어지고 있으며 향후 우주 경제의 불확실성도 커질 수 있다.

중국과 미국의 경쟁 구도는 새로운 우주규범 논의와 우주활동 프로젝트에도 반영되고 있다. 미국은 2020년 10월 아르테미스 협정을 출범시켰고, ASAT 요격실

---

* 중국의 일대일로(一帶一路, One belt One road) 전략은 시진핑 주석의 제안으로 시작된 중국 주도의 세계 경제 협력 프로젝트다. 일대일로는 유라시아 대륙과 아프리카를 육상과 해상으로 연결하는 교통망을 구축하고 육상 실크로드 경제 벨트와 해상 실크로드 중심으로 경제권을 구성한다.

험 금지를 2022년 4월 선언하며, 미국 중심의 새로운 우주 질서와 규칙을 만들기 위해 노력하고 있다. 2023년 5월에는 동맹인 영국을 통해 유엔에서 '우주에서의 책임 있는 활동'을 논의하는 워킹그룹의 첫 회의를 개최했다. 이 회의는 앞으로 정기적으로 열리며 이를 통해 변화된 우주 환경에 적합한 국제우주법 신설 또는 개정을 논의할 예정이다.

2023년 6월 21일 인도 모디 총리와 미국 바이든 대통령의 정상회담을 통해 인도가 아르테미스 약정에 서명함으로써 미국과 중국의 우주 경쟁 구도에서 인도는 미국을 선택한 모양새다. 한국은 2016년 한미우주협력 협정을 체결하고 3차례에 걸친 한미우주협력대화를 가졌다. 달탐사선 다누리에 NASA의 달음영지역 촬영을 위한 카메라를 탑재하는 등 한미 간 협력이 이어지고는 있으나, 아직까지 아르테미스 사업과 같은 본격적인 한미 우주협력은 성과를 내지 못하고 있다. 또한 미국은 ITAR(국제무기 거래규정), EAR(수출관리규정)과 같은 수출통제 규정을 통해 우주 기술 및 부품에 대한 보호를 한층 강화하고 나아가 공급망 재편까지도 진행할 전망이다. 한국은 2023년 4월 한미 정상회담을 통해 한미 간 우주협력을 명확히 하는 워싱턴선언을 발표했다.

중국과 러시아도 빠르게 움직이고 있다. 아르테미스 협정에 대응하는 성격으로 양국은 2021년 3월 달 표면에 유인기지를 건설하는 프로젝트를 공동 추진하기로 합의하고, 관련된 양해각서(MOU)에 서명했다. 현재 중국은 달 탐사 프로젝트에 국제적 협력국을 모으고 있다. 또한 2022년 말 완공한 중국의 우주정거장에서도 중국이 주도하는 국제협력을 확대하고 있다. 중국과 러시아는 우주 외교를 주도할 수 있는 협력체계도 2008년 출범시켰다. '우주에 무기 배치, 우주 물체에 대한 위협 또는 무력 사용 방지(Prevention of the Placement of Weapons in Outer Space Treaty, 이하 PPWT로 표기)'라는 이 조약은 우주공간의 무기화를 방지하기 위한 중국과 러시아의 생각을 기초로 만들어진 국제협력 프레임이다. 중국과 러시아가 활용하는 국제회의체는 우주 군축회의(CD)이다. 우주 군축회의에서는 우주공간의 군비경쟁 방지(Prevention of Arms Race in Outer Space, PAROS) 관련 유엔 총회 결의에 따라 포괄적인 국제우주법의 제정을 위한 협상을 진행하는데, 2008년 중국과 러시아는 여기에서 PPWT를 공동 제출했다(2014 Updated Draft). 우주협력의 양극화에 따라 미국과 서방 국가들이 조인하지 않아 PPWT의 영향력은 크지 않다. 하지만 앞으로 다양한 국제 프로젝트를 지렛대 삼아 PPWT의 가입국을 늘리려 할 가능성이 높다.

우주 외교의 쟁점

우주 잔해물과 우주교통관리 문제

우주활동이 확대되면서 우주 물체와 잔해물이 계속 증가하고 있다. 이로 인해 국가나 기업의 책임 문제가 우주 외교 쟁점으로 확대될 수 있다. 우주 잔해물의 확산은 우주 강대국과 신흥국을 구분하지 않고 인류 모두의 위험이다. 우주 잔해물 문제는 기후변화에 대한 국제사회의 대응과 유사한 성격을 갖는다. 인류 공통의 문제로서 우주 잔해물 감축은 모두의 이익이지만, 책임 소재와 비용 부담이 동일할 수는 없기 때문이다. 문제의 심각성이 인식되면서 우주 잔해물의 국제적 규제가 미흡하다는 비판이 지속되고 있다. 우주관련 국제기구인 유엔 COPUOS를 통해 우주 잔해물 감축 규범을 위반하는 국가와 기업을 제재하는 방안도 제시되었다. 국제규범을 위반할 경우 국제기구에서 관리하는 정지궤도위성 위치 할당과 주파수 할당에서 불이익을 주는 방안도 검토할 수 있다.

우주 잔해물에 대한 국제적 우려가 높아지고 있지만, 국가 간 입장 차이는 여전하다. 2023년 9월 'UN 우주위협감소를 위한 워킹그룹 회의(UN Open Ended Working Group (OEWG) on Reducing Space Threats)'가 열렸지만, 러시아, 중국, 이란 등 일부의 반대로 유엔 총회에 제출할 보고서를 채택하지 못했다. 1967년 우주조약에 명시된 "다른 국가의 우주 활동에 대한 정당한 고려"라는 개념을 어떻게 구체화할 것인지를 놓고 입장 차이가 지속되었기 때문이다. 미국 등 서방 국가들은 우주활동의 정당한 고려로서 우주에서 책임 있는 행동을 강조하고 있다.

그러나 러시아, 중국 등은 미국이 강조하는 책임 있는 행동을 자국의 ASAT 시험과 우주 잔해물 발생에 대한 비판으로 인식한다. 실제로 미국은 2022년 4월 우주 잔해물을 확산시키는 ASAT 시험을 금지하겠다고 선언하면서 러시아와 중국을 무책임하다고 비판했다. 이후 미국은 우주 외교에서 새로운 규범을 주도하고 있다. 2022년 12월에는 유엔 총회에서 ASAT 시험 중단에 관한 결의안이 155개국의 지지를 받았다. 2023년 기준으로 이 선언에 동참한 국가들은 우리나라, EU 회원국을 포함해 30여 개국에 이른다. 반면, 러시아, 중국 등은 미국이 주도하는 우주활동을 군비경쟁으로 보고 국제회의에서 우주의 군비경쟁 방지를 강조하고 있다. 러시아는 자신들이 주도하는 UN 우주 공간에서의 군비경쟁 방지에 관한 유엔 정부전문가 그룹 회의(UN Group of Governmental Experts on Prevention of an Arms Race in Outer Space)에서 이 문제를 다루고자 한다.

국제규범의 의무화와 별도로 우주활동 국가들도 잔해물 완화에 적극 나서야 한다. 우주활동이 활발할수록 잔해물 증가와 통제는 그들 국가에게 위험과 손실이 되기 때문이다. 우주활동 국가들은 우주 잔해물을 적극적으로 제거할 수 있는 기술 연구와 기업 활동을 지원해야 한다. 능동적 잔해물 제거(Active Debris Removal, 이하 ADR로 표기) 활동은 단기적으로는 우주활동의 안전을 확보하고 장기적으로는 우주 안보 환경의 안정성을 증진시킬 수 있다. ADR 활동은 우주 내 충돌사태를 방지하고 정부와 기업의 우주 활동에서 위험을 줄임으로써 위험 대비 설계와 장비에 들어가는 비용도 줄일 수 있다. 정부는 우주 잔해물 제거 기술을 기업에 공유하고 ADR 활동의 배치와 운용을 장려해야 한다.

또한 잔해물 제거와 감소에 참여하는 기업과 조직에 대한 인센티브도 제공할 수 있다. 정부는 특정 잔해물을 제거한 기업에 대해 보상금을 제공하고, 기업 활동이 보장되도록 국제적으로 지정된 위험 잔해물을 회수하는 계약을 체결할 수 있다. 이를 위해 국제기구나 국제협의체에서 회수해야 할 우주 잔해물을 지정하고 재정을 지원하는 메커니즘이 마련될 필요가 있다. 또한 잔해물 제거 기업의 이익을 보장하는 계약을 제공할 수 있다.

우주 잔해물 발생의 가능성이 높은 소형위성과 대규모 군집위성을 운영하는 기업에 대한 책임도 강화되어야 한다. 소형위성과 대규모 군집위성은 고장이나 사고의 가능성이 높기 때문에 이를 수리하고 폐기하는 일이 발생한다. 만약 고장률이 높은 기업이라면 기업활동 면허조건으로 예상 고장률을 낮추도록 규제할 수도 있다. 잔해물 규정을 위반하는 기업에 대해서는 다양한 제재(지구정지궤도 슬롯 및 주파수 철회, 발사금지 목록 운영, 벌금부과 등)를 강제로 부과할 수 있다. 이런 조치가 모든 기업에 일방적으로 부과될 수는 없겠지만, 우주 강대국의 엄격하고 자발적인 활동은 민간 기업과 국제기구가 표준적인 방법을 만드는데 모범적인 리더십이 될 수 있다. 또한 정부와 기업 사이에서 잔해물 축소를 위한 경험과 지식을 공유할 수

우주 안보의 이해와 분석

있는 출발점이 될 수 있다.

나아가 현재 우주 규범으로 존재하는 책임협약(Liability Convention)을 양자, 다자 간 협의를 통해 개선할 수도 있다. 앞으로 우주 활동에 대한 모든 상황을 알 수는 없지만 우주활동 국가들이 수많은 문제에 책임을 질 수 있는 지침을 마련할 수 있다. 우리는 이미 이런 경험을 갖고 있다. 국제민간항공기구와 해사기구는 당시 미지의 공간이었던 공중과 해양에서 발생하는 책임을 마련해 왔다. 시간이 지날수록 성숙해지는 기술과 시장에서 발생하는 기술표준, 안전문제에 초점을 둔 다자 협정이 성공적으로 운용되어 왔다. 수많은 양자 협정도 국제항공과 해양 분야에서 발생하는 정치적, 경제적 문제를 해결해 왔다.

이처럼 우주 외교는 우주 안보에서 중요한 협력과 기준을 마련하는 데 기여해 왔다. 우주활동에서 요구되는 행동규범을 공식화하고 집행하는 영역이 우주 외교이다. 과거에도 국제규범을 개발하는 과정에서 발생한 장애물들은 절차적 문제들이 적지 않았다. 우주 안보에서도 미국, 중국 등 우주 강대국의 리더십에 기초한 외교적 노력이 중요한 이유이다. 우주 강대국뿐 아니라 우주기관, 기업, 조직들도 유엔을 중심으로 우주교통관리를 발전시키기 위한 선도적 규범 개발에 참여해야 한다. 처음에는 정부가 주도하는 국제규범 수립이 상업우주 행위자들을 이끌어야 한다. 실제로 미국은 부상하는 개별 우주활동을 조율하기 위한 입법을 추진하고 있으며 2023년 11월 발표한 초안에서 교통부와 상무부의 권한을 규정하고 있다.＊하지만 우주 경제 분야에서 정부보다 기업, 조직, 개인들이 더욱 생산적이고 투명하며, 협력적인 방식을 선호할 가능성이 높기 때문에 상업우주 행위자들이 국제규범을 주도할 필요가 있다.

한편 우주 잔해물 문제는 이를 관리하기 위한 우주상황인식(Space Situational Awareness, 이하 SSA로 표기)[59]과 우주교통관리(Space Traffic Management, 이하 STM로 표기)로 확장되고 있다. 그동안 국제협력의 원칙론 수준을 넘어 구체적 쟁점을

＊ 미국 국가우주위원회는 우주조약 제6조(승인 및 지속적인 감독)를 준수하고자 개별 우주 활동에 대한 권한을 구분하였다. 교통부(Department of Transportation)는 산하에 연방항공청이 현재 보유하고 있는 지상 로켓 발사장에 대한 규제와 함께 우주에서 이루어지는 다양한 유무인 활동을 규제할 권한을 갖는다. 여기에는 민간 우주인과 상업용 우주정거장에 대한 면허 발급, 달 여행에 대한 허가도 포함된다. 상무부(Department of Commercial)는 현재 보유하고 있는 지상관측 및 원격 감지 위성에 대한 규제에 더해 기타 무인 우주선에 대한 규제 권한을 갖는다. 여기에는 궤도 내에서 서비스를 제공하는 위성이나 무인 우주비행체 등이 포함된다. 대표적인 예가 주유소 위성이다.

논의하는 것이다. 예를 들어 우주 물체식별, 대규모 우주 물체의 안전한 운용 보장, 적극적 우주 잔해물 제거, 잠재적 위협에 대한 경고 등 이슈가 중요하게 다뤄지고 있다. 특히 우주교통관리(STM)가 효과적으로 이행되기 위해서는 국가 간 우주상황인식 정보가 공유되어야 한다. 그러나 국가별로 국제협력의 방향에 대해 인식의 차이도 보인다.

먼저 SSA에 대한 국제협력 문제는 민관 협력과 군사적 접근에 대해 미국·서유럽, 중국·러시아 진영 대립이 명확하다. SSA에 대한 국제적 논의를 촉발시킨 결정적인 사건은 2007년 중국의 ASAT 실험이었다. 이에 대해 각국은 자국의 SSA 능력에 따라 미국과의 협력에 차이를 보인다. 중국의 ASAT 시험 이후 미국과 서유럽은 공통적으로 군사 우주 문제에서 협력의 필요성을 강화하고 있다. 다만 독일과 프랑스는 지구정지궤도에 대한 SSA를 강조하고 자체적인 SSA능력을 어느 정도 보유하고 있어서 독립적 능력을 확대하면서 미국과 파트너십을 추구하는 반면, 상대적으로 SSA 능력이 부족한 영국은 미국과 파트너십을 적극적으로 강화하고 있다.

SSA 협력에서 주목할 부분은 민간과의 연계를 강화하는 추세이다. SSA 능력은 정부와 군이 대응하기에 광범위할 뿐 아니라 민간기업의 위성도 급격히 증가하고 있기 때문이다. 미국과 서유럽은 이러한 공백을 만회하고자 민간과의 협력을 강화하고 있다. 예를 들어 미국은 우주정책지침-3(Space Policy Directive-3)에서 민간과의 연계를 강조하는 입장을 밝혔다. 트럼프 행정부 당시 미국 상무부가 주도하여 SSA 정보를 공유할 수 있는 플랫폼을 구축하도록 했다. 미 우주군의 안보관련 SSA 정보도 민간과 공유할 수 있는 수준을 점진적으로 넓히는 데 노력하고 있다.

반면 중국은 미국이나 서유럽과 달리 우주 정보, 감시정찰을 비롯한 전략적 조기경보 능력을 개발하는 데 우선순위를 두고 있다. 중국은 SSA 분야에서 다른 국가와 국제적 협력을 추구하기보다 독자적인 SSA 체계를 구축하는 데 노력하고 있다. 러시아도 중국과 마찬가지로 항공우주군의 우주감시 및 추적시스템을 강화함으로써 군사적 측면에서 독자적인 능력을 우선하고 있다.

다음으로 STM 문제는 우주 물체와 우주 잔해물의 증가로 우주에서 충돌 가능성이 높아짐에 따라 중요성도 커지고 있다. 우주교통관리는 독일의 제안으로 유엔 COPUOS에서 2016년부터 논의되고 있으나, 현재는 우주교통관리의 필요성을 언급하는 수준이다. 미국의 경우 앞서 살펴본 SSA 방향이 STM에서도 반영된다. 미

우주 안보의 이해와 분석

국은 우주활동의 안전을 국제적 문제로 인식하고 국제사회에서 미국의 리더십과 활동의 자유를 강조한다. 다만, 우주교통관리 문제가 민간과 빠른 속도로 연계되면서 관련 기관 사이의 갈등도 높아지는 상황이다. 예를 들어 항공교통통제의 경우와 마찬가지로 우주교통관리에서도 민간기업과 상무부, 국방부, 연방항공국 등이 통제의 범위와 속도, 수준을 놓고 이견을 조율해야 하는 상황이다.

또한 SSA 및 STM 능력은 탄도미사일 조기경보와도 관련이 깊다. 이 문제는 과거 군사적 문제에 한정되었으나 우주 자산의 증가와 이를 파악하고 통제하는 능력의 어려움으로 인해 민간기업과 협력하고 있기 때문이다. 실제로 유럽연합(EU)은 민간 기업들이 STM 발전을 위해 민간기업과 네트워킹을 강화하고 있으며, 적절한 STM 가이드라인을 수립하고 이행하는 데 역량을 집중하고 있다.

미래 STM 분야는 급속도로 증가하는 우주 자산과 지상에서 발사하여 공중 영역을 통과하는 우주비행체를 관리하기 위해서 인공지능 기술의 적용이 필요하다. 항공교통과 우주교통이 중첩되는 영역의 조율도 중요하다. 이런 기술을 바탕으로 미래 STM 분야는 SSA 분야를 포괄하는 중요한 분야로 발전할 것이다. 궁극적으로 우주 물체와 우주 잔해물 관리도 모두 STM 분야에서 다뤄져야 한다. 우주 잔해물 제거도 시급하지만 우발적 충돌로 인한 우주 잔해물 발생을 예방하기 위해서는 STM에 대한 국제규정의 마련이 시급하다. 현재 유엔은 우주의 안전하고 지속가능한 사용을 위한 국제규범을 위해 노력하고 있다.

장기지속가능성(Long-Term Sustainability) 가이드 라인

많은 국가들이 자국의 우주정책에 대해 지지를 확보하기 위해 LTS 가이드라인을 연계하고자 한다. 현재 LTS 가이드라인은 국제우주협력에서 기본적이고 법적인 프레임워크로서 인정되기 때문이다. 따라서 국가이익을 반영하려는 각국의 동기는 LTS 가이드라인 쟁점에서 이견을 낳는다. 일단 미국의 주도권 속에서 LTS 가이드라인이 진행되고 있기 때문에 미국 및 서유럽을 한편으로 하고, 중국과 러시아를 다른 한편으로 한 대립 구도가 형성되고 있다. 우주 안보 관점에서 볼 때, 이러한 구도는 지구상 경쟁의 연장성이자 미중 전략경쟁의 반영이다. 양 진영은 의사결정 방식, 국제규범의 형성 방식, 주요 행위자, 실행 시기, 안보 이슈의 포함 여부 등에서 다른 입장을 취하고 있다.

먼저 의사결정 방식에서 미국과 서유럽은 기본적으로 다중이해 당사자주의를 선호하는 데 반해, 중국과 러시아는 국가 간 협의의 방식을 선호하고 있다. 국제규범의 형성 방식에서는 미국, 캐나다, 프랑스, 일본 등이 구속성이 약한 가이드라인을 먼저 수립하고 실행하는 데 초점을 두고 있으나, 중국과 러시아는 국제법의 통일 등 법적 구속력과 그에 따른 실행에 우선순위를 둔다. 양 진영은 안보 이슈를 놓고도 대립했는데 미국과 서유럽이 안보 이슈를 포함하는 데 유보적인 입장이라면, 중국과 러시아는 안보 이슈를 국제규범에 포함하자고 주장한다.

물론 미국과 서유럽, 중국과 러시아가 모두 진영 논리에 따라 동일한 입장을 지속하는 건 아니다. 예를 들어 LTS 가이드라인의 구속력에 대해 미국은 구속력이 없는 LTS 수립을 선호하지만, 서유럽은 자발적 가이드라인의 한계를 보완할 법적 레짐이 필요하다는 입장이다. 이와 관련해서 유엔 COPUOS는 우주활동에서 국가 간 다른 관행과 규정을 국제적으로 통일하고자 논의해왔다. 실제로 COPUOS 내에서 '우주활동 장기지속성 가이드라인 워킹그룹'을 구성했는데 여기서는 국가별로 강제력은 없으나, 국가별 경험과 우수 사례를 공유하고 이행 현황을 제출함으로써 LTS 가이드라인이 국제사회로 확산되도록 유도하고자 했다.

2019년 7월 유엔 COPUOS에서 LTS 가이드라인을 놓고 양 진영의 논의가 지속되었다. 캐나다, 스위스, 프랑스, 일본, 영국, 이탈리아, 브라질 등은 합의된 지침만을 유엔 총회의 결의 형태로 채택되어야 한다고 주장하는 반면, 중국, 러시아 등은 합의되지 않았던 지침도 포함되어야 한다는 입장이었다. 예를 들어, 우주 물체의 능동적 제거와 의도적 파괴에 관한 절차를 준수하는 조항, 근접 우주비행의 안전에 대한 운영적, 기술적 조치를 실행하는 조항, 우주 물체와 관련 장비의 안전과 보안을 손상시키는 정보통신기술의 악의적 사용을 방지하는 조항, 궤도 시스템의 운영을 지원하는 지상 시설의 안전과 안보 조항 등이다. 양 진영의 쟁점은 우주 안보를 포함하느냐의 여부와 가이드라인의 자발성이라는 기본 취지를 강조하는가였다. 다음 표는 유엔 COPUOS에서 합의된 LTS 21개 지침을 우주활동을 위한 정책과 규범 체계, 우주운용의 안전, 국제협력/역량구축/우주활동인식, 과학기술과 연구개발이라는 네 가지로 구분한 것이다.

우주 안보의 이해와 분석

2019년 LTS 가이드라인 주요 내용

유형	세부 지침
우주활동을 위한 정책과 규범 체계	1. 우주활동을 위한 국내 규제를 채택, 개정 및 수정해야 한다.
	2. 우주활동을 위한 국내 규제 체계를 개발, 개정 또는 수정할 때 여러 요소를 고려해야 한다.
	3. 국가는 국내 우주활동을 감독해야 한다.
	4. 인공위성에 사용되는 무선주파수 스펙트럼과 다양한 궤도의 공평하고 합리적이며 효율적인 사용을 보장해야 한다.
	5. 우주 물체를 등록하는 관행을 향상시켜야 한다.
우주운용 안전성	1. 갱신된 연락처 정보를 제공하고 우주 물체 및 궤도에 관련된 정보를 공유해야 한다.
	2. 우주 물체에 대한 궤도 정보의 정확도를 높이고 우주 물체에 대한 궤도 정보를 공유하는 관행과 활용을 증진해야 한다.
	3. 우주 잔해물 모니터링 정보의 수집, 공유 및 보급을 촉진해야 한다.
	4. 비행 중 모든 궤도 단계에서 충돌평가를 수행해야 한다.
	5. 발사 전 충돌평가를 위한 실질적 접근방식을 개발해야 한다.
	6. 우주 기상 데이터 및 예측을 공유해야 한다.
	7. 우주기상 모델 및 도구를 개발하고, 우주기상 효과를 완화하기 위한 기존 관행을 수집해야 한다.
	8. 물리적 특성과 운용적 특성에 관계없이 지속가능하도록 우주 물체를 설계하고 운영해야 한다.
	9. 우주 물체가 통제되지 않은 채 재진입하는 경우, 관련 위험에 대처하기 위한 조치를 취해야 한다.
	10. 우주를 통과하는 레이저빔을 사용할 때 주의사항을 준수해야 한다.
국제협력, 역량강화 및 인식	1. 우주활동의 장기지속가능성을 지원하기 위한 국제협력을 장려 및 촉진해야 한다.
	2. 우주활동의 장기지속가능성과 관련된 경험을 공유하고 정보교환을 위한 새로운 절차를 개발해야 한다.
	3. 우주신흥국이 역량을 강화하도록 촉진하고 지원해야 한다.
	4. 우주활동에 대한 인식을 높여야 한다.
과학 및 기술 연구개발	1. 우주의 지속가능한 탐사와 이용을 촉진하는 연구개발을 장려하고 지원해야 한다.
	2. 장기적으로 우주 잔해물을 관리하기 위한 새로운 조치를 조사하고 연구해야 한다.

우주의 무기화 문제

우주 외교에서 우주의 무기화 문제는 냉전 시기 핵무기에 대한 군비통제 개념으로 접근하고 있다.[60] 투명성신뢰구축조치(Transparency and Confidence－Building Measures, 이하 TCBMs로 표기)가 대표적이다. 투명성신뢰구축조치(TCBMs)는 적절한 정보 공유를 통해 국가 간에 상호 이해와 신뢰를 형성함으로써 국가 간에 발생할 수 있는 갈등을 예방하려는 조치이다. 이러한 관점은 인공위성 등 우주 물체의 운용에서 다양한 국가 간 분쟁이 일어날 수 있다는 가능성을 담고 있다.

우주 분야의 TCBMs은 우주 군비경쟁을 방지하기 위한 목적으로 유엔에서 1990년대 초 논의가 시작되어 1993년 '우주에서 신뢰구축조치 적용에 대한 정부전문가 연구보고서'가 채택되었다. 이후 2011년 설립된 '우주에서 투명성 신뢰구축조치 정부전문가그룹(UN Group of Governmental Experts on Transparency and Confidence－Building Measures in Outer Space Activities, 이하 UN GGE로 표기)에서 세 차례 회의를 통해 보고서를 작성하고 이를 2013년 유엔 총회에서 채택하였다. UN GGE 보고서는 우주활동의 TCBMs이 갖추어야 할 요건으로 명확성, 실현가능성, 입증가능성을 제시했다.

이처럼 유엔에서 우주활동과 TCBMs을 연계한 것은 우주의 군사적 이용을 사실상 허용한다는 의미로 해석된다. 유엔은 우주활동의 군사적 또는 비군사적 구분보다 우주활동 자체를 규제하려는 의도이다. 따라서 우주의 무기화와 관련해서 논의되는 TCBMs는 과학기술적으로 접근하기보다는 군사 우주를 포함한 우주 외교의 문제이다.

이와 관련해서 UN GGE의 보고서는 권고사항이지만 행동규범이나 결의에 언급되거나 조약에 포함될 경우에 국제법상 구속력을 가질 가능성도 있다. 예를 들어 국가우주정책의 원칙과 목적에 관한 정보를 교환하는 것으로서 특히 군사적 목적의 우주활동에 소요되는 경비와 국가안보에 관한 정보의 교류를 포함할 것, 우주활동에 대한 사전통지로서 대상으로 우주발사체의 발사 계획, 통제되지 않은 우주 물체의 재진입, 우주에서 우주인과 우주 물체의 안전에 위협하는 위급상황, 우주에서 우주 물체의 의도적인 파괴 등을 지정한 것, 각 국가는 자발적으로 수출통제규제와 발사체 및 우주기술을 국제사회에 공개할 것, 개발도상국의 우주역량을 강화하기 위해 개발도상국과 선진국 간 우주과학기술에 대해 지역적 차원의 양자, 다자 형식의 역량구축 프로그램을 추진하도록 권고한 것 등이다.

우주의 무기화와 관련해서 일찍부터 논쟁이 되었던 것은 ASAT 무기를 비롯한 우주무기의 배치를 금지하는 이슈였다. 1980년대 초, 유엔군축회의(CD)에서 제기된 이 문제는 중국과 러시아 그룹, 미국과 서유럽 그룹 사이의 갈등으로 인해 공식 의제로 채택되지 못하고 교착상태가 지속되고 있다. 2008년 우주에서 군비경쟁 방지(Prevention of an Arms Race in Outer Space, 이하 PAROS로 표기)라는 결의안에서 중국과 러시아는 국제조약의 성격을 가진 우주무기배치금지조약(Prevention of the Placement of Weapons in Outer Space Treaty, 이하 PPWT로 표기)을 제출했다.

PPWT의 주요 내용은 회원국이 우주에 어떠한 무기도 배치해서는 안 되며, 우주에서 우주 물체에 대해 무력의 사용이나 위협을 가해서는 안 되도록 했다. 2017년 유엔 총회에서는 우주 군비경쟁의 방지에 관해 규범 수립을 위해 관련 요소를 식별하고 건의하도록 PAROS GGE가 창설되었다. PAROS GGE는 일반원칙, 범주 및 목표, 정의, 모니터링·검증·투명성 및 신뢰구축 조치, 국제협력, 제도적 장치 등의 의제를 논의했다.[61] 다만 PAROS GGE의 결과 보고서는 국가 간 제도적 협의와 강제성, 논의 주제에 대한 인식의 차이로 인해 최종적으로 채택되진 못했다. 하지만, 가장 최근인 2023년 12월 5일 유엔 총회에서는 러시아가 주도한 우주 내 무기배치 금지 관련 결의안이 통과되었다. 이 결의안은 PPWT를 기반으로 작성되었다. 여기에는 모든 국가를 대상으로 하되 우주 강대국이 우주에 무기를 먼저 배치하지 않겠다는 정치적 선언을 촉구하고 있다.

현재 우주가 군사적으로 활용되는 상황에서 협력을 통해 투명성신뢰구축조치가 가능하다는 입장과 우주를 군사적으로 이용할 수 있게 허용하는 것은 향후 분쟁을 심화시킬 수 있다는 입장이 대립하고 있다. 우주에서 자위권을 적용하는 문제도 국가 사이의 입장이 다르다. 우주에서 비무기화를 주장하는 중국과 러시아는 우주가 자위권의 대상이 된다는 것을 받아들일 수 없다는 입장이지만, 미국과 서유럽은 기본적으로 비침략적 형태의 우주의 군사화는 가능하다는 의견이며, 특정한 상황에서는 자위권을 적용하는 것이 유엔 헌장상 보장된 기본적 권리라는 입장이다. 하지만 중국과 러시아도 우주의 무기화를 추진하고 있어 비무기화 주장은 외교적 수사에 가깝다.

이처럼 우주 외교 영역에서도 군사 우주 문제는 치열하게 다뤄지고 있으며 동시에 우주의 무기화도 심화되고 있다. 우주규범의 수립이 쉽진 않지만 우주 안보의 넓은 범위를 고려할 때, 장기적인 우주 안보를 위해서는 우주국제법 논의가 활성화될 것으로 전망된다. 물론 우주 군비통제에 대한 기대는 밝지만은 않다. 우주에서는 전쟁사나 핵무기 사용과 같은 현실적 경험이 부족하기 때문이다. 반면 긍정적인 측면도 있다. 우주의 군비경쟁은 비밀리에 일어나기 어렵다. 국제적 우주상황인식 확대와 각국의 우주력 증강에 따라 우주 물체 배치나 활동은 은폐하기 어렵다. 실제로 우주 잔해물에 대한 과학적 증거도 이 문제에 대한 우주 외교의 긴급성을 계속 촉구하는 상황이다.

우주 안보의 이해와 분석

우주 안보를 이해하는 관점

국제정치와 우주 안보
현대전략과 우주 안보

국제정치와 우주 안보

우주 안보는 지구상 국제정치의 연장이다. 근대국제체제가 성립된 17세기 이후 인류는 더 안전하기 위해, 빨리 위협을 감지하기 위해, 전쟁에서 압도적으로 승리하기 위해, 때론 다른 국가에 영향력을 행사하기 위해 군사력을 발전시켜 왔다. 이제 인류는 그동안 지구에서 해왔던 생각과 행동에 우주까지 확장할 수 있게 되었다. 미국과 중국 등 강대국들은 우주에서도 자국과 상대국의 군사력을 비교하고, 충돌이 일어나면 어느 쪽이 승리할 확률이 높으며, 승리를 위해서 어떤 위험과 손실을 감수해야 하는지 대비하고 있다. 그래서 오늘날 그리고 미래 국제정치는 우주 안보를 이해하는 관점 중 하나이다.

강대국의 달 탐사 경쟁도 국제정치로 우주 안보를 분석할 수 있는 대표적인 사례이다. 지금까지 유인 달 탐사는 1969년 아폴로-11을 성공시킨 미국이 유일하다. 미국이 유인 달 탐사를 추진한 가장 중요한 이유는 소련과의 경쟁이라는 냉전기 국제정치 상황이었다. 1962년 9월 12일 케네디 대통령은 텍사스 휴스턴에 있는 라이스 대학(Rice University)에서 했던 연설(Moon Speech)에서[1] 1960년대 안에 유인 달 착륙에 도전하겠다는 대담한 선언으로 대중을 놀라게 했다. 더욱 놀라운 일은 실제로 미국은 1969년 7월 20일 유인 탐사선 아폴로-11을 달에 착륙시켰다는 사실이다. 흥미롭게도 미국은 50년이 지나서 또다시 우주에 대한 국제적 경쟁에 불을 지폈다. 2018년 6월 18일 국가우주위원회 회의에서 트럼프 대통령은 독립된 우주군(Space Force)을 창설하겠다고 선언하였다. 그는 우주에 미국이 존재하는 것만으로는 충분하지 않다며 미국이 우주에서 우위에 서야 한다고 강조했다. 특히 중국과 러시아 등이 우주 분야에서 미국을 앞서 가는 것을 원치 않는다고 경쟁 상대를 분명히 했다.

우주 영역과 천체로 인간의 활동 범위가 확대되더라도 우리는 지구상 국제관계로부터 벗어날 수 없다. 우주 영역에서도 지구상과 마찬가지로 국제정치 행위자들의 행동과 상호작용이 같다고 가정한다. 우주에서 인간의 행동은 국가 간 협력과 경쟁으로 나타나기 때문이다. 따라서 국제관계를 설명하는 국제정치이론은 우주 안보의 다양한 현상을 설명할 수 있다. 국제정치이론은 현상의 원인과 결과, 국가 간의 상호작용 패턴 그리고 다양한 행위자들의 행동을 분석하는 틀을 제공한

<그림 1> 케네디 대통령의 연설(1962년) / 트럼프 대통령의 연설(2018년)

© Space Center Houston / 서울신문

다. 예를 들어, 국가들이 우주 영역에서 군사적 자산을 어떻게 활용하는지, 국제사회는 공통의 이익을 위해 어떤 규범과 제도를 마련하는지, 국가 간 전략경쟁은 우주 안보에 어떤 영향을 끼치는지 등을 분석할 수 있다. 여기서는 현실주의 이론과 자유주의 이론이 우주 안보의 쟁점을 어떻게 분석하는지 살펴본다.

현실주의 이론과 우주 안보

지구상 국제관계가 이루어지는 근본적인 구조는 국제체제의 무정부성이다. 무정부성은 무질서나 혼돈이 아니라 모든 국가를 통제할 수 있는 최상위 권위체가 없기 때문에 나타나는 국제체제의 구조적 특성이다. 따라서 모든 국가는 생존을 위해 방법을 찾을 수밖에 없다. 대표적인 방법이 스스로 힘을 갖추는 자력 방위와 다른 국가와 힘을 합치는 동맹이다. 무정부성에서 이러한 국가의 행동을 뒷받침하는 논리는 현실주의 이론으로 발전해왔다. 현실주의 이론은 우주 안보에서 위협과 대응을 설명하는데 적합하다. 미국과 소련이 시작한 우주개발은 처음부터 군사적 위협으로 간주되었고 이후에도 냉전과 함께 지속되었기 때문이다. 우주역사학자 월터 맥두걸(Walter A. McDougall)은 냉전 시기 불안과 호전성이 아니었다면 그처럼 강력한 우주 경쟁을 뒷받침한 기술 발전은 쉽지 않았을 것이라고 말한다.[2] 분명히 미국과 소련이 중심이었던 제1차 우주시대(1957~1990)는 국가안보, 양국의 적대감, 국제적 영향력이 혼합된 국제정치의 산물이었다.[3]

현실주의 이론에서 핵심적인 요소는 국가(state), 생존(survival), 자조(self−help)

다. 국가는 안보를 위한 주요 행위자이며 생존을 위해 존재한다. 국제체제는 무정부이므로 개별 국가는 생존을 위해 자력 방위에 의존한다. 논리는 같지만 모든 현실주의자가 같은 목소리를 낸 것은 아니다. 고전 현실주의자들은 생존과 더불어 이익을 가장 중요하게 여기는 권력 의지가 인간과 국가에게 필수적이라고 봤다. 신현실주의자들은 국제정치가 권력 투쟁이라는 점에서 고전 현실주의자들과 입장을 같이 했지만, 국가의 행동은 인간과 국가의 본질적 특성이 아니라 국제체제의 무정부성에 의한 결과라고 주장한다. 신현실주의 내에서도 케네스 월츠(Kenneth Waltz)와 같이 국가의 행동이 안보를 극대화한다는 주장이 있는가 하면, 존 미어샤이머(John Mearsheimer)처럼 국가의 장기적 생존은 권력을 극대화함으로써 달성된다는 주장도 있다. 전자는 방어적 현실주의, 후자는 공격적 현실주의로 구분된다. 방어적 현실주의자와 공격적 현실주의자는 국가의 생존 방법을 다르게 보지만, 무정부성에 따른 불확실로 인해 국가의 행동을 설명한다는 점에서 같은 입장이다.

　　제1차 우주시대 대부분의 활동은 현실주의 이론으로 설명할 수 있다.[4] 우주 영역은 지구상 국가전략에서 일부로서 국가이익을 달성하는 데 유용한 일부였다. 우주력(space power)은 해양력이나 항공력처럼 지상의 권력이 확장된 새로운 영역이었다.[5] 역사적으로 국가는 대륙에 인접한 해양과 공중을 통제함으로써 권력을 확대해 왔다. 현실주의 이론에서는 우주 영역을 이러한 관점에서 이해한다. 우주에서도 국가는 생존과 이익을 위해 우주에 접근하고 통제할 수 있는 능력을 갖추어야 한다. 오늘날 우주 영역에 대한 경쟁은 마치 상업적 제국주의 시대를 연상하게 해준다.[6] 15~16세기 세계 제국들은 앞선 기술력을 바탕으로 무역로를 확장하는 치열한 경쟁을 벌였다. 이익이 많은 무역로를 개척하거나 다른 지역을 정복하면 제국의 중상주의 경제가 번영하였듯이, 오늘날 우주에 접근하는 경로와 궤도를 통제하는 국가는 안보와 경제를 모두 발전시킬 수 있다. 이처럼 우주력은 국가안보와 경제에 핵심 요소였다.

　　현실주의는 우주 영역에서 생존과 국가이익을 우선하지만, 협력의 정당성에는 회의적이다. 우주 영역도 지구상과 같이 무정부 상태이며, 만인의 만인에 대한 전쟁 상태라는 전제가 적용된다. 전쟁 상태에서 힘과 무기를 줄이고 협력을 우선하는 것은 불안한 선택이며, 상대방은 언제든지 배신할 수 있다. 따라서 현실주의는

　　　　　　　　　　　　　　　우주 안보의 이해와 분석

우주 영역에서 협력이나 군비통제의 가능성을 낮게 본다.[7] 예를 들어, 영국의 전략학자 콜린 그레이(Colin Gray)는 우주 영역에서 군비통제를 논의하는 것은 경건한 헛소리라고 평했다.[8] 현실주의는 상대방의 의도에서 두려움을 강조함으로써 불확실성을 증폭시킨다. 이들은 우주를 전장(battlefield)으로 간주하고 상대방보다 힘의 우위를 추구한다. 현실주의는 국가가 상대방과 힘의 균형을 이루든 상대방의 힘을 능가함으로써 안보를 달성하도록 권한다. 현실주의는 우주 진주만 사태와 같은 기습 공격을 두려워한다. 우주 자산은 군사 분야뿐 아니라 경제를 뒷받침하기 때문에 국가안보의 필수 요소이다. 우주 자산이 파괴될 수 있다는 두려움으로 인해 국가는 우주의 무기화를 포기할 수 없다. 생존에 가장 도움이 되는 행동은 상대방이 눈앞의 이익에 부합하는 즉시 속임수를 쓰거나 협조적인 합의를 어길 것이라는 비관적 가정이다. 비협조적 합의와 관련하여 가장 안전한 행동은 상대방이 허풍을 떨고 있다는 가정이다.

현실주의와 자유주의의 차이는 학습에 기인한 측면도 있다. 자유주의는 합리적 결정을 내리기 위해 학습의 역할을 강조한다. 비록 정보가 불완전하더라도 학습을 통해 불확실함을 완화하고 협력적인 의사결정을 수행할 수 있다. 상호 작용에서는 의도와 행동이 장기간 연속되며 지식과 학습이 중요한 역할을 할 수 있다. 반면 현실주의는 상호 작용에서 지식을 중시하진 않으며 학습을 제한적이라고 인식한다. 물론 현실주의가 정보의 불완전함을 줄이는 데 관심이 없는 것은 아니다. 다만 현실주의에는 존재론적으로 내재된 불신의 역할과 행동이 학습으로 변화하지 않는다는 믿음이 있다. 따라서 현실주의는 불확실성을 합리적 평가나 확률적 추론이 아니라 힘과 능력으로 완화시키고자 한다.[9]

우주의 무기화에 대해서도 방어적 현실주의와 공격적 현실주의는 다소 입장이 다르다. 방어적 현실주의 입장에서 존 클라인(John Klein)은 우주의 무기화를 우주 영역에서 안보 극대화를 위한 행동으로 보고 상대방을 억제할 수 있는 우주력의 강화를 주장한다.[10] 반면, 공격적 현실주의 입장에서 에버트 돌먼(Everett C. Dolman)은 우주의 무기화를 권력 극대화 관점으로 보고 상대방을 압도할 수 있는 우주력의 강화를 주장한다. 즉, 권력의 극대화가 국가안보와 국제안정에도 도움이 된다는 입장이다.[11] 따라서 현실주의는 우주 기반의 무기 배치를 제한하는 우주무기배치금지조약(PPWT)과 같은 국제조약에 회의적이다.[12] 우주력의 약화는 방어적 현실주의나 공격적 현실주의 모두 우주 안보를 위한 선택이 될 수 없다. 더욱이 우주 안보를 위한 국제협력은 경험적 근거가 거의 없기 때문에 규범과 제도에 대한 신뢰가 약하다. 우주무기에 활용되는 기술도 민군 이중용도이므로 군비통제 레짐의 검증과 위반을 평가하는데 장애가 될 수 있다.[13]

미국과 소련 사이에 우주 경쟁이 시작된 때부터 우주 영역은 지구상 전쟁과 전략에서 우위를 제공할 수 있는 잠재적 전장으로 간주되어 왔다. 고대 시대로부터 고지대는 적을 감시하고 아군을 통솔하기 쉬웠기 때문에 이를 점령한 측에게 전술적 우위를 가져다주었다. 항공력의 발전이 고지대의 이점을 공중으로 확장시켰다. 현대전에서 국가들은 지상과 해양을 지원하기 위해 공중 우세를 중요하게 여겼으며 공군을 강화해 왔다. 항공력이 우세한 국가는 감시정찰과 공격에서 전략적 이점을 가졌다. 앞으로는 우주 영역을 통제할 수 있는 국가가 지구상 전쟁에서 전략적 우위를 갖게 된다. 이미 우주는 궁극의 고지대(ultimate high ground)로 인식되어 군사적 경쟁이 치열하다. 많은 국가들이 지구 궤도에 감시정찰위성을 올려서 상대방을 감시하고 있으며 우주에서 군사력을 발전시킴으로써 상대방을 억제하고자 한다. 이제 우주 우위를 차지하는 국가가 지구상 전쟁과 전략에서 유리하다는 점은 분명하다.

현실주의는 고지대로서 우주의 중요성뿐 아니라 우주 영역을 통제하는 능력도 강조한다. 현실주의는 역사적으로 해양력과 항공력이 발휘해 온 효과에 주목한다. 국가는 힘의 우위를 달성하기 위해 끊임없이 군사력을 발전시켜 왔으며 국가이익을 추구했다. 해양전략학자 알프레드 마한(Alfred Mahan)은 영토가 아무리 넓더라도 공략하기 좋은 전략적 요충지가 있다고 주장한다. 마한은 영토를 둘러싼 해양 요충지는 군사적, 경제적(무역)으로 중요한 영향을 끼치며 영토를 통제하는 데 도움이 된다고 봤다. 하포드 맥킨더(Halford Mackinder)도 해양과 대륙을 통합하여 통제할 수 있다면 분명한 지배력을 갖게 된다고 주장했다. 매킨더는 국가가 전략적 위치를 통제할 수 없다면 상대방이 그렇게 하지 못하도록 거부해야 한다고 주장한다.

이처럼 현실주의는 지구상 전략과 마찬가지로 지리적 요충지 개념을 우주 영역에도 적용한다. 우주 안보에서 지구 궤도는 전략적 요충지이며 궤도를 통제할 수 있으면 우주 영역에서 우위를 달성하기 쉽다. 우주 통제에 있어서 방어적 현실주의자들은 방어적 우주력을 강화하여 궤도 내 공격을 억제하거나 방어하는 전략을 지지한다. 반면 공격적 현실주의자들은 궤도의 접근과 자유로운 활동이 가능하도록 우주의 무기화를 강화하는 전략을 지지한다.

자유주의 이론과 우주 안보

자유주의 이론과 현실주의 이론의 공통점에도 불구하고, 자유주의 이론은 현실주의 이론보다 우주 안보 환경을 낙관적으로 평가한다. 두 이론은 국제체제가 무정부 상태라는 점에 동의하지만, 자유주의 이론은 무정부 상태에서도 이익과 협력의 가능성을 높게 본다. 또한 두 이론은 국가가 국제정치의 주요 행위자라는 점에 동의하지만, 자유주의 이론은 비국가 행위자의 역할이나 영향력도 크다는 가능성을 열어둔다. 자유주의 이론은 우주 안보에 대해 다자적 협력이나 이상적 비전을 옹호하는 반면 현실주의 이론은 권력 추구와 경쟁의 완화를 추구한다.

자유주의 이론은 무정부 상태에 대한 현실주의 해석을 비판한 존 로크(John Locke, 1963~1704)의 사상에 기반한다. 로크는 자연 상태가 전쟁 상태는 될 수 있지만 홉스가 가정한 것보다 본질적으로 평화롭고 안정적이라고 본다. 무정부 상태는 이성의 자연법이 지배하므로 모든 사람을 이성적 행동으로 유도한다. 이성은 개인의 생명, 건강, 자유, 소유에 대한 권리와 이해가 상호적이라는 인식을 바탕으로 한다. 즉, 다른 사람이 자신의 권리를 인정하면 나도 다른 사람의 권리를 인정하는 것이 이성의 역할이다. 이러한 자연법이 위반될 때만 홉스가 말한 전쟁 상태가 되며 폭력이 허용된다. 홉스는 자연 상태에는 법이 없으며 무정부 상태가 순수한 자유 상태라는 인식에서 비롯된 끊임없는 권력 의지만 존재한다고 주장한다. 반면 로크는 인간은 자연 상태에서도 자연법을 따르며 이를 위반할 때만 전쟁 상태가 될 수 있다고 본다. 자연 상태에서 인간은 자유롭게 자신의 소유물을 처분할 수 있지만, 자신과 남을 파괴할 자유는 없다고 주장한다.

로크의 사회계약론은 임마누엘 칸트(Immanuel Kant, 1724~1804)가 주장한 영구평화로 연결된다. 칸트는 국가가 정치 행위자들이 폭력을 피하도록 설득하고, 정치 행위자들이 협력하도록 강요하는 이성의 명령을 준수하면 영구평화에 이를 수 있다고 믿었다. 칸트는 영구평화의 세 가지 조건으로 모든 국가가 공화주의 헌법을 채택하고, 모든 공화국이 결합하여 국가연합을 구성하며, 모든 공화국의 사회의식이 국제적이어야 한다고 했다. 비록 칸트의 조건은 현실적 제약이 있지만 논리는 명쾌하다. 20세기에 확산되었던 민주평화론과 맞물려 칸트는 공화국이야 말로 국민의 위험을 스스로 결정하기 때문에 자제력을 더 많이 발휘한다고 봤다. 국제적으로 공화주의가 보편화되면 국가들은 국제적 연합을 통해 전쟁을 금지할 수 있다고 믿었다. 이러한 국제적 연합은 통합과 평화의 규범을 내재화할 것이며, 모든 공화국 구성원들도 국가보다 인류 전체를 더욱 동일시함으로써 상대방에 대한 공감을 확대할 수 있다. 칸트의 문제의식은 대인 관계의 윤리가 합리적이고 호혜적이며 보편적이어야 한다는 인식에서 출발한다. 윤리는 성별, 인종, 계급, 성적 지향 및 기타 모든 좁은 의미의 정체성 정치와 무관하다. 이를 국제정치로 확장하면 윤리는 초국가적이며 공화국의 도덕적 특권은 다른 공화국을 동등하게 여겨야 한다.

자유주의 이론과 현실주의 이론의 긴장은 20세기 초 국제질서에 대한 다른 설명에서도 나타난다. 현실주의는 1, 2차 세계대전 발발에 주목하지만 자유주의는 전후 국제기구의 창설에 주목한다. 국제기구는 안보, 경제, 사회 등 국가 간의 협력을 촉진하기 위한 초국가적 제도로 정의되기도 하고, 물리적 실체를 가진 정치 공동체로 인식되기도 한다. 스티븐 크래스너(Stephen Krasner)는 국제기구를 레짐(regime)으로 정의하면서 특정 이슈에서 행위자들의 기대가 수렴되는 원칙, 규범, 규칙, 의사결정 절차라고 밝혔다. 자유주의 이론은 1980년대 신자유주의적 제도주의로 발전하였다. 신자유주의는 국제문제와 연관된 국제기구나 제도에 국가들이 얼마나 참여하는지 경험적으로 설명하고자 했다. 비슷한 시기 현실주의 이론도 행태주의적 관심에서 신현실주의로 발전했다. 신자유주의는 경제적 상호의존과 협력이 기업과 같은 비국가 행위자에게 효율적이라는 주장을 국제기구에도 적용했다.

우주 영역에서도 자유주의는 민간, 상업 및 군사의 평화적 활동을 촉진하기 위한 국제기구를 중시한다. 자유주의자들에게 우주는 국제 수역, 국제 공역, 남극 대륙처럼 공통의 이익을 위해 규정된 영역이다. 우주 영역은 모든 인류의 공동 유산이라는 인식에서 국가 주권과 전용의 대상이 아니라는 가정이다. 따라서 자유주의는 우주 영역을 국가 간 분쟁과 무기화로부터 배제해야 할 성역(Sanctuary)이라고 본다. 우주 영역에 배치되는 무기들은 조기경보위성과 같이 상대방에게 위협이 되

우주 안보의 이해와 분석

는 탄도미사일 탐지와 억제에 활용되어야 하며 이를 통해 국가안보를 달성할 수 있다고 주장한다. 그 이상으로 우주 안보를 위한 무기화는 금지되어야 하며 오히려 국가안보에 부정적으로 본다. 우주 안보에 대해 자유주의자들은 우주조약과 같은 국제레짐을 지지하며 우주를 글로벌 공유지로 인식한다. 글로벌 공유지로서 우주는 인류의 공동 유산이며 평화적 목적으로 활용되어야 한다. 모든 국가는 국제레짐의 원칙을 준수하는 범위 내에서만 합법적으로 군사력을 배치해야 한다.

자유주의와 현실주의가 갖는 우주 영역에 대한 존재론적 해석의 차이는 우주 안보에 대한 제안에도 차이를 만든다. 자유주의자는 우주 영역을 위협 없는 성역으로 보지만, 현실주의는 우주 영역을 안보 문제의 장으로 본다. 우주조약은 당사국들이 우주의 평화적 탐사와 이용을 '모든 인류의 공동 이익'으로 명시한다. 이를 근거로 우주 영역을 고대로부터 내려온 공동의 유산(res communis)이라는 입장도 있다.**14** 전통적으로 국가는 지리적 국경을 중심으로 영유권을 주장해왔으며 국가는 이를 유지하기 위한 능력과 권한을 갖추고자 했다. 그런데 우주와 같이 국가 주권을 벗어난 영역에서 발생하는 위협은 어떻게 다룰 것인지 모호할 수 있다. 적대국은 국제 수역, 국제 공역뿐 아니라 우주 영역과 같은 글로벌 공유지에서도 폭력을 행사할 수 있다. 따라서 어떤 국가도 글로벌 공유지에서 항행의 자유를 누릴 수 있으며, 어떤 국가도 잠재적인 위협에서 자신을 보호받을 수 있어야 한다. 우주 영역은 경쟁과 갈등이 내포되어 있지만, 표면적으로 광활한 중립 지역으로 인식된다.

반면 우주 안보에 대한 현실주의 입장은 우주 영역은 글로벌 공유지로 보지 않는다. 실제로 미국, 중국 등은 표면적으로 우주를 글로벌 공유지로 인정하지만 최근 몇 년 동안 우주에서 전략적 위치를 강화하고자 노력해 왔다. 2017년 말 미국 국가우주위원인 스콧 페이스(Scott Pace)는 "우주는 글로벌 공유지도 아니고 인류의 공동 유산도 아니며 공동체도 아니다. 미국은 글로벌 공유지가 우주의 법적 지위를 뒷받침하지 않는다는 일관된 입장을 취해왔다."고 밝혔다. 이러한 입장은 우주에서 미국의 이익을 전략적으로 강화하려는 정치적 태도이며 현실주의 관점을 반영한다.

또 다른 쟁점은 우주를 평화적 목적으로만 이용하는 문제이다. 평화적 목적을 정의하는 문제는 유엔에서 1967년 우주조약을 채택할 때, 미국과 소련이 가장 먼저 논쟁했던 이슈이다. 자유주의자들은 '평화적 목적'을 우주의 무기화를 반대한 것으로 정의하면서 우주가 성역이라는 입장을 지지한다. 반면 현실주의자들은 '평화적 목적'을 공격적이고 침략적 행위를 반대한 것으로 정의하면서 우주의 무기화는 국가안보에 이익이 되는 평화와 억제를 뒷받침한다고 주장한다. 실제로 우주조약 제4조에는 핵무기 또는 대량살상무기의 사용, 천체에 군사기지 설치를 명시적으로 금지하고 있지만, 재래식 무기의 사용, 우주에 군사기지 설치는 금지하지 않는다.

이처럼 우주 안보에 대한 쟁점은 분명하지만, 자유주의자들이 주장하듯이 우주조약과 국제기구가 평화적인 우주 환경을 조성하는데 기여한 것도 사실이다. 자유주의는 상호 이해를 통해 각자의 절대적 이익을 높이도록 협력하며 국가 간 상호의존 관계를 중시한다. 미래 우주 안보의 협력도 우주 환경이 제공하는 높은 상호의존성 때문에 확대될 수 있다. 우주는 인간이 활동하기에는 적대적 환경이며 광활한 미지의 영역이기 때문에 특정 국가가 독점하거나 압도적 우위를 지속하기 어렵다.

자유주의와 현실주의에서 보는 우주 안보의 문제는 인식론적 차이에서도 나타난다. 국제체제의 무정부성은 다양한 불확실을 일으키는 구조적 원인이다. 국가가 이러한 불확실을 어떻게 해석하는지가 행동을 다르게 이끌 수 있다. 자유주의는 국제체제의 불확실에 대해 낙관적 인식을 보이지만 맹목적인 신뢰를 추구하진 않는다. 자유주의는 불확실성 속에서도 실행 가능성 측면에서 상대방의 의도를 파악하고자 합리적 평가를 추구한다. 상대방과 협력을 추구할 수 있는 안정된 상황이라면, 상대방이 약속을 지킬 것이라고 본다. 자유주의는 현실주의의 회의론이 직관적이지 않으며 오히려 불안, 군비경쟁, 갈등을 초래하는 원인이라고 주장한다. 이처럼 자유주의자들은 어떤 상황과 상대방의 어떤 의도가 우주 안보를 위협할 것인지 의심하는 대신, 실용적이고 협력적인 현상 유지를 선호하며 국제적 협력체제를 확립하고자 한다. 예를 들어 우주조약은 미국과 소련 사이의 적대감에도 불구하고 냉전기 국제협력과 군비통제에 대한 공감대를 형성하는 데에도 도움이 되었다. 현실주의자들은 상대방의 의도에서 두려움을 찾지만, 자유주의자들은 상대방의 합법적 의도를 수용하며 우주조약이 국가의 행동을 제약하는 법적 문서라고 본다.

우주 안보 사례 분석: 미래 우주전(space warfare)의 가능성과 위협[15]

국제정치이론은 우주 안보를 분석하는 유용한 관점을 제시한다. 이론의 장점 중 하나는 복잡한 현상을 인과관계를 중심으로 분석할 수 있으며 이를 바탕으로 미래를 전망할 수 있다. 국제정치이론으로 전망해본 미래 우주전의 가능성은 언제 어떻게 일어날 것인가? 이론적 관점에서 우주전이 일어날 수 있는 조건을 살펴본다.

우주전이라면 무엇이 가장 먼저 떠오를까? 영화『스타워즈』나 미국 드라마『스타트랙』을 떠올리는 사람이 많을 것이다. 혹은 공상과학과 같은 먼 미래 이야기로 치부하기 쉽다. 그러나 우주전은 지금 당장 일어나도 이상하지 않다. 물론 영화나 드라마와 같이 우주비행체가 지상에서 곧바로 우주로 이륙하거나 우주 공간에서 레이저를 쏘는 우주전은 아니다. 우주전의 범위는 매우 넓다. 우주전은 우주가 지상, 해양, 공중과 교차하는 영역에서 일어날 수도 있고, 우주 내에서 운동성 타격, 사이버전, 전자기전으로 일어날 수도 있는 전쟁수행방식이다.

현재 우주전으로 인식되는 ASAT 공격은 적의 위성 운영을 중단시키기 위한 수단으로, 운동성 타격을 비롯해 방해, 거부, 기능 저하 등 다양한 효과를 발휘하는 방식이다. 이미 중국, 러시아 등 우주강대국들 중에는 지상기반 우주전 무기체계를 실전 배치한 국가들도 있다. 미국과 중국은 우주에서 상대방 표적을 찾아내어 임무를 방해하거나 공격할 수 있으며, 자국의 위성을 방어하고 복원할 수 있는 수준에 다가가고 있다. 2023년 미 우주사령부 데이비드 밀러(David Miller) 국장은 우주가 전투영역인지, 우주에 무기가 배치되었는지에 대한 논의는 이제 그만두어야 한다고 밝혔다. 우주전은 현실이므로 어떻게 억제할 것이며, 우주전이 일어났을 때 승리할 수 있도록 책임 있게 행동하자고 호소했다.

그렇다면 우리가 우주전의 가능성을 진지하게 생각하지 않는 이유는 무엇일까? 당연히 전쟁이 일어나더라도 우주전보다 지구상 전쟁이 될 것이라는 생각이 앞설 것이다. 비록 우주기술이 빠르게 발전하고 있지만, 대부분의 군사기술은 지구상 전쟁을 대비한 것이다. 우주전이 일어나더라도 지구상 전쟁의 일부이며 전략적 중심은 여전히 지구상에 있다. 게다가 우주 환경은 인간의 생존과 활동에 적대적이므로 인간이 참전하는 우주전의 가능성은 거의 없다. 이처럼 우주전을 제한하는 다양한 생각들은 이해할 수 있다.

하지만 우주전의 넓은 범위를 고려할 때, 우주전의 가능성을 배제한다면 미래전은 물론 현대전에서 치명적인 취약점이 될 수 있다. 실제로 우주 시스템에 대한 사이버 위협은 지금도 일어나고 있으며 운동성 ASAT보다 심각한 상황이다. 일반적으로 우주전은 우주 시스템을 보유한 국가 사이의 전쟁으로 생각하지 쉽지만, 사이버 공격은 우주 시스템을 갖추지 못한 국가도 상대방의 우주 시스템을 공격할 수 있는 방법이다. 사이버 공격은 세 가지 점에서 우주전의 가능성을 높인다. 첫째, 사이버 공격은 우주 시스템을 방어하기 위한 노력보다 훨씬 적은 비용이 든다. 우주 시스템에 대한 사이버 공격은 지구 궤도에 있는 위성이나 우주비행체를 직접 공격하는 것이라기보다 대부분 지상과 링크 부문을 대상으로 이루어진다. 게다가 우주 시스템은 대부분 지구상에서 원격이나 자율체계로 운영되므로 하드웨어보다 네트워크나 소프트웨어가 중요하다. 따라서 우주 시스템에 대한 사이버 위협은 기존의 사이버 공격 양상이 진화하는 만큼 높아질 수밖에 없다.

둘째, 사이버 공격은 운동성 공격보다 부담이 적다. 지구상에서 발사된 미사일이나 동궤도 위험은 탐지될 가능성이 높지만 사이버 공격은 피해 경로와 공격 원점을 파악하는데 오랜 시간이 걸린다. 이로 인해 사이버 공격에 대한 보복은 단행하기 어렵다. 또한 사이버 공격은 운동성 공격과 달리 우주 잔해물을 회피할 수 있기 때문에 부수적 피해를 감소시킬 수 있다. 사이버 공격은 우주 시스템에 오랜 기간 잠복해 있다가 필요한 시점에 활성할 수 있어 공격을 탐지하기도 어렵고 즉각적인 방어도 어렵다.

셋째, 사이버 공격은 우주력이 열세한 국가나 비국가 행위자도 강대국을 상대로 수행할 수 있다. 사이버 공격 주체는 국가에만 머물지 않으며 랜섬웨어와 같이 금전적 이익을 목적으로 하거나 정보를 획득하려는 비국가 조직이나 개인 해커들도 시도한다. 게다가 우주 시스템은 국가뿐 아니라 많은 민간 기업에서 운영하므로 사이버 공격에 따른 강대국의 피해는 우주 시스템에 의존하는 만큼 커질 수 있다. 따라서 우주력이 우세한 국가도 사이버 공격에는 더욱 취약할 수 있다. 미국과 같은 강대국은 우주 시스템에 대한 의존도로 인한 자국의 취약성을 최소화하는 데 전략적 중점을 두고 있다.

현실주의 이론에 따르면 국제체제의 무정부성으로 인해 모든 국가는 안보딜레마를 벗어날 수 없으며, 군비경쟁은 전쟁의 가능성을 높인다. 국제정치학자 로버

우주 안보의 이해와 분석

트 저비스(Robert Jervis)는 이러한 논리에 동의하면서도 국제체제의 안정과 불안정 만으로는 개별 국가의 전쟁 결정을 설명하기 어렵다고 비판했다. 즉, 무정부적 국제체제에서 안보딜레마는 피할 수 없는 구조적 환경이지만, 군사기술과 안보전략에 따라 전쟁의 가능성이 높아질 수도 있고 낮아질 수도 있다. 특히 저비스가 주목한 점은 국가가 갖춘 공격과 방어 능력, 그러한 능력을 상대방이 구분할 수 있는 정도였다.

구체적으로 두 가지 요건을 구분하였다. 먼저 공격 태세와 방어 태세를 식별할 수 있는가 아니면 식별하기 어려운가를 구분하였다. 다음으로 국가가 처한 상황이 공격에 유리한가 아니면 방어에 유리한가를 구분하였다. 저비스는 두 가지 요건에 따라 도출되는 네 가지 경우를 상정하고 각각의 위험을 분석했다.

첫째, 국가들이 처한 상황이 공격―방어 태세를 구분할 수 있고, 방어가 공격보다 유리할 때이다. 이때 국가들은 방어적 군사력을 증강함으로써 공격 의도가 없다는 의사를 전달할 수 있으며, 안보딜레마를 방지할 수 있다. 이 경우 국가들은 안보를 증진하고 전쟁 가능성을 낮출 수 있는 가장 안정된 상황을 조성하게 된다.

둘째, 국가들이 공격―방어 태세를 구분할 수 있고, 공격이 방어보다 유리할 때이다. 이때 국가들은 공격우위 상황이지만 방어적 군사력을 증강함으로써, 공격 의도가 없다는 의사를 전달할 수 있으며, 안보딜레마를 방지할 수 있다. 이 경우 국가들은 안보를 증진하지만, 전쟁 가능성은 남게 된다.

셋째, 국가들이 공격―방어 태세를 구분하기 어렵지만, 방어가 공격보다 유리할 때이다. 이때 국가들은 서로의 의도를 구분하기 어렵지만, 방어적 군사력을 증강함으로써 상대에게 공격 의도가 없다는 의사를 전달할 수 있으며, 안보딜레마를 낮출 수 있다. 이 경우 국가들은 안보를 증진하지만, 전쟁 가능성은 남게 된다.

넷째, 국가들이 공격―방어 태세를 구분할 수 없으며, 공격이 방어보다 유리할 때이다. 이때 국가들은 방어적 군사력을 증강하더라도 서로의 의도를 구분하기 어렵고 공격이 유리한 상황이므로 안보딜레마를 낮추기 어렵다. 이 경우 국가들은 안보를 증진하지만, 전쟁 가능성이 가장 높은 상황에 처하게 된다.

국가는 공격과 방어를 선택할 때 구조적 환경에 의한 불확실성과 인식의 한계를 경험하게 된다. 모든 국가는 안보와 이익을 극대화하기 위해 공격과 방어 중 선택하는데, 이 선택은 국가들 사이의 상호작용에 다시 영향을 끼친다. 이처럼 공격

－방어 이론은 국가의 전쟁 결정이 군사적 능력과 의도에 따라 달라질 수 있음을 보여준다.

공격－방어 이론에 따르면 우주전의 가능성도 전망할 수 있다. 우주전의 가능성이 가장 높은 상황은 공격－방어 태세를 구분하기 어려운 불확실한 상황에서 국가가 공격 우위에 있을 경우이다. 이 경우 공격 우위에 있는 국가는 언제든지 선제공격을 시도할 수 있다. 왜냐하면, 자국의 우위를 활용하지 않으면 나중에 상대방 국가가 유리한 상황으로 변화되었을 때 공격받을 수 있기 때문이다. 1차 세계대전의 발발을 설명하는 공격 우위의 신화도 이러한 논리이다. 당시 참전국들은 자국이 먼저 공격하지 않으면 공격받을 것이라는 인식과 함께 선제공격이 전략적으로 유리하다는 판단에서 전쟁에 뛰어들었다.

 공격-방어 이론에 따른 안보딜레마 상황

구 분	공격우위	방어우위
공격/방어 태세 구분의 확실	· 공격능력은 있지만 공격의도를 보이지 않아 안보딜레마가 없음. · 공격의도를 보이지 않고도 공격이 유리하다고 인식하면 공격할 수 있음 · 공격의도를 보이지 않지만 상대방 위협에 대해서는 예방공격이나 선제공격을 경고하여 상대방을 억제	· 방어능력이 있고, 공격의도를 보이지 않아 안보딜레마 없음. · 방어능력을 강화하여 상대방을 억제 · 공격능력을 강화할 필요가 없으므로 공격능력을 갖출 경우 공격의도가 쉽게 드러남.
공격/방어 태세 구분의 불확실	· 공격능력이 있고 공격의도가 불확실하므로 안보딜레마 불가피 · 공격의도가 불확실하므로 공격능력을 강화하여 상대방 억제	· 방어능력이 있지만, 공격의도가 불확실하므로 안보딜레마 존재(공격능력도 추구) · 공격의도가 불확실하므로 방어능력을 강화하여 상대방을 억제

게다가 우주전은 공격－방어 태세를 구분하기 어려운 환경이다. 첫째, 우주 자산은 극한의 우주 환경과 우주 위험 속에서 언제든지 문제를 겪을 수 있는데 그 원인을 적의 공격과 구분하기 어려울 경우가 있다. 둘째, 대부분의 군사용 우주 자산과 상업용 우주 자산은 민군겸용으로 활용될 수 있기 때문에 상대방의 우주능력을 평가하는데 한계가 있다. 셋째, 사이버 위협과 같이 우주기술의 대부분은 공격과

우주 안보의 이해와 분석

방어의 이중용도이기 때문에 공격 – 방어 태세를 구분하기 어렵다.

공격 – 방어 이론에 따르면 안보딜레마 상황을 낮추기 위해서 국가는 방어 능력을 강화하고 이를 상대방이 신뢰하도록 전달해야 한다. 하지만 아무리 국가가 방어 능력을 강화하더라도 상대방이 이를 믿는다는 보장은 없다. 우주전에서는 우주기술을 공격과 방어로 구분하기 어려울 뿐 아니라 의도성과 비의도성도 구분하기 어렵기 때문에 안보딜레마는 더욱 악화된다. 예를 들어 우주 자산에서 발생한 오류가 상대방의 의도적 행위인지 단순한 고장인지 구분하는 데 어려움을 겪을 수 있다. 유럽연합(EU)에서 실시한 위성항법체계(갈릴레오)에 대한 위협 분석에 따르면 2016년 2월부터 2019년 1월까지 갈릴레오에 대한 방해전파는 450,000회 이상 포착되었는데 이 중 중대한 영향을 준 것은 73,000회 정도였다. 그런데 전체 45만 회 중 의도적인 방해전파는 59,000회로 분석되었다. 즉, 전체 87%가 의도하지 않은 영향일 수 있으며, 중대한 방해전파라도 다수가 의도하지 않을 수 있다. 비의도적 상황으로 국가 간 불신과 오해, 오판이 안보딜레마를 악화시킬 가능성은 상존한다.

만약 국가가 방어 능력을 강화하여 안보딜레마를 낮출 수 있더라도, 현실주의 이론에 따르면 국가들은 공격 능력을 갖출 수밖에 없다. 첫째, 사이버 영역과 마찬가지로 우주 영역에서 국가는 공격이 방어보다 성공 확률(우주 자산의 방어 능력은 충분히 개발되지 않았음)에서 높기 때문에 상대방을 억제하기 위해서는 공격 능력이 필요하다. 둘째, 현상유지 국가라도 상대방의 공격을 격퇴하고 기습에 따른 초기 손실을 만회하려면 공격 능력이 필요하다. 셋째, 동맹국 사이에 공약을 지키려면 공격에 가담할 수 있으므로 공격 능력이 필요하다. 넷째, 방어적으로 전쟁을 수행하더라도 전쟁이 장기화되거나 전황이 불리할 경우 국가 이익을 위해서는 공격 능력이 필요하다.

정리하면, 우주전은 상대방이 공격과 방어를 구분하기 어려울 때 일어날 가능성이 높다. 모든 국가는 방어적 우주 시스템을 갖추고 이를 상대방에게 전달함으로써 안보딜레마를 낮출 수 있다. 동시에 모든 국가는 공격적 우주 시스템을 갖추어야 한다. 우주 시스템에 대한 운동성 공격은 통제할 수 없는 잔해물을 확산시킬 수 있지만, 비운동성 공격인 사이버 위협은 이러한 우려에서 자유롭다. 특히 우주 시스템에 더 많이 의존할수록 사이버 공격에 대한 취약성은 더욱 높아진다. 따라서, 미래 우주전은 사이버 위협에서 시작될 가능성이 높다.

실제 우주 시스템에 대한 사이버 공격 사례를 살펴보자. 1999년 4월 영국 국방부는 군통신위성 스카이넷(Skynet)의 위치가 불규칙하다는 것을 확인했다. 확인된 현상은 렌섬웨어 해킹으로 밝혀졌다. 해커들은 위성 제어시스템 권한을 해킹하고 이를 대가로 돈을 요구했다. 해커가 위성시스템을 탈취하는 데에는 고도의 기술이나 비용이 필요하지 않았다. 2022년 DEFCON 해킹 컨퍼런스에서 화이트해커인 코쉬(Karl Koscher)가 수명이 다한 캐나다 방송위성(Anik FIR)을 실제로 탈취하는 시범을 보였다. 코쉬는 해킹에 필요한 무선 송수신장치(약 250달러)를 온라인으로 구매하고, 방송 업링크 라이센스(약 50달러)를 발급받는데 약 300달러만 들었다고 밝혔다. 이 시간에도 수명을 다한 많은 상용 위성들이 우주를 돌고 있으며, 지상에는 사용 후 방치된 송수신장치들이 많기 때문에 사이버 위협에 취약할 수밖에 없다.

위성의 기능을 파괴하는 사이버 위협 사례도 있었다. 1997년 해커들이 미국 · 독일 · 영국이 합작한 X선 위성 로셋(RoSat) 시스템에 침투한 사건이다. 해커들은 사회공학 해킹과 사전공격으로 위성을 통제하는 NASA 컴퓨터 암호를 획득한 후, 보안이 취약한 포트를 찾아 서버에 침투했다. 처음 해커들은 위성의 별추적(star tracker) 알고리즘을 일부 변경시켜 태양열에 노출되도록 만들어 위성을 과열시켰다. 당시 미국 고다드(Goddard) 우주비행센터 임무팀은 로셋 위성의 문제를 우발적 사고로 인식했다. 하지만 몇 개월 후 해커들은 다시 위성의 자세제어시스템 코드를 변경하여 위성의 자세를 태양 방향으로 변경했다. 이로 인해 1999년 2월 로셋 위성의 영상장비는 과열로 파괴되었다. 2008년 NASA 조사보고서에 따르면 로셋 위성사건은 러시아 해커의 소행으로 추정되며, NASA 네트워크에 침입하여 데이터를 유출한 정황도 확인되었다. 기능을 상실한 로셋 위성은 2011년 대기권에 재진입하여 소멸했다.

일반적으로 우주전은 우주발사 능력이나 위성 보유국의 영역으로 여겨진다. 하지만, 이러한 능력이 부족한 국가들도 사이버 기술을 활용하면 우주 강대국을 상대로 공격을 감행할 수 있다. 우주 영역과 사이버 영역의 유사성도 우주전의 가능성을 높여준다. 우주 시스템에 대한 사이버 공격은 국가와 비국가 행위자에게 진입장벽이 낮다. 우주의 상업화와 민주화에 따라 많은 행위자들이 우주 시스템에 접근할 수 있기 때문이다. 우주 시스템은 물리적 연결보다 네트워크로 연결된 링크 부문에 의존하며, 지상국 임무 컴퓨터, 네트워크, 정보통신 기술을 활용하는 복잡성으로 인해 다수의 해킹 노드를 갖고 있다. 사이버 공격자들도 국가에 소속된 사이버 전사들 이외에도 사이버 범죄자, 고용된 대리인, 테러리스트 등 다양하다.

일상에서 가장 많이 활용되는 우주기반 통신 위성은 민간 비즈니스는 물론 정부, 군사 사용자에게 광범위하고 다양한 서비스를 제공한다. 그런데 위성에 탑재된 제어 소프트웨어, 위성과 지구 기지국 간의 데이터 링크, 지상기반 데이터 네트워크와 이를 연결하는 모뎀 같은 장비 등은 해커들에게 매력적인 표적이다. 이처럼 우주 시스템에 대한 공격은 사이버 공간에서 시작될 수 있고, 사이버 시스템을 해킹하려는 시도는 우주에서 최적의 경로를 선택할 수 있다. 사이버 공격의 대상은 통신, 항법 등 핵심적인 우주 시스템이 될 수 있다. 공격자들은 위성 정보를 방해하거나 신호를 위조하여 장애를 유발할 수 있으며, 위성의 자세와 위치를 통제할 수도 있다.

위성 사이버 위협의 특징은 주로 지상국이나 지상장비를 관리하는 단말기 수준에서 해킹되는 사례가 가장 많다. 보통 해커들이 공격하는 대상은 정부나 군의 지상국이지만 이를 직접 공격하기보다 우주 시스템 내에 상용 통신장비가 포함될 경우 여기서 취약점을 분석하고 해킹을 시도한다. 나아가 우주에 있는 위성의 경우 보안 업데이트가 어렵기 때문에 취약점이 다양한 해킹에 지속적으로 노출될 수밖에 없다. 특히 위성 시스템에 대한 침투는 가시선을 벗어나 운영되는 항공기, 선박 등의 위성 통신을 위협한다. 2018년 블랙햇(Blackhat) 컨퍼런스에서는 지상에서 해커가 위성안테나 소프트웨어의 취약점을 이용하여 항공기 내부 네트워크에 침투하여 기내 통신장치에 접촉할 수 있었다. 미국 국토안보부도 보잉 737 항공기에 원격으로 침투가 가능하다는 취약성을 확인한 적이 있다. 이들 취약성은 지상국과 연결되는 정보체계의 보안성 문제, 위성 본체와 지상국 사이의 채널 암호 보안성 문제, 위성 정보를 주고받는 연계 시스템의 보안성 문제, 연계 시스템별 단말기 자체가 가지고 있는 보안성 문제 등이다.

우주 시스템의 취약성은 사용자에만 머물지 않는다. 우주 산업과 개발 전체가 복잡하고 분산된 공급망으로 이루어지기 때문이다. 우주 자산을 연구개발, 제작 및 생산하는 연구소, 대학, 기업 등 수많은 행위자들이 해커에게 취약할 수 있다. 예를 들어 2022년 우크라이나를 침공한 러시아는 우크라이나에서 활용하던 미국의 위성통신 기업 비아샛(Viasat)의 위성시스템에 침투하여 약 1개월 정도 위성통신과 인터넷을 마비시켰다. 당시 침투 경로는 비아샛 본사가 아닌 지상터미널을 관리하는 하청기업으로 이탈리아에 위치하고 있었다. 사이버 공격은 위성시스템 관리가 아웃소싱되는 상황에서 발생했는데 문제는 많은 중소기업들이 자체적으로 사이버 보안 문제를 인지하기 어렵거나 인지하더라도 충분한 인력과 기술을 투입하기 어렵다는 점이다. 중소기업 입장에서는 사이버 보안 강화를 위해 추가적인 시간과 비용을 지불하기 부담스럽다. 더욱이 새로운 보안 패치나 업데이트 자체가 제로데이(Zero-Day) 문제 등 오히려 해킹 취약점이 될 수 있다. 그렇다고 공급망에 대한 사이버 보안 강화도 현실적으로 쉽지 않다. 사이버 보안만 강화하려는 조치들이 민간 기업을 포함한 우주 산업 전체에 필요한 정보 흐름과 네트워크 효과를 제약하는 부작용을 낳을 수 있기 때문이다.

 < 그림 2 > 비아샛(Viasat) 위성 시스템 침투 경로

① 피싱, 기술 결함(update)을 활용한 암호, IP 주소 획득
② 인터넷을 통해 지상게이트웨이센터IP 주소 접속
③ 가상사설네트워크(VPN)방화벽에서 미패치된 취약점 활용
④ 위성으로 송출되는 스팟빔선택
⑤ KA-SAT을 통해 모뎀 접촉 설정
⑥ 모뎀관리 인터페이스 접속
⑦ 모뎀에 wiper malware업로드

이처럼 우주 시스템의 복잡한 공급망은 우주 자산의 개발, 관리, 활용, 소유부터 사이버 안보의 책임을 누가 맡을 것인지까지 다양한 문제를 일으킬 수 있다. 만약 단일 지점의 실패가 동일한 경로에서 반복된다면 우주 시스템은 큰 위협에 노

출될 수 있다. 개발자, 생산자부터 사용자, 공급망까지 한번 공격에 노출된 우주 시스템은 큰 파급효과를 일으킬 수 있다. 그럼에도 불구하고 대부분의 우주 조직들은 우주 시스템과 일반적인 정보통신 시스템을 구분해서 관리하지 못하고 있다.

미래 우주전의 가능성이 사이버 위협으로부터 시작될 가능성이 높다면 어떤 대응이 필요할까? 공격 – 방어 이론에 따르면 공격과 방어 태세를 구분할 수 있는 상황과 방어 우위를 강화하는 것이 안보딜레마를 완화하고 우주전의 가능성을 낮출 수 있다.

첫째, 국제적으로 우주영역인식 능력을 강화하고 공유하는 네트워크를 발전시켜야 한다. 위성 배치와 이동, 우발상황, 대응조치 등 우주에서 일어나는 활동에 대한 정보를 공유하는 다자협력체계를 확립해야 한다. 다자협력체계는 동맹과 우방국을 중심으로 구축하되 진영 갈등을 넘어서 최대한 많은 이해관계국이 포함된 방향으로 확대해야 한다. 억제의 관점에서도 우주영역인식과 우주 포렌식(space forensic) 확대는* 우주에서 적대적이거나 불법적 행위를 식별하는 데 도움이 되며, 상대방을 억제할 수 있다. 현실주의 이론에서는 국가들이 이익의 불균등한 배분을 우려하는 환경에서 안보 불안도 높아진다. 상황을 더 비관하게 만들고 우세한 상대가 선제 공격할까 우려하게 되며, 선제 공격의 유혹에 빠질 수 있다. 따라서 우주 위협 상황을 국제적 우주영역인식 협력을 통해 신속하게 공유할 필요가 있다. 상대방은 적대적 행위에 대한 우주 규범과 국제적 대응을 다뤄야하는 부담을 안게 된다. 또한 국제적인 우주 외교의 확장은 국가들의 우주 활동을 공유함으로써 공격과 방어우위 상황을 인식하는 데 도움이 될 수 있다.

둘째, 우주 기술의 발전으로 공격과 방어를 구분하기 어렵더라도 우발적인 우주전 예방과 상대방의 억제를 위해 방어적 우주통제를 발전시켜야 한다. 특히 운동성 공격에 대한 피해는 우주 잔해물 등 더욱 치명적인 공동의 피해를 일으킬 수 있다. 따라서 우주 영역의 활동을 정확하게 인식할 수 있는 우주영역인식 능력을 발전시키고, 우주전을 예방할 수 있는 규범적 논의를 활성화시켜야 한다. 우주 활

---

* 우주 포렌식은 우주활동과 관련된 특정 사건이나 활동에 대한 증거 수집, 분석 및 해석을 위한 과학적 방법이다. 예를 들어, 우주비행체 사고, 위성의 파손, 우주 활동에 따른 법적 문제 등이다. 우주 포렌식의 증거로는 우주비행체의 잔해, 위성 데이터, 우주 환경의 물리적, 화학적 변화 등이 포함된다. 또한, 우주 안보가 사이버 위협에 취약한 점을 고려할 때 우주 포렌식도 해킹, 사이버 범죄, 데이터 침해 등 디지털 사건에서 다루는 방법과 연관된다.

동에 대한 파악과 기록을 통해 미래에는 우주 활동이 국제사회에서 공유된다는 사실을 인식시켜야 한다. 여기서 방어적 우주통제는 우주 자산의 방호만을 의미하는 것이 아니라 상대방의 공격을 억제할 수 있는 복원력도 포함한다. 방호력과 복원력의 달성은 군사적 능력에 국한되지 않는다. 우주 안보를 위한 동맹 협력, 정부와 기업의 우주 협력을 포함한 통합적 관점에서 접근해야 한다. 러시아－우크라이나 전쟁에서 입증되었듯이, 우주력에서 상업 자산의 활용은 탄력적 아키텍처가 중요하다는 것을 보여준다. 실제로 5,000개 이상 위성으로 구성된 스타링크의 위성통신 네트워크는 복원력을 통해 적의 공격을 더 어렵게 만들고 있다. 이처럼 방어적 우주통제는 안보딜레마의 불확실성을 완화하는데 도움이 된다.[16]

셋째, 우주－사이버 위협은 상업 우주 분야와 적극적인 협력을 통해 대응해야 한다. 상업 우주 분야는 우주에 접근을 다양화할 뿐 아니라 활용 범위도 확대한다. 우주 기업들은 우주임무에서 전 영역에 걸친 능력과 서비스를 제공한다. 상업 우주 분야가 제공하는 상품과 서비스는 많은 위성, 지상 단말, 데이터 및 정보 네트워크 등 광범위하기 때문에 군대도 우주 전략에 상업 역량을 통합하고 있다. 이미 우주 기업들은 상업 서비스를 의도적으로 제약하는 환경에서 운영한 경험을 갖고 있으며, 안정적 환경에도 익숙하다.

사이버 위협도 상업 우주분야에서는 새롭지 않다. 우주 기업들은 국가 및 비국가 행위자의 후원을 받는 해커들에 의해 지적 재산을 훔치거나 위성이나 지상국 성능을 떨어뜨리는 사이버 공격을 받고 있다. 따라서 상업 기업은 시장에서 살아남기 위해 사이버 보안에 민감하게 대응할 동기가 충분하다. 우주 자산은 군사용과 민간용을 구분하지 않고 군사적 공격의 대상이 될 수 있다. 상업 우주 시스템은 비용과 효율성을 우선하여 설계되기 때문에 안보나 안전에 취약하기 쉽다. 또한 상업 우주 시스템을 운영하는 주체는 각각의 역할에 따라 다수가 될 수 있고, 지상국, 개발자, 유지보수자 등 다수의 지역으로 책임이 분담될 수 있다. 우주 시스템에 대한 사이버 위협에 대응하기 위해서는 민간용과 군사용 사용자를 분리하는 것이 필수적이다. 군사용 시스템은 소유자가 누구인지를 토대로 해서는 안되며 사용자와 사용 영역에 초점을 두어야 한다. 또한 동맹국과 국제적 협력을 통해 최신 위협을 지속적으로 반영해야 하며 예방적이고 적극적 대응을 위해 대응 방법을 최신화해야 한다. 이런 점에서 미국 사이버사령부가 수행해온 헌트 포워드(Hunt Forward)

작전과 같은 방식으로 우주 자산에 대한 사이버 위협에 대비할 필요가 있다.*

현대전략과 우주 안보

우주 전략의 이해

우주는 전장이자 전략 공간이다.**17** 군사적으로도 우주의 유용성은 계속 심화되고 있다. 우주 자산은 가장 높은 위치에서 지구적 시야를 제공하기 때문에 전략적으로 우세하다. 또한 지구상 전쟁에서도 육군, 해군·해병대, 공군을 포함한 합동 군사력을 강화하고 군사작전의 효과를 증대시킬 수 있다. 우주 자산은 우세한 위치뿐 아니라 궤도상에서 지속적인 임무를 수행할 수 있으며, 은·엄폐가 불가능한 환경에서 활동하는 공개성을 특징으로 한다. 우세한 위치와 지속성 측면에서 보면 우주는 지구상 어느 곳이라도 군사적 활동을 할 수 있는 영역이다. 공개성 측면에서는 우주 영역은 적에게 기습을 허용하기 어려운 환경이다. 공개된 활동으로 인해 적은 기습과 공세적 행동을 취하기 어렵고 아군의 감시정찰로부터 완전히 벗어나기 어렵다.

우주 안보는 국가안보의 일부로서 국가이익과 가치를 보호하고 증진하기 위해 전략적으로 접근해야 한다. 이를 위해 대부분의 국가는 국가안보전략을 수립하여 목표−수단−방법의 체계를 구축함으로써 국력을 효율적으로 활용하고 미래 위협으로부터 국가안보를 달성하기 위해 대비한다. 우리나라도 국가안보전략과 함께 이를 국방 분야에서 실현하기 위한 국방전략을 수립했다. 그러나 우리나라의 경우 우주 안보를 지나치게 군사적 의미로 이해하는 경향이 있다. 실제로 우주 안보의 내용은 국가안보전략과 국방전략에서 별도로 다루지 않고 있으며, 합참 차원의 군사우주전략에 머물고 있다. 우주 안보는 군사전략이나 국방 전략의 일부가 아니라 국가 안보 차원에서 종합적으로 추구해야 한다. 미국의 우주 전략은 국가 안보 차원에서 군사 우주, 민간 우주, 우주 상업을 연계하는 방향으로 발전하고 있

---

* 헌트 포워드 작전은 동맹 국가의 요청에 의한 정보 기반의 방어적 사이버 작전이다. 헌트 포워드 팀은 동맹국이 선정한 네트워크에서 활동하며 악의적인 사이버 행위, 기술과 절차를 탐지 및 분석한다. 이를 통해 동맹국의 사이버 위협을 해결하거나 추가적인 위협을 억제하는 데 기여한다. 헌트 포워드 팀은 작전을 통해 확보한 위협 기술과 방법을 동맹국과 공유함으로서 사이버 위협에 대한 이해를 공유하고 각국의 방어력과 복원력 향상에 활용할 수 있다.

다. 민간우주 기업과 시장이 활성화되면 군사 우주를 뒷받침하는 새로운 기술과 자산이 개발됨으로써 우주 안보위협에 효과적으로 대응할 수 있는 토대가 된다. 반대로 군사 우주 분야가 창출하는 수요는 우주 상업 발전에 촉매가 될 뿐아니라 수익 창출의 지속성을 보장할 수 있다.

우주 전략을 이해하기 위해 목표, 수단, 방법이라는 전략의 요소를 살펴본다.[18] 우주 전략의 목표는 국가안보를 달성하기 위한 우주 분야의 지향점 혹은 최종상태를 의미한다. 이런 점에서 우주 전략은 국방이나 군사보다 상위의 전략이라는 의미로 국가우주전략이라고 표기하는 것이 정확하다. 국가우주전략의 하위 목표는 군사 우주, 우주 경제, 우주 외교라는 우주 안보의 세 가지 요소로 구성된다. 군사 우주의 목표를 달성하기 위해서는 우주 영역의 군사전략이 필요하듯이 우주 경제와 우주 외교의 목표를 달성하기 위해서는 우주 분야의 경제전략, 외교전략이 요구된다. 이러한 하위 목표들은 상호 연계되면서 국가안보 목표를 달성하도록 종합되어야 한다.

우주 전략의 수단은 국가안보를 달성하기 위한 우주 분야의 군사력, 경제력, 외교력으로서 유형 또는 무형의 자산을 의미한다. 우주 전략의 수단으로서 군사력은 무기체계와 이를 운영하는 병력으로 구성되지만 육·해·공군과 비교해 병력의 규모는 상대적으로 적다. 우주에서 임무를 수행하는 우주 자산은 대부분 무인원격체계나 무인자율체계로 운영되며 이를 통제하는 인력은 지상통제소와 같은 지상 부문에 배치된다. 우주 전략의 수단으로서 경제력은 우주 산업 인프라와 우주 상업 활동으로 이루어진다. 우주 분야의 경제력은 국가경제를 촉진하는 동시에 군사 우주력 강화에 필요한 비용을 뒷받침한다. 끝으로 우주 전략의 수단으로서 외교력은 국제적 규범과 규칙 형성에서 보여주는 리더십, 동맹 및 우방국을 바탕으로 결성된 다자협력관계를 의미한다. 우주 외교는 한 국가가 달성할 수 없는 우주 분야의 안전, 안보, 지속가능성을 추구하는 장이다.

끝으로 우주 전략의 방법은 국가안보 목표를 달성하기 위해 가용한 우주 자산을 활용하는 개념을 의미한다. 만약 동일한 목표와 수단을 갖춘 국가가 있더라도 공격적으로 활용할 것인가 방어적으로 활용할 것인가에 따라 우주 전략은 달라진다. 우주 전략의 방법이 효과를 거두려면 전략의 목표가 국가안보 상황과 연계되어야 하며, 전략의 수단이 질적, 양적으로 방법을 구현할 수 있어야 한다. 예를 들

우주 안보의 이해와 분석

어 비대칭 전략을 선택한 국가는 상대방에 비해 우주 자산과 기술에서 군사적 열세, 우주 산업과 상업에서 경제적 열세, 국제적 영향력에서 외교적 열세에 처하더라도 사이버 공격이나 우주 핵폭발로 충분히 상대방을 억제하거나 강압할 수 있다. 전략의 요소에 대해 아서 리케(Arthur Lykke)는 목표, 방법, 수단을 종합적으로 고려해야 비로소 전략을 이해할 수 있으며 전략의 요소가 균형을 이룰 때 전략적 성공도 달성할 수 있다고 지적한다.

억제와 우주 전략

현대전략에서 논의되는 우주 안보의 가장 중요한 이슈 중 하나는 핵억제 전략의 변화이다. 핵무기의 등장은 이미 우리에게 많은 모호한 질문을 제기하였다. 핵무기의 사용을 허용하는 교리나 원칙이 수립될까? 전면전이나 상호파괴에 직면하지 않고 정치적 목적을 위해 핵무기를 사용할 수 있는가? 핵무기를 통제된 범위나 전술적 수준에서 사용할 수 있는가? 전략가들도 확신에 찬 대답을 내놓지 못했다. 핵무기의 엄청난 파괴를 통제하지 못하면서 핵전략의 목표는 억제가 되었다. 억제 전략이 성공하기 위해서는 상대방의 심리에 대한 확신이 공격 능력만큼 중요하다. 그러나, 억제가 성공적이었음을 증명할 방법은 없으며 오늘날까지 검증할 수 없는 계산에 의존해 세계는 지속되어 왔다.

따라서 핵 강대국들은 능력을 강화하는 방법으로 상대방에게 확신을 심어주기 위해 노력해 왔다. 상대방의 선제공격을 견디고 반격할 수 있는 핵능력은 억제 전략의 핵심이었다. 비록 핵 강대국 사이에 작동했던 억제 전략은 이라크, 아프가니스탄, 베트남 같은 비핵국가들의 도전까지 억제하진 못했지만, 강대국의 핵전쟁은 억제했다. 나아가 전략가들은 불안한 핵 보복을 보완하기 위해 미사일 방어체계를 구축했다. 미사일 방어체계는 핵무기 사용을 더욱 신중하게 만들었으며 핵 교착상태를 통해 위기가 충돌로 치닫기 전에 정보를 더 수집하고 오해를 바로잡을 수 있도록 외교의 기회도 마련했다. 동시에 미사일 방어체계는 상대방이 이를 뚫을 수 있는 무기개발에 나서도록 자극했다. 결국 상호 간의 취약성이 억제 전략에 필수적이라는 합의가 이루어지면서 1970년대 전략무기제한협정, 탄도탄요격금지조약이 체결되었고, 이는 전략무기감축협정을 거쳐 1990년대까지 지속되었다.

이처럼 상대방을 완전히 초토화시킬 수 있다는 상호확증파괴 논리가 핵전쟁은 불가능하다는 인식을 확산시켰다. 하지만, 국민과 도시를 담보로 한 핵억제 전략은 불안을 해소할 수 없었고 이러한 딜레마를 해결하고자 군비통제가 추진되었다. 억제 전략이 위협을 통해 전쟁을 방지하는 것이라면, 군비통제는 무기를 제한하거나 제거함으로써 전쟁을 방지하려는 시도였다. 강대국은 자국의 책임과 통제를 강조하면서 핵무기가 확산되는 것을 막기 위해 비확산 체제도 발전시켰다. 비확산 체제는 핵무기의 개발 및 배치와 관련된 지식과 기술의 확산을 방지하기 위한 엄격한 조약, 기술적 안전조치 및 규정에 기반을 두고 있다.

지금까지 핵 억제 전략의 간략한 과정을 살펴봤다. 핵 억제 전략은 우주 전략과 어떤 관련이 있을까? 오늘날 핵 억제 전략은 다양한 도전을 받고 있다. 이미 강대국 중심의 핵 억제 전략은 북한, 파키스탄 등 다른 핵보유국을 적절히 억제하지 못하고 있다. 나아가 많은 국가들이 우주력을 발전시키면서 핵 억제 전략은 더욱 복잡해질 수 있다. 우주력이 강화되는 상황은 역사적으로 핵 억제 전략이 거쳐온 과정과 유사한 면이 있다. 우선, 핵 억제 전략과 마찬가지로 우주 전략도 미국, 러시아, 중국 등 강대국이 능력과 활용 방법을 주도하는 상황이다. 강대국은 경쟁적으로 ASAT 미사일 실험을 수행해왔고, 이제는 이러한 능력을 보유한 채 다른 국가들은 시험을 시도할 수 없는 국제규범을 주도하고 있다. 핵확산금지조약(Non-Proliferation Treaty)의 창설과 같은 논리이다. 우주력의 발전은 핵 억제 전략을 더욱 불안정하게 만들 수 있다. 조기경보위성과 같이 상대방의 탄도미사일을 감시하고 선제공격을 감행할 수 있는 능력이 발전할수록 상대방의 감시와 요격을 피할 수 있는 민첩한 미사일과 우주기반 발사 수단을 개발할 것이다. 핵 억제 전략이 상호 간의 취약성을 인정함으로써 유지했던 국가안보는 우주력이 약한 국가의 취약성만 부각시킬 수 있다. 이미 냉전 시기 미국과 소련은 상대방 군사위성을 공격할 수 있는 능력을 개발했지만, 신중한 입장을 유지했다. 군사위성의 임무가 핵 억제의 핵심 자산이므로 군사위성을 공격하는 것은 핵전쟁의 전조로 인식될 수 있었다. 실제로 레이건 행정부가 전략방위구상(SDI)이라는 우주기반 미사일 방어체계를 추진하자, 소련만 높아진 취약성으로 인해 선제 핵전쟁 가능성을 우려하는 목소리가 높았다.

우주 전략은 핵억제 전략과 역사적으로 연관성을 갖는다. 우주 전략은 지구 궤도를 중심으로 지구에 미치는 영향을 넘어 달과 같은 천체까지 확장된 능력을 다루는 개념으로 수립되어야 한다. 우주 전략의 방향은 우주영역 연결, 우주영역 접근, 우주영역 접근 거부의 세 가지가 핵심이다. 우주영역 연결은 우주 공간을 활용하여 아군의 통신 및 정보·감시·정찰 능력을 공유하고 중계하는 것이다. 이를 통해 적의 의사결정을 복잡하게 하여 작전수행 능력을 마비시킬 수 있다. 기본적으로 우주영역의 연결은 광활한 우주 내 분산된 아군 자산을 지휘통제하는 능력과 관련된다. 우주영역 접근은 우주영역인식 능력을 바탕으로 적의 전략 중심을 식별하고, 아군이 지속적으로 우주 영역에 접근할 수 있는 다양한 우주 자산 투사 능력을 구축하는 것이다. 국가의 독점이 허용되지 않는 우주에서 접근 전략은 적의 위협을 작전 영역 내에서 감시함으로써 확전에 대비하거나 적을 억제하기 위한 행동이다. 끝으로 우주영역 접근 거부는 우주기반 방어체계를 통해 지상에서 우주를 향하거나 우주 내에 존재하는 위협을 식별하고 대우주 능력을 개발하여 적의 위협을 제거하고 마비시키는 것이다. 접근 거부전략은 손실된 아군 자산을 신속하게 복원함으로써 적의 위협을 거부하기 위한 행동이다.

앞으로 우주 억제 전략은 주요 국가들 사이에서 빠르게 발전하고 있는 우주 시스템, 이를 활용한 다양한 경쟁이 치열하게 전개되면서 체계적인 분석이 필요하다. 우주 안보 환경에서 억제의 개념은 전통적인 핵 억제와는 다른 차원의 복잡성과 다층적 접근이 필요하며, 국가안보전략의 틀에서 계속 재평가하고 발전시켜야 한다.

V

우주 안보의 분석

이번 장에서는 우주 안보의 국제적 사례를 분석함으로써 국제정치와 현대전략 관점에서 우주 안보의 실제 이슈를 분석한다. 우주 안보의 국제적 이슈는 다양하다. 우주 안보는 강대국이라도 특정 국가의 능력으로 대처할 수 없는 광활한 범위와 복잡한 관계 속에서 전개되기 때문이다. 우주 영역에 대한 과학적 이해와 안보를 대처하기 위한 군사적 능력도 그 끝을 알기 어렵다. 많은 우주 안보 이슈 중에서 국가와 기업, 국제기구 등 다양한 행위자가 관련된 우주 잔해물 이슈, 미국과 중국 등 주요 강대국의 경쟁이 부각되고 있는 우주정거장 이슈, 국제적 협력과 경쟁이 병행되고 있는 달 탐사 이슈와 글로벌위성항법체계 이슈를 다룬다.

우주 잔해물 문제의 군사, 경제, 외교

우주 잔해물은 우주활동의 안전, 안보, 지속가능성을 위해 긴급히 해결해야 할 문제이다. 우주 안보 측면에서 우주 잔해물은 군사 자산뿐 아니라 민간 자산까지 피해를 줄 수 있는 문제로서 군사적으로 우주 잔해물을 활용하는 군사 우주 영역부터 우주 잔해물을 우주 사업으로 활용하는 우주 경제, 우주 잔해물 규제를 위한 국제적 협력을 담은 우주 외교에 걸친 복합적인 사안이다. 예를 들어 위성 제조기업이 우주 잔해물 충격에 대비하도록 위성에 차폐장치를 추가하거나 회피 기동을 위해 연료를 추가할 경우 비용 증가로 수익이 떨어질 수밖에 없다. 우주 잔해물에 대응하려는 노력은 연료 사용량을 증가시키고 운영 복잡성과 비용을 증가시키며 우주비행체 수명을 단축시켜 동일한 기능을 유지하는데 더 많은 발사를 초래할 수 있다. 1998년부터 2022년까지 저궤도 궤도에 있는 국제우주정거장은 우주 잔해물과의 충돌을 피하기 위해 최소 30회 이상 기동했다.

우주 잔해물은 대표적인 우주 위험의 하나이다. 우주작전 유형의 하나인 우주 영역인식도 우주 잔해물 대응을 주요 활동에 포함한다. 군사 우주의 임무들은 우주에서 아군의 자유로운 이동과 임무 수행을 보장하는 것이다. 그러나 우주 잔해물은 의도하지 않은 위험임에도 불구하고 군사 우주 임무를 방해하는 중요한 요인이 되었다. 우주 잔해물 우려가 높아지고 있지만, 전망은 밝지 않다. 우주 경제 차원에서 급증하고 있는 대규모 저궤도 군집위성 때문이다. 2024년 기준 5,000개 이상 위성을 운영 중인 스페이스X는 군집위성 숫자를 42,000개까지 계획 중이다. 미국 정부도 고민에 빠져있다. 자국의 우주 경제 발전을 위해서 민간 우주기업을 지원해야 하지만 군사 우주 차원에서 우주 위험이 증가하는 것을 무시할 수 없기 때문이다. 스페이스X는 12,000개 위성 발사에 대해서는 면허를 얻었지만 30,000개 위성 발사에 대해서는 면허 승인이 필요한 상황이다. 2023년 10월 미국 연방항공국이 의회에 제출한 보고서에 따르면, 현재 계획대로 대규모 저궤도 군집위성이 구축될 경우 지구 대기권에 재진입하는 위성과 잔해물로 인해 2년에 한 번씩 인명사고의 가능성이 있다고 본다. 2035년까지 매년 대기권 재진입에서 살아남은 약 28,000개의 발사체와 위성 잔해물이 지상에 떨어질 것이며 이러한 위기는 스타링크 위성처럼 대규모 위성발사가 지속될 경우 더욱 심각해질 것이라는 경고이다.[1]

우주 안보 전 영역에서 우주 잔해물 해결을 위한 노력은 다양하게 이루어지고 있다. 우선, 우주 잔해물 제거를 위해서는 잔해물을 탐지하고 식별하여 고도와 크기, 무게 등을 파악해야 한다. 우주영역인식 능력은 이러한 임무를 수행하는데 활용된다. 전자광학위성감시체계, 고출력레이저위성추적체계, 레이더우주감시체계 등은 인공위성과 우주비행체 이외에도 우주 잔해물 정보 확인을 수행한다. 최근에는 지상에서 밤에만 탐지할 수 있었던 우주영역인식 기술을 넘어 밝은 낮에도 우주 잔해물을 탐지할 수 있는 기술이 개발되고 있다. 우주에서 잔해물을 추적하기 위한 별추적기(Star tracker) 개발도 활발하다. 벨기에 우주기업 아크섹(Arcsec)은 작은 잔해물까지 추적할 수 있는 우주기반 별추적기를 2025년 시연할 계획이며 우주교통관리 기업과 공동으로 활용할 계획이다. 미국 레드와이어(Redwire) 기업은 이미 별추적기 개발을 완료하여 우주에서 성능 검증을 계획 중이다.

우주 외교 차원에서도 우주 잔해물 감축을 위한 다양한 노력이 확대되고 있다. 2023년 5월 선진 7개국(G7) 과학기술장관들은 안전하고 기속가능한 우주의 활용을 위해 우주 잔해물 감축을 위한 연구와 기술 개발에 속도를 내야 한다는 공통의 입장을 강조했다. 유럽우주정상회담에서도 2030년까지 우주 잔해물 제로 헌장(Zero Debris Charter)을 확정하여 발표했다. 비록 구속력은 없지만 이 헌장에 참여한 국가와 40여 개 기관들은 우주 잔해물이 발생활 확률을 물체당 1000분의 1이하로 유지해야 하며, 수명이 다한 위성이나 발사체를 처리하는데 외부 수단을 사용하는 등 99% 완료해야 한다는 목표도 제시했다.[2] 국가별 노력도 진행 중이다. 2023년 10월 미국 상원은 적극적 우주 잔해물 처리 프로그램(Orbital debris remediation program)을 NASA가 시작하도록 명령하는 법안을 채택하여 행동에 나서도록 촉구하였다. 이 법안에는 NASA가 프로그램을 통해 우주 잔해물 제거 기술에 대한 연구개발과 시연을 추진하도록 했다. 또한 NASA는 우주 잔해물 제거에 활용되는 장비를 우주로 발사하는데 협력하도록 했고, 상무부가 주도하는 우주교통관리를 지원하도록 했다.[3]

　　개별 국가정책으로도 우주 잔해물 감소를 위한 노력은 강화되어야 한다. 지구 궤도에 위성을 올리는 국가나 기업에게 궤도 사용료를 부과하자는 제안도 이러한 맥락에서 고려해볼 필요가 있다. 나아가 모든 위성들은 크기나 고도와 관계 없이 우주 잔해물이 되지 않도록 국제적 지침이 마련되어야 하며, 임무 종료 후 우주 잔해물 처리 기간을 10년 이내로 명시하는 위성 소유국의 국내 지침도 필요하다. 특히 우주로 발사된 위성 중에서 상당부분을 차지하는 소형위성은 수명이 다할 경우 자체적인 지구재진입이나 우주 잔해물 기업을 통해 처리되도록 의무 사항이 도입될 필요가 있다. 향후 발사되는 인공위성은 임무가 종료된 후에도 위치를 항상 추적할 수 있도록 추적보조 장치를 의무적으로 탑재해야 하며, 우주 잔해물 탐지와 추적을 위한 우주상황인식 능력을 지속적으로 발전시켜야 한다.

　　우주관련 국제법은 국가의 우주활동만 다루고 있으므로, 비국가 행위자들이 우주 잔해물과 관련된 감독을 받도록 개정이 필요하다. 이를 위해서는 우주 잔해물 감시를 위한 우주상황인식 능력을 갖춘 국가와 기업이 증가해야 하며, 이들이 국제적으로 협력을 확대해야 한다. 국제적 협력에는 우주 물체의 탐지 및 추적뿐 아니라 우발적 충돌과 궤도 이탈 등 사고에 대응하여 우주 잔해물 발생을 막기 위한 의사결정과 연습도 포함된다. 우주비행체의 경우 궤도상 랑데부와 근접 운용 (Rendezvous and Proximity Operations, 이하 RPO로 표기)을 수행할 수 있는데, 모든 우주비행체가 우주 잔해물의 제거나 다른 우주비행체를 지원하는 활동 등에 항시 참여할 수 있도록 관련 기술과 장비의 표준화를 국제제도로 모색해야 한다.

　　한편 군사 우주 차원에서는 우주 잔해물 제거 기술이 모두에게 환영받는 것은 아니다. 중국의 우주 잔해물 제거를 위한 시험은 미국 등 서방 국가의 감시 속에서 진행되었다. 중국은 2022년 1월 SJ−21 우주 잔해물 감소위성으로 지구정지궤도에서 기능이 상실한 베이더우 항법위성 1개와 도킹하여 무덤궤도로 이동시켰다.[4] 중국이 활용한 기술은 로봇팔로 보이며, 같은 기술이 경쟁국인 미국이나 서방 국가의 위성을 파괴하거나 이상을 일으키는 데에도 사용될 수 있다.

미중 우주 경쟁 맥락에서는 이러한 우려가 지속되고 있다. 하지만, 우주 잔해물 문제는 우주활동 전체에 미치는 위험으로 인해 경쟁국가 사이에서 공감하는 부분이 있는 것도 사실이다. 실제로 미국과 중국은 2023년 10월 우주상황인식 정보를 공유하기 위한 자리를 가졌다. 국제우주대회 기간 미국 상무부 산하 우주교통관리 담당이 중국 측 인사들과 만나 우주 잔해물에 대한 기업 정보를 공유하는 연합 네트워크 구축에 대해 논의했다는 소식이다. 비록 기초적인 대화였지만, 우주 잔해물에 대한 협력이 필요하다는 점을 잘 보여준다. 향후 우주 잔해물이 증가하면서 저궤도에서 위성 충돌 가능성도 높아질 것이다. 우주 잔해물의 감소와 제거는 우주기술의 발전과 더불어 정부, 군, 민간 조직, 기업, 국제기구가 모두 참여해야 한다.

우주정거장의 국제협력과 경쟁

지구상 미국과 소련의 경쟁과 달리 우주에서 국제협력을 상징처럼 보여주는 것이 국제우주정거장(International Space Station, 이하 ISS로 표기)이다. 우주정거장이 처음부터 국제협력의 성과는 아니었다. 원래 미국과 소련은 각각 우주정거장 구축을 진행했다. 최초의 우주정거장은 1971년 소련이 구축한 단일 모드의 살류트(Salyut)였다. 소련은 살류트 우주정거장에서 우주인을 머물게 하며 다양한 의학적 실험을 수행했다. 1977년 발사된 살류트-6부터는 2개의 도킹 시스템을 갖추고 있어 지속적인 보급과 우주인 방문이 이루어졌고, 우주정거장의 유지보수도 가능해졌다. 살류트-6은 거의 5년 동안 승무원 16명이 번갈아 탑승하면서 지구 궤도에서 길게는 6개월까지 운영되었다. 이후 소련은 1986년 다중 모듈로 확장된 우주정거장 미르(Mir)를 궤도에 올렸다. 미르 우주정거장은 살류트 우주정거장 시리즈에 기초하고 있다.

한편 미국 NASA도 1973년 소련에 이어 두 번째로 스카이랩(Skylab)이라는 우주정거장을 궤도에 올렸다.[5] 스카이랩은 달 탐사선을 발사했던 새턴-Ⅴ 발사체 3단 내부를 거주 공간으로 개조한 우주정거장이었다. 스카이랩에는 1973~79년 몇 차례 우주인이 체류했으며, 미세중력의 영향을 실험하기 위한 장치나, 태양 관측을 위한 전망대(Apollo Telescope Mount)를 갖추었다. 스카이랩의 뒤를 이어 NASA

는 1980년대 프리덤(Freedom) 우주정거장 계획을 추진했다. 하지만 1986년 우주 정거장 모듈과 장비를 수송하기 위해 발사된 우주왕복선 챌린저가 공중 폭발하는 사고로 우주정거장 계획도 취소되었다.

당시 우주왕복선의 개발 배경도 우주 경제, 군사 우주와 연관성이 있다. 우주정 거장은 고도 유지, 우주 잔해물 회피, 필요 시 고도 조정을 위해 추진제와 모듈을 보급받아야 한다. 이에 따라 미국은 우주정거장을 구축하면서 우주인과 물류를 수 송하기 위한 방법으로 재사용 우주비행체를 고려했다. 오늘날 우주 경제에 불을 지핀 재사용 발사체와 비슷한 아이디어였다. 우주정거장이 구축되면 주기적인 수 송이 필요한데, 당시 일회성 발사체로는 비용과 시간에 부담이 컸다. NASA는 1981년부터 2011년까지 우주 수송에서 재사용이 가능한 우주왕복선[공식명칭은 우주수송시스템(Space Transportation System)]을 개발했다.[6] 우주수송시스템은 추진 제를 담는 외부 탱크, 고체 로켓 위에 탑재한 궤도선으로 구성되는데 보통 날개를 갖춰 비행기 모양과 유사한 궤도선만 우주왕복선이라고 부른다. 우주왕복선이 우 주에서 지구로 복귀할 때 날개를 이용해 활주로에 수평 착륙하는 방식이라면, 스 페이스X의 재사용 발사체는 추진제와 부스터가 결합된 형태이고 지구로 복귀할 때 지정된 지상 지점이나 해상 패드에 수직 착륙하는 방식이라는 차이가 있다. 군 사 우주 차원에서도 우주왕복선은 경쟁국인 소련의 군사적 우려를 안겨주었다. 우 주왕복선은 동체 부분에 덮개를 열고 닫을 수 있으며 그 안에 로봇팔이 장착되어 허블우주망원경, 우주정거장 모듈 등을 지구에서 우주로 수송했다. 그런데 경쟁국 인 소련은 이러한 장비와 기능을 자국 위성에 대한 공격 무기로 인식하였다.

1998년부터 시작된 ISS 프로젝트는 미국, 러시아, 일본, EU, 캐나다 등이 참가 한 국제적 우주협력의 산물이다. 처음 ISS는 러시아에서 발사한 자랴(Zarya) 모듈, 미국이 발사한 유니티(Unity) 모듈이 도킹하여 핵심 부분을 구축했다. 이후 다양한 모듈이 추가로 도킹하여 2011년 완성되었으며, 무게 400톤에 축구장 크기의 현재 모습을 갖추고 고도 400km에서 운영 중이다. ISS는 미국과 러시아의 우주정거장 2개가 결합한 구조나 다름없다. NASA의 태양전지 패널이 주 에너지원을 담당한 다면, 러시아의 즈베즈다 모듈 엔진과 프로그레스(무인 수송 우주선)는 ISS를 지구 궤도에 유지시키고 위험한 우주 잔해물을 회피하기 위한 기동을 맡고 있다.

우주 안보의 이해와 분석

〈그림 1〉 미국과 소련의 우주정거장

소련 최초의 우주정거장 살류트

미국 최초의 우주정거장 스카이랩

소련 우주정거장 미르

국제우주정거장

© Wikipedia Commons

ISS 구축 과정은 우주 외교의 긍정적인 활동으로서 대표적인 국제협력 사례이다. 뿐만 아니라 ISS에서 진행된 우주인 활동도 국제협력을 잘 보여준다. 첫 번째 우주인은 2000년 러시아의 소유즈 우주선으로 ISS에 도착하였으며 미국의 우주왕복선도 우주인과 물류 수송에 활용되었다. 현재까지 ISS에는 20개국 260여 명의 우주비행사가 방문해 2,800건 이상 실험을 진행했다. 미국은 2011년 우주왕복선 프로그램을 종료하면서 한동안 러시아의 소유즈 발사체에 의존했다. 하지만 경쟁국에게 우주 수송을 의존하는 상황은 미국 우주활동의 발목을 잡을 수 있었다. 그렇다고 미국 연방예산으로 엄청난 비용이 드는 우주수송 프로그램을 다시 시작할 수도 없었다. 이처럼 군사 우주와 우주 경제 문제를 동시에 해결하기 위한 방법으로 NASA는 민간 기업에게 우주수송을 맡기는 혁신적인 방법을 추진했다.**7** NASA

는 유인우주비행체 개발을 주도하던 방식에서 탈피해 민간 기업이 주도적으로 개발하고, NASA는 재정적 지원과 기술 지원을 담당했다.

원래 ISS는 노후화되어 2024년까지만 운영될 예정이었으나, 미국과 러시아는 여러 차례 연장 협의를 거쳐 2028년까지 연장 운영할 예정이다. 문제는 ISS를 대체할 새로운 국제우주정거장에 대한 국제협력보다는 우주 강대국을 중심으로 개별적인 우주정거장 구축 경쟁이 벌어지고 있다는 점이다. 사실 미국과 소련은 냉전이라는 지구상 치열한 경쟁에도 불구하고, 우주에서는 ISS를 중심으로 국제협력을 이루어왔다. ISS는 적대적 관계에서도 소련과 미국이 어떻게 협력할 수 있는지를 보여준 중요한 사례다. 미국과 소련은 1975년 아폴로—소유즈 도킹 시험에서부터 ISS 프로젝트에 이르기까지 우주에서는 협력해왔다. 하지만, 2022년 러시아—우크라이나 전쟁 이후 미국과 러시아의 우주협력은 더욱 제한되는 상황이다. 여기에 더하여 미국과 중국의 우주 경쟁도 더욱 치열해지는 양상이다. 우선 중국은 2022년 말 독자적인 우주정거장 텐궁 구축을 완료하고 운영에 들어갔다. ISS 프로그램의 종료는 우주 외교 차원에서는 국제협력의 역사와 기회가 사라진다는 의미로 해석된다.

반면 ISS 프로그램의 종료는 우주 경제 측면에서는 민간 우주정거장 구축이라는 새로운 기회로 이어진다. NASA는 ISS의 보수와 유지관리를 통해 수명을 2030년까지 운영하자는 계획을 추진해왔다. 그 이후엔 액시엄 스페이스(Axiom Space) 등 민간 기업들과 함께 상업 우주정거장을 만들고 우주호텔 사업을 구상하고 있으며, 나아가 달 탐사를 위한 달 궤도 우주정거장인 루나 게이트웨이(Lunar Gateway)를 구축한다는 계획이다. 유럽우주국(ESA)도 현재 건설 중인 상업 우주정거장 스타랩(Starlab)을 사용할 예정이다. 스타랩은 보이저 스페이스(Voyager Space)와 에어버스(Airbus) 등이 공동 개발하고 있다. ESA는 스타랩과 연계한 유무인 우주선을 개발하고 화물과 우주인 수송 서비스를 제공할 계획이다. 실제로 NASA는 우주 경제의 경쟁력과 유인 우주비행 능력을 강화하기 위해 민간 기업을 선정하여 NASA의 기술과 데이터를 활용한 우주정거장 개발을 지원한다. 특히 스페이스X는 대형 발사체 스타십(Starship)을 우주정거장으로 활용함으로써 비용 절감과 물류 수송에 변화를 예고했다.

우주 안보의 이해와 분석

© Voyager Space / Axiom Space

한편, 각국이 우주정거장을 독자적으로 구축하는 배경에는 국제적인 영향력을 강화하려는 의도가 담겨 있다. 우주정거장은 우주력의 상징일 뿐 아니라 다른 천체와 심우주 탐사로 확장하기 위한 전진기지 역할도 수행한다. 중국도 우주정거장 톈궁을 구축한 이후 러시아와 우주협력을 강화하고 있을 뿐 아니라 미국과 경쟁이라는 공동의 목표를 공유하고 있다. 중국은 2030년까지 유인 우주비행으로 달 착륙을 추진하고 있는데, 우주정거장 톈궁은 지속 가능한 유인 달탐사 프로그램을 위한 요소로 활용된다.[8] 중국 인민해방군은 유인 달탐사 프로그램에 민간 우주비행사와 민간 기업의 참여도 허용함으로써 중국 우주개발의 이미지를 개선하려고 한다. 이러한 시도는 향후 중국이 우주프로그램을 통해 국제협력과 상업우주 분야를 발전시키겠다는 의도로 볼 수 있다. 이미 중국은 2023년 5월 민간 우주비행사를 우주로 발사했다.[9] 나아가 중국은 유인 우주비행에 홍콩, 마카오 등 중국의 영향권 인력들을 포함시킬 예정이다. 중국의 이러한 노력은 우주 안보 차원에서 다음과 같은 의미가 있다.

첫째, 우주정거장 구축은 중국이 유엔과 공동 프로그램을 운영하거나 국제협력을 확대할 수 있는 토대이다. 중단되었던 ESA와 유인 우주비행에 대한 협력을 다시 시작할 수도 있으며,[10] 국제관계에서 경쟁국인 인도와도 유인 우주비행을 논의할 가능성도 있다. 이처럼 중국은 유인 우주프로그램으로 우주 외교에서 중국의 영향력을 확대하고 협력할 기회로 활용한다.

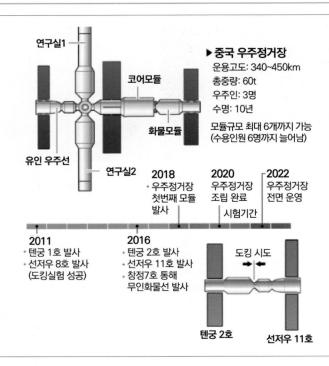

<그림 3> 중국 우주정거장(톈궁) 구축과정

연구실1

코어모듈

▶중국 우주정거장
운용고도: 340~450km
총중량: 60t
우주인: 3명
수명: 10년

모듈규모 최대 6개까지 가능
(수용인원 6명까지 늘어남)

화물모듈

유인 우주선

연구실2

2018
우주정거장
첫번째 모듈
발사

2020
우주정거장
조립 완료
시험기간

2022
우주정거장
전면 운영

2011
텐궁 1호 발사
선저우 8호 발사
(도킹실험 성공)

2016
텐궁 2호 발사
선저우 11호 발사
창정7호 통해
무인화물선 발사

도킹 시도

텐궁 2호   선저우 11호

ⓒ 연합뉴스

　둘째, 우주정거장 구축은 우주비행사와 물류를 수송할 프로그램에 중국 민간 기업이 참여할 수 있는 기회이다. 이를 통해 중국도 민간 기업으로 우주비행체 재진입 기술, 접근 및 랑데부 기술 등을 이전하고 발전시킬 수 있다. 또한 중국은 우주발사체 방식과 공급을 다양화함으로써 우주 경제 차원의 글로벌 시장 수익뿐 아니라 군사 우주 차원의 우주력을 발전시킬 수 있다.[11]

　미국도 아르테미스 프로그램의 일환으로 추진 중인 달 궤도정거장[루나 게이트웨이(Lunar Gateway)] 구축을 통해 달이나 화성에서 인간이 머무는 데 필요한 우주 기술을 시험하게 된다. 루나 게이트웨이는 현재 ISS보다 작은 크기이다. 하지만 루나 게이트웨이는 달 궤도에 위치한 실험실 역할만 하지 않고 지구와 달 착륙을 지속적으로 연결하는 거점이 된다. 또한 루나 게이트웨이는 달 뒷면을 탐사하는 우주비행체와 지구의 통신을 중계하는 역할도 한다. 중국도 인류 최초로 달 뒷면에 무인로버를 착륙시켰을 때 지구와 통신 중계를 위한 별도의 통신위성을 달 궤도로 발사했다.

미래에는 화성과 다른 천체로 출발하는 탐사선도 루나 게이트웨이나 달 기지를 거칠 것이다. 루나 게이트웨이나 달 기지에서 출발하면 지구보다 많은 중량과 연료로 탐사에 나설 수 있기 때문에 장비나 인간을 더 보낼 수 있다. 또한 더 넓고 먼 우주탐사를 진행하는데 중간 보급소나 기착지가 될 수 있다. 달 표면 얼음에서 얻는 산소나 수소를 활용하는 등 달 탐사기지가 인간이 생활할 수 있는 지속가능한 거점이 된다면, 가능한 미래이다. 달에서도 재사용 발사체나 우주왕복선과 같은 재사용 우주비행체가 활용될 것이며, 달 기지와 루나 게이트웨이 사이에 우주인과 물류를 수송할 수 있다.

🚀 **<그림 4> 우주정거장의 다양한 우주 안보 역할**

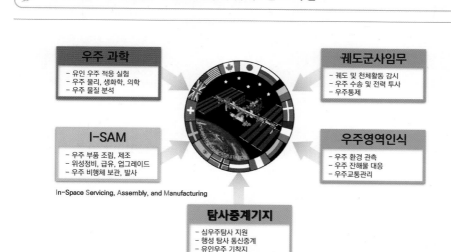

달 탐사의 국제경쟁

달 탐사는 더 이상 미국과 러시아만의 영역이 아니다. <그림 5>와 같이 최근 10년 안에만 인도, 일본, 이스라엘, 우리나라 등 많은 국가들이 달 탐사에 나서고

주요 달 탐사선 사업

2013년 12월
창어 3호(중국)
아시아 최초로 달 착륙

2019년 1월
창어 4호(중국)
최초로 달 뒷면 착륙

2019년 4월
베레시트(이스라엘)
엔진 이상으로 추락

2019년 9월
찬드라얀2호(인도)
착륙선 제동기 오작동으로 추락

2023년 4월
하쿠토-알 미션1(일본)
달 표면 추락해 통신 두절

2023년 8월
루나 25호(러시아)
달 남극 분화구 부근 착륙
하려다 표면에 충돌

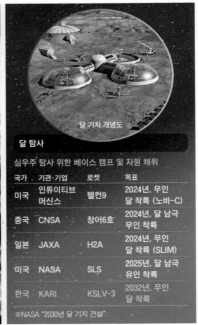

달 기지 개념도

달 탐사
심우주 탐사 위한 베이스 캠프 및 자원 채취

국가	기관·기업	로켓	목표
미국	인튜이티브 머신스	팰컨9	2024년, 무인 달 착륙 (노바-C)
중국	CNSA	창어6호	2024년, 달 남극 무인 착륙
일본	JAXA	H2A	2024년, 무인 달 착륙 (SLIM)
미국	NASA	SLS	2025년, 달 남극 유인 착륙
한국	KARI	KSLV-3	2032년, 무인 달 착륙

※NASA "2030년 달 기지 건설"

ⓒ 조선일보

있다. 달 탐사의 성과도 다양하게 축적되고 있다. 중국은 2019년 인류 최초로 달 뒷면에 착륙했다. 2023년에는 인도가 인류 최초로 달 남극지역에 착륙했다. 달 남극지역은 영구음영지역이 많아 얼음 형태로 물이 존재할 것으로 예상된 곳이다. 실제로 인도는 남극지역 탐사를 통해 황을 비롯해 그간 달 표면에 존재할 것이라 예상됐던 산소와 알루미늄, 칼슘, 철, 크롬, 티타늄, 망간, 실리콘도 확인했다.

　1970년대까지 유인/무인 달 탐사를 수행했던 미국과 소련도 오늘날 달 탐사에 쉽게 도전하지 못하고 있다. 왜일까? 그 이유는 당시 과학자, 기술자와 우주인이 대부분 은퇴하여 전문지식과 노하우가 충분히 연계되지 못했고, 착륙 지형이 불규칙한데다 통신 상황도 안정적이지 않기 때문이다. 또한 무인 탐사선의 경우 지형에 따라 착륙선의 하강 속도와 자세를 제어하는데 고도의 기술이 필요하기 때문이다. 그럼에도 불구하고 미국, 중국, 러시아뿐 아니라 많은 국가들이 달 탐사 경쟁을 벌이는 이유는 무엇일까?

과거 미국과 소련의 달 탐사 경쟁은 국제적 리더십과 국가적 명성을 걸었던 싸움이었다. 1969년 미국의 아폴로 프로그램으로 최초로 유인 달 착륙에 성공하자 이 경쟁의 목적은 한계에 이르렀다. 실제로 아폴로 프로그램은 이후 6차례 달 착륙을 수행하며 여러 가지 과학실험을 수행하고 달의 물질을 가져왔지만, 상징적인 의미나 경제적 이익으로 연계되지 못했다. 그 결과 아폴로 프로그램은 1972년을 끝으로 종료되었고 인류는 70년 이상 달 탐사를 중단하였다. 무인 달착륙도 1976년 소련의 루나-24가 마지막이었다.

오늘날 달 탐사 경쟁도 국가적 명성이 걸린 도전이지만 국제정치 관점에서 의미는 다소 다르다. 우선 단일 국가 사이의 경쟁이 아닌 진영 경쟁의 양상이 병행되고 있다. 미국과 중국의 우주 경쟁 맥락에서 볼 때, 아르테미스 협정 체결은 국제정치적 이점과 부담을 동시에 가져다줄 수 있다. 예를 들어 독자적인 우주활동 능력을 갖춘 인도도 아르테미스 협정에 가입함으로써 다음과 같은 이점을 얻을 수 있다. 첫째, 우주 교육 및 기술 발전, 과학적 기회에 대한 확대이다. 둘째, 인도가 추진 중인 자체 달탐사 계획을 효과적으로 발전시킬 수 있다. 셋째, NASA와 협력을 통해 인도의 유인 우주비행 능력을 확대 발전시킬 수 있다. 넷째, 인도의 우주활동에 드는 비용을 효율적으로 투자하고 혁신적인 방식을 통해 아르테미스 프로그램에 기여함으로써 양국의 우주탐사를 상호 발전시킬 수 있다. 반면 아르테미스 협정은 인도에게 부담을 가져올 수도 있다. 첫째, 미국과 힘을 합쳐서 다른 우주 강대국(중국, 러시아 등)과 대립하려는 의도로 보일 수 있다. 둘째, 아르테미스 협정은 달과 다른 천체의 자원을 채굴하는 내용에 대해 국제법적 갈등을 남겨두고 있다. 셋째, 아르테미스 협정에 따라 인도가 체결한 기존 우주조약의 의무 사항과 균형을 맞춰야 한다.

미국 중심의 참여국은 아르테미스 프로그램을 통해 협력하고 있으며, 러시아 등 중국 중심의 참여국은 국제달연구기지(International Lunar Research Station) 건설을 공동으로 추진 중이다. 미중 달 탐사 경쟁이 본격화된 것은 2019년 1월 중국의 달 뒷면 착륙이다. 우리가 보는 달은 항상 같은 면(앞면)이므로 뒷면에 착륙하려면 직접 통신이 어려운 상황을 극복해야만 한다. 그래서 1960~70년대 미국과 소련의 달 착륙도 모두 달 앞면이었다. 그런데 중국은 달 뒷면 착륙을 위해 통신을 중

계할 수 있는 통신위성 췌자오(견우와 직녀가 만났다는 설화 속 오작교를 딴 이름)를 8
개월 먼저 달 궤도로 보냈다.

　2019년 중국의 달 탐사 프로그램은 3단계로 진행되었으며, 무인 탐사였다. 먼
저 달 궤도에 탐사선을 보낸 후 두 번째로 달 착륙선을 보냈다. 마지막으로 달 착륙
이후 로버(위투)를 통해 달 물질을 채취해 지구로 귀환했다. 현재 중국은 유인 달
탐사 프로그램을 추진하고 있다. 중국의 유인 달 탐사는 2030년으로 계획 중이며
경쟁 관계에 있는 아르테미스 프로젝트보다는 4년 늦는다. 하지만, 중국이 무인 달
탐사 프로그램을 빠른 속도로 진행했던 성과를 고려하면, 유인 달 탐사 경쟁도 당
겨질 수 있다. 게다가 중국은 러시아를 비롯해 튀르키예, UAE, 파키스탄 등과 다
자협력을 통해 달 탐사 프로그램을 추진 중이다. 대부분의 참여국이 아르테미스
프로그램 참여국과 중복되지 않는다. 중국의 유인 달탐사 프로그램은 달 물질에
대한 과학적 분석을 통해 달의 기원과 인간이 달에 머물 수 있는 여건을 조사한다.
이어서 달 남극 지역에서 우주기지를 구축하는데, 많은 지점이 아르테미스 프로젝
트와 근접한다.

　중국의 시도는 우주 안보 차원에서도 의미를 갖는다. 중국의 우주개발은 1950
년대 양탄일성(兩彈日星, 2개의 핵폭탄과 1개의 인공위성) 선언과 함께 시작되었으
며, 처음부터 군사적 목적에서 이루어졌다. 또한 중국의 우주개발은 독자적으로
진행되면서도 미중 전략경쟁의 연장선에서 러시아와 협력도 지속하고 있다. 달 탐
사 경쟁에는 미국, 러시아, 중국 이외에도 인도와 일본도 뛰어들었다. 인도의 우주
개발도 중국과 마찬가지로 핵무기 경쟁과 관련된다. 인도는 국경을 맞댄 파키스탄
과 오랜 숙적관계를 이어왔다. 두 나라의 군비경쟁은 핵무기 개발까지 이어졌으며
이 과정에서 탄도미사일 개발과 동일한 기술인 우주발사체 개발이 이루어졌다. 인
도는 세계 6번째로 우주발사체 개발에 성공했으며, 우주활동의 거의 모든 분야에
서 성과를 축적해왔다.

　인도는 달탐사선 찬드라얀(Chandrayaan-3)으로 2023년 8월 달 남극지역에 인
류 최초로 착륙했다. 이 당시 달착륙은 마치 자동차 레이스와 같이 며칠 간격으로
연이어 시도되었다. 미국과 소련이 1960년대 펼친 인류 최초의 유인 달 탐사 경쟁
과 비슷하다. 다만, 이번 레이스는 인도와 러시아가 경쟁자였다. 인도의 달 탐사선
은 러시아보다 이른 7월 중순 발사했으나 지구에서 달까지 우회하는 경로(15~20

일 소요)를 활용했으며, 달 궤도 진입 후 달착륙을 시도했다. 반면 러시아는 달 탐사선 루나-25(Luna-25)를 지구에서 달까지 직접 도달하는 경로(5일 소요)로 발사했으며, 달 궤도 진입 후 빠른 착륙을 시도하여 인도보다 일찍 달착륙에 도전했다. 러시아의 달 탐사선 발사는 1976년 루나-24 이후 반세기 만이다. 그러나 먼저 시도한 러시아는 착륙에 실패했다. 반면 인도는 2023년 8월 23일 달 착륙에 성공하며 미국, 러시아, 중국에 이어 세계에서 4번째로 달 착륙에 성공한 국가이자 달 남극지역에 착륙한 최초의 국가가 되었다.

러시아는 1960~70년대 미국과 달 탐사 경쟁을 전개했던 우주 강대국으로 다시 달 탐사에 나섰다. 소련은 인류의 달 탐사 기록에서 대부분의 최초 기록을 가지고 있다. 1959년 발사된 루나-1는 최초로 달 표면 6,000km 상공까지 근접 비행에 성공한 탐사선이었다. 같은 해 루나-2는 달 표면에 충돌하는 방식으로 달에 접촉한 최초의 탐사선이다. 루나-3는 최초로 달 뒷면 사진을 보냈고 1966년 루나-9는 최초로 달 표면에 도착한 무인 착륙선이 되었다. 소련이 1966년 발사한 루나-10는 달 궤도를 도는 최초의 인공위성이 되었다. 비록 미국은 유인 달탐사 분야에서 소련을 추월하여 1969년 7월 아폴로-11로 유인 달 착륙에 성공했지만, 소련의 무인 달 탐사는 계속되었다. 1970년 9월 루나-16가 달의 토양을 채취해 귀환했고 11월에는 루나-17에 무인 로버 루노호트-1(Lunokhod-1)이 달 착륙에 성공했다. 소련의 달 탐사는 1976년 8월 루나-24가 달 물질을 채취하여 지구로 귀환하면서 종료되었다. 러시아는 루나-24 이후 47년만에 루나-25를 발사하여 달 남극지역 착륙을 시도했으나 실패했다. 하지만 러시아는 2031~40년 사이 유인 달 착륙에 성공하고 2041~50년 달 기지를 건설할 계획이다. 또한 달에서 물과 산소를 추출하고 사용하기 위한 장비를 시험한다. 이후 심우주 탐사까지 추진한다.[13]

🛰 아르테미스 프로그램과 국제달연구기지 프로그램

아르테미스 프로그램(Artemis Program)은 미국이 1970년대 아폴로 프로젝트 이후 50여 년 만에 달에 우주인을 보내기 위한 유인 달탐사 프로그램이다. 프로그램의 이름은 그리스 신화에 등장하는 아폴로의 쌍둥이 누이이자 달의 여신인 아르테미스에서 따왔다. 아르테미스 프로그램은 2026년까지 우주인을 달에 보내고, 이후 5차~8차 또는 그 이상 순차적으로 달에 지속가능한 유인 기지를 건설하려는 계획이다. 이 프로그램에 따라 NASA는 달 탐사선을 개발하고, 국제적 협력을 통해 루나 게이트웨이도 구축한다. 특히 달 탐사선 개발에는 민간 기업과 협력을 추진한다.

한편 국제달연구기지 프로그램은 중국이 2030년을 전후해 달에 기본적 형태를 갖춘 연구기지를 만드는 계획이다. 1단계로 달 환경 탐사·측량과 자원 이용에 대한 실험을 진행하고, 이후 2단계로 2040년을 전후해 연구기지를 더 개선된 버전으로 만들어 태양-지구-달 사이의 우주공간에 대한 환경 탐사·측량을 실시하며, 2050년께 과학적 응용이 가능한 완성된 형태의 연구기지로 만들 계획이다. 국제달연구기지는 달 표면과 달 궤도를 장기간 빈번하게 오가며 과학연구와 자원개발·이용 등을 지원한다. 중국은 국제협력과 세력확대를 위해 프로젝트의 추진기구로 국제달연구기지협력기구(International Lunar Research Station Cooperation Organization) 출범을 준비하고 있다. 2023년 7월 베네수엘라가 이 기구에 참여를 선언한 가운데 이란, 몽골, 태국 등이 소속된 아시아태평양우주협력기구(APSCO)도 참여하기로 했다. 중국은 이들 국가 및 기관들과 우주비행체의 공동 설계·개발, 과학 기기 탑재, 과학·기술 테스트, 데이터 분석, 교육과 훈련 등에서 광범위한 협력을 수행할 예정이다.

🛰 아르테미스 협정(Accords)

아르테미스 협정은 유인 달탐사로 알려진 아르테미스 프로그램을 국제협력으로 뒷받침하는 일종의 약속이다. 아르테미스 협정은 아르테미스 프로그램과 연관은 있지만, 우주 외교 차원의 협력이지 달탐사 활동에 직접 참여한다는 약속은 아니다. 2020년 미국이 호주, 캐나다, 이탈리아, 일본, 룩셈부르크, 아랍에미리트, 영국 등 7개 국가와 함께 창립했다. 이 협정의 목적은 민간 우주탐사와 평화적 목적을 위한 우주, 달, 화성, 혜성, 소행성 활용을 운영하는 것으로 구속력은 없다. 2024년 1월을 기준 협정 체결국은 인도까지 28개국이다.

우주 안보의 이해와 분석

아르테미스 협정의 주요 내용은 다음과 같다. 1. 국제법에 따라 평화적 목적을 위한 우주활동을 위해 정부 또는 기관 간에 양해각서를 이행한다(평화적 목적). 2. 과학적 발견과 상업적 활용을 향상하기 위한 공통 탐사 인프라가 중요하다(공통 인프라). 3. 우주 물체를 등록하고 과학적 데이터를 적시에 공개적으로 공유한다(등록 및 데이터 공유). 4. 역사적인 착륙 지점, 인공물 및 천체 활동의 증거를 보존한다(유산 보존). 5. 우주 자원의 활용은 안전하고 지속 가능한 활동을 지원해야 하며 다른 서명국의 활동을 방해하지 않으며, 간섭을 방지하기 위해 위치 및 특성에 대한 정보를 공유한다(우주 자원의 활용). 6. 우주비행체의 안전한 폐기를 계획하고 유해한 잔해물 생성을 제한한다(우주 잔해물 완화).

과학기술 협력뿐 아니라 여기에서 도출된 군사적 활용도 예상된다. 또한 막대한 비용을 분담하고 경제적 이익을 선점하기 위한 경쟁이기도 하다. 이처럼 달 탐사 경쟁은 우주 안보 차원에서 다음과 같은 의미를 갖는다.

달 탐사 기술은 군사 우주 분야에 활용될 수 있는 첨단기술을 우주 시스템에 적용할 수 있다. 달 탐사 과정에서 시스루나 공간(지구~달)을 이동할 수 있는 기술, 인력과 물자를 수송할 수 있는 기술, 달 기지를 건설하고 유지하는 기술 등을 확보할 수 있다. 미 국방부가 중국의 달 탐사가 갖는 군사적 목적을 경계하는 이유이다. 2019년 인류 최초로 달 뒷면 착륙에 성공한 중국은 무인 착륙선과 탐사 로버를 활용하였다. 달 뒷면은 지구에서 관측할 수 없기 때문에 비밀스러운 활동을 할 수 있으며, 미국의 위성을 위협할 수도 있다. 지구와 같이 달 궤도에서 감시정찰위성 등 우주정보지원 활동이 활발해질 것이다.[14] 군사적으로도 매우 유용한 도킹과 랑데부 기술도 1960년대 NASA의 유인 달 착륙 과정에서 개발되었다.[15] <그림 6>과 같이 랑데부와 근접 운영(RPO) 기술은 NASA가 아폴로 우주선을 달로 보내는 네 가지 방법 중 하나였다.[16]

달 탐사 경쟁은 장기적인 우주 안보 이익으로서 달 자원에 대한 자유로운 접근과 경쟁국의 활동을 거부하려는 의도가 포함된다. 이를 위해 일시적인 달 착륙이 아니라 영구적인 달 기지를 구축하기 위한 계획을 진행 중이다. 이러한 달 점유의 기대가 새로운 것이 아니다. 이미 미국은 1959년 프로젝트 호라이즌(Project Horizon)을 통해 달 기지를 검토했었다. 1979년 달 조약은 달의 물리적 개발을 제한하고 있지만 미국, 러시아, 중국이 비준하지 않았기 때문에 대부분 명목상의 조약에 불과하다. 게다가 달의 뒷면은 관측이나 군사적 책임으로부터 상대적인 면제를 받을 수 있다는 장점으로 우주 강대국의 관심을 받고 있다. 중국은 2019년 1월 달 탐사선을 달 뒷면에 착륙시킨 최초의 국가가 됨으로써, 미개척지였던 이 지역에 대한 전략적 관심을 보여준다. 2021년 미국 국방고등연구계획국(DARPA)은 우주 및 달에서 제조 기술을 확보하기 위한 새로운 프로그램을 시작했다. 여기에는 군사기지가 포함될 수 있다. 미 우주군도 중국의 달 탐사 계획을 아이디어의 공유나 우주과학의 과정으로만 평가하지 않는다. 특히 달 기지 건설과 달 남극지역에 점유 혹은 소유는 태양계 전체에서도 반복될 개척 경쟁이 될 것이다. 우주와 같은 공유지를 통제하는 국가가 영향력과 우위를 유지할 수 있다는 전략적 조언을 고려해야 한다.

달 기지는 달 환경에서 겪는 자연적 위험에 대비하고, 다른 국가나 기업과의 충돌에서 안전을 확보하는 핵심 시설이다. 달 기지 구축은 군사 우주, 우주 경제, 우주 외교 영역이 상호 연관된 과정이다. 군사 우주 차원에서 달 탐사와 달 기지 구축은 지구와 달 사이의 우주활동을 감시하고 적대적 활동을 제한하는 요충지이다. 현재 아르테미스 프로그램과 같이 달 기지는 달 궤도 우주정거장과 연계하여 추진 중이다. 따라서 달 기지는 달과 달 궤도에 대한 안전을 강화할 뿐 아니라 화성 혹은 다른 심우주 탐사의 경유지로 역할을 한다. 또한 시스루나 공간에 대한 보급과 지원도 지구보다는 달에서 수행하는 것이 효과적이다. 달 기지가 갖춘 생산 시설과 발사장은 지구보다 낮은 중력으로 인해 같은 발사체 능력으로도 많은 중량을 우주에 보낼 수 있기 때문이다. 현재 미국과 중국이 달 남극의 비슷한 지역을 두고 누가 먼저 기지를 구축하느냐는 경쟁을 벌이고 있다. 달과 같은 천체는 특정 국가가 독점할 수 없지만, 먼저 위치한 국가의 권리를 박탈할 수도 없다. 따라서 달 탐사와 기지 구축은 선점하는 국가에게 유리한 상황이다. 달 남극 지역뿐 아니라 달 뒷면도 군사 우주 차원에서 활용도가 있다. 이미 중국은 인류 최초로 달 뒷면 착륙에 성공했다. 달 뒷면은 지구에서 직접 감시할 수 없기 때문에 군사적 활동을 비밀리에 수행하기 쉽다. 향후에는 달 우주정거장이나 달 궤도에 감시정찰위성을 배치하여 다른 국가의 달 뒷면 활동을 감시할 것으로 보인다.

우주 안보의 이해와 분석

🚀 <그림 6> 랑데부와 근접 운영(RPO) 기술[17]

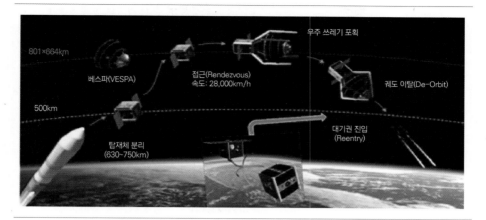

© 최성환

🛰 아폴로 달 착륙 과정

1969년 아폴로-11이 인류 최초로 유인 달 착륙에 성공했다. 지금은 익숙하게 보이는 이 과정도 당시 NASA에서는 네 가지 달 착륙 방법을 놓고 고민한 결과였다.

첫 번째는 달 궤도 랑데부 방식으로 실제 1969년 달 착륙에 활용했던 방법이다. 아폴로 우주선은 사령선과 착륙선으로 구성된다. 이 방식은 아폴로 우주선이 달 궤도에 도달하면 사령선은 달 궤도에 남아 있고 착륙선만 분리되어 달에 착륙한다. 이후 달에서 임무를 완수하면 2단으로 구성된 착륙선의 하단 모듈은 달에 남겨두고 상단 모듈만 이륙하여 달 궤도의 사령선과 도킹한다(당시 하단 모듈은 아직도 달에 남아있다). 사령선과 착륙선이 분리되고 착륙선도 상단과 하단이 분리되면 달에서 이륙할 때 무게를 줄일 수 있기 때문이다. 우주인은 사령선과 착륙선의 도킹으로 내부를 이동할 수 있으며, 지구로 복귀할 때는 다시 사령선으로 이동하여 착륙선 상단은 남겨둔다.

두 번째는 직접 이륙 방식이다. 이 방법은 지구에서 이륙한 아폴로 우주선이 달 착륙까지 한번에 진행하는 방식으로 달 궤도 랑데부 방식보다 먼저 고려되었다. 실제로 브라운 박사 등 아폴로 프로그램 관계관들이 한 번에 달과 지구 사이를 이동하기 때문에 다른 위험요소가 적었던 이 방식을 처음에는 선호했다. 하지만 달에서 이륙할 때 중량이 무겁고 연구 중이던 도킹과 랑데부 기술이 도전해볼 만하다는 판단에 따라 방식을 변경했다.

세 번째는 지구 궤도 랑데부 방식이다. 첫 번째 방식과 유사하지만 지구에서 아폴로 우주선이 한번에 발사되던 것과 달리 개별적으로 발사된 아폴로 우주선 모듈들이 지구 궤도에서 도킹하는 방식이다. 지구에서 도킹하여 조립된 아폴로 우주선은 달까지 이동하여 첫 번째 방식으로 달에 착륙과 이륙을 수행하고 지구로 복귀하게 된다. 이 방식은 엄청난 크기의 우주발사체를 개발할 필요가 없었기 때문에 경제적이고 기술적으로도 현실성이 있었다. 대신 지구 궤도에서 여러 모듈을 조립해야 하는 어려움이 있다.

네 번째는 달 표면 랑데부 방식이다. 이 방식은 세 번째 방식과 같이 아폴로 우주선의 모듈을 따로 달까지 착륙시킨 후 달 표면에서 활용하는 방법이다. 달에는 무인 착륙선과 유인 착륙선을 보내고 달에서 우주인들이 이륙할 때 무인 착륙선에 탑재한 추진제를 유인우주선으로 이동하여 활용한다. 세 번째 방식의 장점을 살리면서 지구 궤도에서 조립하는 부담을 줄일 수 있었다. 하지만, 2대의 달 착륙이 모두 성공해야만 가능한 방식으로 위험 부담이 있었고 첫 번째 방식과 같이 착륙선을 상단과 하단으로 분리하는 아이디어로 인해 채택되지 않았다.

처음 NASA에서는 두 번째 방식을 선호하는 분위기였다. 지구 궤도나 달 궤도에서 우주 자산 사이에 도킹과 랑데부를 확신할 수 없었기 때문이었다. 하지만 미국이 추구하던 달 착륙 일정을 맞추면서 다른 위험 요소를 배제할 수 있는 첫 번째 방식이 선택되었다. 실제로 아폴로 프로그램은 1969년 아폴로-11가 달 착륙에 성공하기 전까지 다

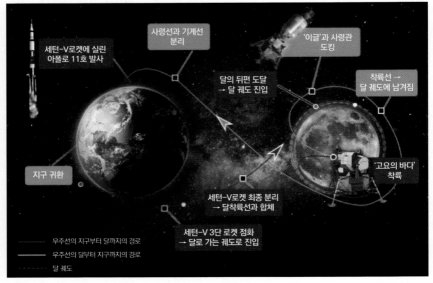

© 동원NOW

우주 안보의 이해와 분석

음과 같은 단계로 우주기술을 발전시켰다. (1) 무인 사령선 시험 (2) 무인 달 착륙선 시험 (3) 지구 저궤도에서 유인 사령선 시험 (4) 지구 저궤도에서 유인 사령선과 달 착륙선 시험 (5) 지구 중궤도에서 유인 사령선과 달 착륙선 궤도 비행 (6) 유인 사령선과 달 착륙선의 달 궤도 (도킹 및 랑데부) 시험 (6) 달 착륙이었다.

우주 경제 차원에서 달 사업 프로그램은 민간 기업에게는 기회의 창이다. 미국 DAPRA는 과거 달 탐사가 지속가능성 측면에서 성과를 거두지 못한 일회성 시도라고 본다. 이런 문제의식에서 이제는 착륙선 하나를 더 보내는데 그치지 않고 달에서 자급자족할 수 있는 사업을 창출하기 위한 여러 기술을 동시에 개발한다. 이를 위해 DARPA는 개별적으로 추진 중인 달 인프라 개발을 통합하고 있다. 2023년 8월 『달아키텍처 10년(10-Year Lunar Architecture)』(LunA-10)을 발표하고 10년 후 자급자족이 가능한 달 경제권 구축을 추진 중이다. LunA-10 아키텍처 구축에는 민간 기업도 뛰어들어 경쟁하고 있다. 민간 기업들은 표준 탑재체를 달로 수송하고 달의 인프라 규모를 확장하는 방법을 찾고 있다. 스페이스X, 블루오리진 등 14개 팀이 많은 로봇을 활용하여 통신, 에너지, 이동, 항법 시스템이 탑재된 달 발전소와 같은 다목적 인프라를 개발한다. DARPA는 달 기지 구축이 우주조약에 부합하는 평화적 목적이라고 밝혔다.[18]

이 밖에도 많은 개별 기업들이 달 사업에 뛰어들 준비를 하고 있다. 2024년부터 민간 우주기업의 달 탐사 경쟁도 본격화된다. 최초에 도전했던 미국의 우주기업 아스트로보틱(Astrobotic)의 무인 달 착륙선이 1월 실패했지만, 또 다른 기업 인튜이티브 머신(Intuitive Machines)가 무인 달 착륙선(Nova-C)을 2월에 발사할 예정이다. 만약 Nova-C가 목적지인 달 남극지역에 착륙하면 세계 최초의 상업용 달 착륙선이 된다.[19] 이 기업은 아르테미스 프로그램의 핵심 임무 중 하나인 상업적 달 수송 서비스(Commercial Lunar Payload Services, CLPS)에도 참여한다. 달에 우주기지가 건설되면 우주자원의 탐사와 채굴이 이루어질 것이다. 이미 달과 소행성의 자원 매립 가능성과 이를 채굴하기 위한 기술을 개발 중이다. NASA는 2023년 10월 소행성 프시케(Psyche)를 탐사할 탐사선을 발사했다. 화성과 목성 사이에 위치한 프시케는 대부분 금·니켈·철 같은 금속으로 이루어졌으며, 폭 200㎞ 이상인 프시케를 구성하는 철의 가치만 1,000경 달러로 추정된다. 미국 우주채굴 스타트업 아스트로포지(Astroforge)는 가치가 높은 백금속류(백금, 팔라듐, 이리듐, 로듐 등)을 채굴할 소행성 탐사선을 발사해 2025년까지 지구로 가져올 계획이다. 골드만삭스의 애널리스트 노아 포포낙(Noah Poponak)은 "축구장 크기만 한 소행성 하나에도 많으면 500억 달러(약 66조 원) 가치의 백금이 매장돼 있을 수 있다."고 밝혔고 투자자들도 관심이 크다. 이 기업은 레이저로 소행성 표면의 물질을 증발시킨 다음 증기 속에서 필요한 물질을 채집하는 기술을 확보했다. 또 다른 우주기업 트랜스아스트라(TransAstra)도 태양광을 활용해 우주에서 광물이나 물을 채집할 수 있는 기술을 개발했다.

우주 외교 차원에서도 미국의 아르테미스 프로그램과 중국의 국제달연구기지 프로그램은 우주관련 국제협력을 누가 주도하냐는 경쟁이다. 미국과 중국의 달 탐사 계획은 2030년대 전후로 비슷한 지역에서 추진되고 있기 때문에 경쟁이 불가피하다. 달 탐사 경쟁은 두 국가뿐 아니라 국제협력의 세력을 모으는 양상이다. 중국도 미국과 마찬가지로 공동으로 참여할 국제협력 주체를 모으고 있다. 중국은 2028년 발사 예정인 창어-8 임무에 참여하는 국가와 국제기구와 함께 우주비행체를 발사 및 운영하고, 우주비행체 간 상호 작용을 수행하며, 달 표면을 공동으로 탐사한다. 창어-8은 달 표면에 착륙한 후 자체 탐사장비를 독립적으로 사출해 운영하는 임무도 수행한다. 전문가들은 달 기지 건설 움직임을 자원 탐사 및 채굴을 위한 기초 작업으로 분석한다. 달에는 얼음이 존재하고 헬륨-3과 같은 자원이 매장된 것으로 추정되고 있다. 헬륨-3은 핵융합 발전의 원료가 될 수 있어 차세대 에너지 자원으로 불린다. 이에 달 기지가 건설될 경우 자원 채굴을 위한 각종 인프라를 지구에서 가져가는 비용을 최소한으로 줄일 수 있다. 기지 건설 속도가 그만큼 빨라질 수 있다.

달 탐사 경쟁이 현실화되면 1979년 달 조약에 대한 참여국이 늘어나거나 달 조약의 개정에 대한 우주 외교활동이 활성화될 것이다. 현재 달 조약은 강대국은 물론 우리나라도 참여하지 않고 있어 사문화되었다는 평가를 받는다. 하지만, 달 탐사국이 증가하고 달 탐사에 참여하는 국제협력이 확대되면 달 조약이 이들 국가의 우주활동을 규제하거나 조율할 수 있는 규범으로 작동하게 된다. 우주의 장기지속가능성(LTS)에 대한 가이드라인도 이러한 상황을 이미 반영하여 논의되고 있다.

향후에는 유엔에서 논의되는 우주활동의 규범이 달과 같은 천체에 적용되기 위한 우주외교에서 더욱 중요해질 것이다.

글로벌위성항법체계의 국제정치[20]

글로벌위성항법체계(Global Navigation Satellite System, 이하 GNSS로 표기)는 지구 전체를 대상으로 이동 중인 물체의 위치와 속도를 제공하는 시스템이다. 현재 유엔이 인정한 항법체계의 글로벌 표준은 미국 GPS(Global Positioning System), 러시아 글라노스(GLONASS), EU의 갈릴레오(Galileo), 중국의 베이더우(Beidou)이다. 모든 위성항법체계가 글로벌 수준에서 작동하는 것은 아니다. 일본의 위성항법체계(QZSS)는 일본 지역을 중심으로 운영되며 우리나라가 추진하는 한국형위성항법체계(Korea Positioning System)도 지역 기반의 체계이다. 오늘날 GNSS는 교통뿐 아니라 모든 일상과 군사작전, 경제생활 등이 이루어지는 핵심적인 인프라이다. 위성항법체계는 많은 비용과 시간, 기술이 투입되기 때문에 국가적 사업으로 구축된다.

과거에는 거의 모든 국가가 미국이 운영하는 GNSS인 GPS에 의존했다. 우리나라도 GPS를 이용하고 있기 때문에 독자적인 위성항법체계를 구축할 필요가 없었다. 하지만 우주 안보 차원에서 GNSS를 다른 국가에 의존할 경우 국가 핵심인프라가 미국에 의해 좌우될 수 있는 문제가 있다. 실제로 중국은 미국의 GPS에 의존하는 상황이 불러올 문제를 1996년 실감했다. 당시 대만 총통이었던 리덩후이는 미국을 방문한 자리에서 대만 독립의 가능성을 언급했다. 중국은 경고의 의미로 대만 인근 해상으로 미사일 3발을 발사했다. 그런데 1발은 중국의 의도대로 대만 기륭항에서 18.5km 떨어진 바다에 떨어졌지만 나머지 2발은 위치를 잃고 엉뚱한 곳에 떨어졌다. 중국은 미국의 GPS를 사용하고 있었기 때문에 미국이 중국 미사일을 방해한 것으로 본다. 이로 인해 중국은 독자적 위성항법체계인 베이더우를 개발하기로 한다. 군사적 필요뿐 아니라 만약 다른 국가에 의존하던 위성항법시스템이 고장날 경우, 별다른 조치를 취할 수 없으며 그 영향으로 방송, 통신, 교통 등 위치와 속도를 활용하는 모든 인프라가 중단되어 사회적 대혼란이 일어날 수 있다. 또한 생산, 운송 등 경제활동이 중단되면서 막대한 손실과 장기적 피해를 입을 수 있다.

현재 세계에서 가장 널리 사용되고 있는 글로벌항법위성시스템은 미국의 GPS로 우리나라를 포함해 약 190개 나라에서 사용되고 있다. 미국 GPS는 1973년 공군 주도로 개발이 시작되어 1978년 첫 번째 위성이 발사되었고 1995년 24개 위성을 배치하여 전력화되었다. 초기에는 군사용으로 개발되었지만 1983년 우리나라의 대한항공 007편이 자체 관성항법 장치가 고장나면서 소련 영공 근처에서 전투기로 격추되는 사건이 일어나면서, 레이건 행정부가 민간의 항행 안전을 위해 GPS 신호를 개방했다. 초기에는 GPS 신호 사용을 적대국이 군사적으로 사용하는 것을 막기 위해 선택적 오차를 유발했지만 2000년 이마저 중단했다.

　　현재 미국 GPS는 31개 군집위성으로 구성되어 약 20,000km의 중궤도를 돌고 있다. 중궤도 항법위성은 위성기능에 손상을 입힐 수 있는 밴 앨런 방사선대를 회피하여 배치된다. 항법위성이 지구상 특정 위치를 추적하고 알려주기 위해서는 최소한 위성 4개와 접촉이 이루어져야 한다. 정밀한 원자시계를 탑재한 위성들은 위성의 위치, 속도, 시간을 삼변측량법과 상대성 이론 적용을 통해 수신자의 위치를 알려준다. 최소 24개의 중궤도 위성으로 지구 전지역 서비스가 가능하다. 항법위성에서 중궤도 위성을 선호하는 것은 저궤도보다는 속도가 느리기 때문에 항법 서비스에 핵심인 위치계산을 더 정확하게 할 수 있고, 필요한 위성의 수도 적기 때문이다. 항법위성의 숫자는 많을수록 위치 정보가 정확해진다. 위성항법 서비스는 사용자는 자신의 기기에 따라 선택할 수 있으며, 보통 기기가 최상의 정보를 제공하는 위성항법체계와 연결된다.

　　중국의 베이더우는 처음부터 미국과의 군사적 문제에서 출발했다. 2000년 처음 발사된 베이더우 위성은 2018년 말 위성의 기본 배치를 마치고 일대일로(육·해상 실크로드) 참여국들에게 서비스를 제공하기 시작했다. 현재 제공되는 베이더우 서비스는 일반용과 군사용 두 가지다. 베이더우의 군사용 성능은 위치 정밀도가 10㎝ 이내로 미국 GPS의 정밀도 30㎝를 능가한다는 평가도 있다. 현재 46개 군집위성으로 구성되어 있으며 그중 30개가 최신 위성(BDS-3)이다. 오늘날은 물론 미래전에서는 모든 정밀무기체계들이 목표물을 정확히 타격하기 위해 위성항법시스템이 필수적이다. 중국의 베이더우 시스템은 중국과 남중국해 지역에서 군사적 능력을 발전시켰다. 중국은 영유권 갈등을 빚고 있는 광범위한 남중국해에서 비밀 감시 장치인 '해상 항법 비콘' 네트워크를 구축하여 이 지역에서 미국 함대나 선박

을 정확하게 추적할 수 있다.[21]

중국 언론에 따르면 베이더우는 2022년 전세계 11억 명 이상에게 서비스를 제공했다. 중국 베이더우 사용자가 급증한 이유에는 중국이 지상국 인프라를 운영하는 국가들에게 보조금을 지급하고, 항법 서비스를 사용하지 못하는 국가들에게 공격적으로 항법 서비스를 제공했기 때문이다. 베이더우 위성의 신호를 24시간 모니터할 수 있는 지상국 증가는 항법정보의 정확성과 통신 속도 향상에도 도움이 된다. 미국 GPS 서비스는 아프리카, 남미, 일부 아시아 국가들에서 제공범위가 좁아 원활히 제공되지 않았던 반면, 베이더우는 이들 지역에서 서비스 제공이 원활하다. 최근에는 베이더우 시스템이 무선 주파수 대신 레이저 통신을 이용해 데이터를 전달하도록 연구 중이다. 레이저 통신 장비는 도시의 복잡한 대기 환경에서도 안정적 통신이 가능하고 세계 어느 곳에서도 유선 인터넷 수준인 초당 1기가바이트 이상의 데이터를 전달할 수 있다. 레이저 통신은 외국의 도청이나 전자전 공격에도 강하다.

중국은 베이더우의 성능을 최신화하면서 상대적으로 노후화된 미국 GPS의 취약성을 공격할 가능성도 있다. 재밍이나 스푸밍으로 지상에서 GPS 서비스를 사용하기 불안정하고 위험하게 만들 수 있다. 예를 들어 중국 베이더우는 GPS가 갖추지 못한 양방향 메시지 기능을 사용한다. 현재 이 기능은 중국 내에서 주로 사용할 수 있으며 다른 지역에서는 지상 네트워크를 통해 짧은 문자 메시지만 보낼 수 있다. 중국 정부는 이 기능을 조난 수색 및 구조 임무에 유용하다고 홍보해왔다. 하지만 이 기능은 사용자가 항법 서비스를 이용할 때 사용자의 위치가 베이더우를 통해 확인되므로 상대방 지역에서 군사적 표적을 선정하는 데 활용될 수 있다. 이 기능이 널리 활용될수록 어느 순간 중국을 위한 정보 제공, 위치 추적이 가동될 수 있다. 예를 들어 미래에는 자율주행 자동차가 보급되면서 더 많은 위치정보가 베이더우를 통해 제공될 수 있다. 현재는 베이더우의 데이터 처리 용량으로 이런 우려가 현실로 나타날 수 없다. 하지만, 베이더우의 양방향 메시지 기능을 사용하기 위해서는 특수칩을 내장해야 하며 화웨이 스마트폰이 이를 채택했다. 앞으로 더 많은 스마트폰 기업이 이 기능을 채택할 경우를 유의해야 한다. 2022년 애플은 미국 위성사업자 글로벌스타(Global Star)를 통해 위성 기반 긴급문자 서비스를 제공하기 시작했다.

고의적인 전파방해나 간섭을 통해 위성항법신호를 사용하는 무기체계를 무력화할 가능성도 있다. 특히 전파방해나 간섭이 일어날 경우 주파수 중첩 발생 시 위성 신호 수신의 감도 저하 및 위치 오차가 커지는데, 그것이 우연인지 고의인지 판단하기가 쉽지 않다. 또한 위성항법신호는 단방향의 방송에 가깝기 때문에, 의도적으로 부정확한 위성항법신호를 방출하는 경우(Spooping) 수신자가 송신자에게 책임을 묻기도 어렵다. 실제로 미국에서는 2014년 중국 CTS Technology에 대해 신호 재머(signal jammer)를 판매한 혐의로 3,400만 달러 이상의 벌금을 부과하였다. 우크라이나, 이라크 등 분쟁 지역에서는 크고 강력한 위성항법신호 재머의 존재가 확인되었으며, 우리나라에서도 2010~16년 사이에 발생한 총 4번의 GPS 전파교란의 발신지가 북한 지역으로 확인되기도 하였다.[22]

또한 중국은 베이더우로 국제적 군사협력을 강화하고 미국과 전략경쟁에도 활용한다. 2018년 12월, 중국은 미사일, 선박, 항공기에 보다 정밀한 지침을 제공하기 위해 파키스탄에게 베이더우의 군사용 데이터에 대한 접속 권한을 제공한 것으로 알려졌다. 파키스탄도 미국 GPS에 의존을 끝내고 베이더우를 군사 및 민간용으로만 사용 중이다. 이란과 중국은 2021년 3월 "포괄적 전략 파트너십을 구축하기 위한 양해각서"를 체결했으며, 이후 중국 군사 소식통은 이란이 베이더우의 군사급 신호에 대한 접근 권한을 가진 것으로 밝혔다.

중국과 러시아의 협력도 계속 심화되고 있다. 마침 러시아도 우크라이나 전쟁을 계기로 미국 GPS가 차단될 경우를 대비해 자국의 위성항법체계 수신기를 확대하고 비용이 들더라도 GPS를 완전히 대체하려고 한다. 러시아도 소련 시절인 1980년대부터 미국 GPS에 맞서기 위한 독자적 위성항법시스템 글로나스 구축에 들어가 2011년 글로벌 서비스를 시작했다. 중국은 베이더우가 제공하는 위치ㆍ항법ㆍ시각(PNT) 정보의 정확도를 높이기 위해 러시아와 위성신호 모니터링 분야에서 협력하고 있으며, 2022년에는 서로의 국경 내에 항법위성용 지상국을 구축하기로 합의하는 등 베이더우의 양적ㆍ질적 발전을 위해 노력하고 있다. 각국의 정치적 선호, 군사적 관계 또는 경제적 의존으로 인해 베이더우와 글로나스가 미국과의 전략 경쟁을 상징하고 있다. 결국 중국 베이더우와 러시아 글라노스는 미국 GPS 및 유럽 갈릴레오 위성항법체계와 함께 글로벌 항법위성체계를 양분할 수도 있다.[23]

우주 경제 차원에서도 베이더우는 중국 경제성장에 큰 역할을 한다. 2025년까지 156억 달러의 국내시장 가치를 창출할 것으로 전망되는 가운데 중국은 전 세계

우주 안보의 이해와 분석

에 수출하는 인프라(철도, 선박 등)에 베이더우 서비스를 내장하여 사용자와 위치 정보를 더 많이 확보할 계획이다. 현재 중국의 베이더우 서비스가 활용되는 정도를 정확히 파악하긴 어렵지만, 그 범위는 더욱 확대될 것이다.

우주 외교 차원에서도 중국 베이더우의 세계화는 우주협력을 주도함으로써 국제적 영향력을 높이려는 의도와 연관이 있다. 베이더우의 사용은 무료이므로 전 세계 사용자가 늘어난다고 곧바로 경제적 이익이 되진 않는다. 대신 베이더우에 의존하는 국가가 많아질수록 중국의 우주분야 영향력은 커질 수밖에 없고, 중국 정부나 기업이 해당 국가와 외교적, 경제적 협력을 확대하는 지렛대가 된다. 실제로 중국은 통신 인프라가 부족한 아프리카, 중동 국가들을 상대로 베이더우 서비스를 제공하는 조건으로 경제·기술·과학 분야 협력을 제안해왔다. <그림 7>과 같이 시진핑 체제가 추진해온 일대일로 프로젝트와 연계하여 유럽과 동남아 국가와도 우주협력을 강화하고 있다. 미국에 비영리 연구기관에 따르면 베이더우는 전 세계 약 120개국에서 사용되고 있으며, 글로벌 시장에서 차지하는 비중도 약 15%로 2025년까지 25%로 확대하려는 목표를 가지고 있다.

 <그림 7> 중국 베이더우와 미국 GPS 사용자 비교

© Trimble GNSS Planning Online

한편 미국도 GPS 현대화에 노력하고 있다. 현재는 31개 위성 중 6개가 최신 GPS Ⅲ 위성이다. 현재 록히드 마틴이 GPS Ⅲ를 개발하고 있으며 2032년 현대화가 완료될 것으로 보인다. GPS Ⅲ는 더 높은 전력과 정확한 위치 정보, 항재밍 기능 등을 갖추고 있다. 또한 군전용망이 설치되어 8배 많은 지역에서 전파방해방지 기능을 발휘한다. 나아가 최신 개량 위성은 지금보다 60배 넓은 지역에서 전파방해방지 기능을 갖출 전망이다. GPS는 군용 외에도 민간용 자율주행차량 등에 더 많은 데이터를 제공하며, 수색 및 구조 기능도 갖출 것이다. 이처럼 군사 우주 차원에서도 글로벌위성항법체계는 미중 경쟁의 단면을 보여주고 있으며, 향후 지속적인 개선을 통해 방호력, 복원력 강화로 이어질 것이다.

우주 안보의 이해와 분석

나오며: 우주 안보 시대의 국가안보

　북한이 2023년 11월 22일 군정찰위성을 발사하여 남한 주요 지역을 감시하기 시작하였다. 우리나라도 북한보다 이른 2016년부터 군정찰위성 사업을 추진하여 2023년 12월 발사에 성공하였다. 외신은 비슷한 시기에 군정찰위성을 발사한 남북한 상황을 두고 한반도의 군사 우주 경쟁이 치열하다는 분석이다.[24] 이제 우리나라 국가안보도 우주 영역으로 확장되었다. 게다가 우주 안보는 전통 안보에서 다뤄온 군사적 문제에 국한되지 않는다.

　이 책에서 살펴본 대로 우주 안보는 군사, 경제, 외교의 복합 공간이다. 우주 기술도 민군 이중용도로서 처음부터 군사용 기술로 개발되거나 민간용 기술로 개발되더라도 서로 다른 영역에서 활용될 수 있다. 실제로 미 우주군은 DARPA와 같은 국방연구개발 조직이 주도하는 무기체계 이외에도 스페이스X, 막사 테크놀로지 등 민간 기업의 상품을 그대로 구입하거나 군사용으로 개발하도록 계약하고 있다. 국가 차원에서도 우주 경제가 발전하고 새로운 상품이 증가할수록 군사 우주분야에서 활용할 수 있는 기회도 늘어난다. 이처럼 군사 우주수요가 증가할수록 이를 뒷받침하는 우주 경제의 공급도 늘어난다. 우주 경제의 확대는 자국 내에만 머물지 않는다. 우주활동의 본질인 국제협력과 국제교류가 증가할수록 우주 기업의 수익과 역량은 커질 수밖에 없다. 이러한 협력과 교류는 국제적 규범과 규칙을 요구하는 목소리에 반영되어 우주 외교의 중요성을 촉진하게 된다. 우주 외교는 한편으로 우주활동의 안전, 안보, 지속가능성을 보장하기 위한 가이드가 되면서도 우주활동의 주도권을 확보하기 위한 국가 간 경쟁의 장이다. 우주 외교에서도 군사 우주와 우주 경제의 갈등과 협력이 그대로 나타나는 이유이다.

　우주 안보 시대에 국가안보를 달성하려면 어떤 노력이 필요할까? 우주 안보를 구성하는 군사, 경제, 외교의 요소를 이해하는 것부터 시작해야 한다. 보는 관점에 따라서는 우주 경제가 군사와 외교를 포괄할 수 있고, 우주 외교가 경제와 군사를 포괄할 수 있다. 중요한 것은 어느 요소가 더 중요한지가 아니다. 국가안보라는 목표를 달성하려면 군사, 경제, 외교라는 영역을 통합적으로 사고하면서도 탄력성 있게 활용할 수 있는 방법을 모색해야 한다. 우주 안보는 기본적으로 지구상 국제정치와 현대전략의 틀에서 논의되어야 한다. 다만, 자연과학과 공학적 지식이 필요한 우주의 물리적 특성, 그 속에 자리잡은 전략적 요충지, 우주 시스템에 대한 이해 등 우주 안보의 토대에도 충분한 관심이 이루어져야 한다. 결국 우주 안보 시대의 국가안보는 다양한 분야의 지식과 경험이 요구되는 복합 안보의 영역이다.

미 주

1 우리나라에서 우주 안보를 이해하고 공유하는데 첫 번째 걸림돌은 영문을 적절한 국문으로 번역하는 일이다. 이 책은 여러 가지 고민을 통해 선택한 국문 용어들을 사용하고 있다. 개인에 따라 이 책에서 사용한 국문 용어들에 다른 의견이 있을 수 있으므로 독자들께서는 언제든지 저자에게 이메일로 의견을 주신다면 검토하여 반영할 것을 약속드린다.

Ⅰ__ 우주 안보의 역사

1 『지구에서 달까지(1865)』는 커다란 대포를 만들어서 달에 포탄을 쏘아보내는 이야기로 러시아의 과학자 치올코프스키에게 절대적인 영향을 끼쳤다. 이 외에도 쥘 베른은 지구 속 여행(잃어버린 세계를 찾아서, 1864), 해저 2만리(1869), 80일간의 세계일주(1973) 등을 쓴 SF 소설의 개척자로 후대 과학소설가들과 많은 로켓개발자들에게 영감을 불어넣었다.

2 Colin S. Gray, "Space Arms Control : A Skeptical View", Air University Review 37 (1985), pp. 73~86.

3 Anne Millbrooke, "History of the Space Age", in Handbook of Space Engineering, Archaeology, and Heritage, ed. Ann Darrin and Beth O'Leary, vol. 8 (CRC Press, 2009), pp. 195~207.

4 Roger Launius, "United States Space Cooperation and Competition : Historical Reflections", Astropolitics 7, no. 2 (May 2009), pp. 89~100.

5 Walter A. McDougall, The Heavens and the Earth : A Political History of the Space Age (Basic Books, 1985), p. 6.

6 Donald William Cox, The Space Race : From Sputnik to Apollo, and Beyond (Chilton Books, 1962), pp. 40~41.

7 Cass Schichtle, "The National Space Program from the Fifties into the Eighties" (National Defense Univ Washington DC Research Directorate, 1983), p. 41.

8 Walter A. McDougall, The Heavens and the Earth : A Political History of the Space Age (Basic Books, 1985), p. 6.

9 Donald G. Brennan, "Arms and Arms Control in Outer Space", Outer Space : New Challenge to Law and Policy, 1962, p. 124.

10 Don E. Kash, The Politics of Space Cooperation (Purdue University Studies, 1967), p. 2.

11 Walter A. McDougall, The Heavens and the Earth : A Political History of the Space Age (Basic Books, 1985), p. 60.

12 Everett C. Dolman, Astropolitik (Routledge, 2001), p. 93

13 Walter A. McDougall, The Heavens and the Earth : A Political History of the Space Age (Basic Books, 1985), pp. 127~128.

14 Everett C. Dolman, Astropolitik (Routledge, 2001), p. 94.

15 1961년 미국은 유인 달탐사를 목표로 아폴로 프로그램을 추진했고 사전 단계로 2인승 우주선인 제미니 계획을 수행했다. 제미니 계획은 달착륙을 위한 훈련이었다. 1965년부터 66년까지 10기가 발사되어 랑데부와 도킹 등 실험을 반복했다. 이 과정에서 NASA는 공군의 로켓과 설비에 의존했으며 모든 우주발사체는 공군에 의해 이루어졌다. 그리고 1968년 10월 아폴로 우주선으로 유인 비행에 성공했고 1969년 7월 21일 아폴로 11호가 인류 최초로 달착륙에 성공했다. 그후 아폴로 프로그램은 17호까지 발사되고 모두 12명이 달표면을 탐사한 후 1972년 종료되었다.

16 Todd Harrison, Zack Cooper, Kaitlyn Johnson, Thomas G. Roberts, Escalation and Deterrence in the Second Space Age (CSIS, October 2017), p. 2.

17 Anti-Ballistic Missile (ABM) Treaty of 1972; the Biological Weapons Convention of 1972; the Intermediate-Range Nuclear Forces Treaty of 1987; the Latin America Nuclear Weapons Free Zone Treaty (Tlatelolco) of 1967; the Limited Test Ban Treaty (LTBT) of 1963; the Missile Technology Control Regime of 1987; the Nuclear Proliferation Treaty (NPT) of 1968; the Peaceful Nuclear Explosions Treaty of 1976; the Seabed Arms Control Treaty of 1971; the South Pacific Nuclear Weapons Free Zone Treaty of 1985; the Strategic Arms Limitations Talks (SALT) of 1968 and 1979; and the Threshold Test Ban Treaty of 1974.

18 Walter A. McDougall, The Heavens and the Earth : A Political History of the Space Age (Basic Books, 1985), pp. 181~182.

19 Everett C. Dolman, Astropolitik (Routledge, 2001), pp. 126~127.

20 Walter A. McDougall, The Heavens and the Earth : A Political History of the Space Age (Basic Books, 1985), pp. 258~259.

II __ 우주 안보의 토대

1 Todd Harrison, Zack Cooper, Kaitlyn Johnson, Thomas G. Roberts, Escalation and Deterrence in the Second Space Age (CSIS, October 2017), p. 2.

2 김정수, "미국 인공위성 오늘 낮 한반도에 추락 가능성… 경계경보 발령", 『한겨레』, 2023년 1월 9일.

3 이러한 우주 공간의 특성은 2020년대 새로운 현상은 아니며, 유엔과 미국의 안보우주 전략에서는 이미 2010년대부터 경고하고 있었다. 다만, 2020년대 이르러 대중도 많은 뉴스를 통해 공감하기 시작하였다. Outer Space Increasingly 'Congested, Contested and Competitive', First Committee Told, as Speakers Urge Legally Binding Document to Prevent Its Militarization, October 25, 2013.; National Security Space Strategy, Department of Defense, January 2011.

4 Benjamin W. Bahney, Jonathan Pearl and Michael Markey, "Antisatellite Weapons and the Growing Instability of Deterrence", Cross-Domain Deterrence. edited by Jon R. Lindsay & Erik Gartzke (Oxford University Press, 2019), p. 122.

5 노란색은 대전 중심 반경 500km, 붉은색은 1,000km를 의미한다. 당시 추락한 미국의 지구관측위성은 1984년 발사된 2.4톤의 대형위성으로 9일 오후 12시 20분에서 오후 1시 20분 사이 추락이 예측되었다. 다행히 울진 앞 바다에 추락한 위성이 한반도 상공을 지나갈 때 서울, 대전 등에서 시민들이 육안으로 볼 수 있을 정도로 낮게 비행했고 정부는 우주위험대책본부를 소집하고 국민들에게 재난대비 문자가 발송되었다.

6 심우주는 달 밖의 우주를 뜻하는 말. 국제전파규정에 따르면 지구에서 200만km 떨어진 곳부터 심우주라고 규정하고 있다. 참고로 지구에서 달까지는 38만km이고(심우주는 지구-달 거리의 약 5배) 화성까지는 궤도에 따라 달라지지만 약 7800만km이다.

7 심채경, 『천문학자는 별을 보지 않는다』, 문학동네, 2023.

8 공유지의 비극(the tragedy of the commons)이란 지하자원, 초원, 공기와 같이 누구나 사용할 수 있는 자원이라도 개인의 이익에 따른 행동으로 고갈될 수 있는 상황을 일컫는 개념이다. 법적으로 볼 때, 공유지는 사회 구조, 전통 또는 공식적 규칙을 통해 접근과 사용을 지배하는 공동체의 구성원들이 공동으로 소유한 재산으로 본다.

9 우주 안보와 관련해서 우주 공간에 대한 인식이 공공재(public goods)에서 공유지(commons)로 변화하고 있다는 점에 주목할 필요가 있다. 공공재와 공유지는 비슷한 개념이지만 차이가 있으며, 우주에 대한 관점이 달라지고 있다는 것을 보여주는 개념이다. 공공재로서 우주는 우주활동을 통해 얻을 수 있는 자원, 서비스가 국가나 지역을 초월하여 인류 모두에게 혜택이 된다는데 초점을 둔다. 예를 들어 태양열발전, 우주기상 예보 등은 인류가 얻을 수

있는 혜택들이다. 공공재의 혜택은 국제적 협력과 공공의 지원을 통해 지속될 수 있다. 한편 공유지로서 우주는 우주활동을 통해 얻을 수 있는 자원, 서비스가 국가나 지역을 초월하여 인류 모두에게 혜택이 되지만, 소유와 활용을 관리하지 않으면 소멸될 수 있다는데 초점을 둔다. 예를 들어 우주 잔해물이 우주를 위험하게 만들거나, 정지궤도 위성이 무한하게 발사될 수 없는 점 등은 인류가 관리해야 하는 혜택들이다. 공유지의 혜택은 국제적 협력뿐 아니라 규칙과 관리를 부여해야만 지속될 수 있다. 다시 말해, 공공재로서 우주는 모두에게 혜택을 주는 공간이라는 인식이지만, 공유지로서 우주는 모두에게 혜택이 지속되기 위해서는 규칙과 관리가 필요하다는 인식에 가깝다.

10 Walter A. McDougall, The Heavens and The Earth : A Political History of The Space Age (Basic Books, 1985), 월터 맥두걸,『하늘과 땅 : 우주시대의 정치사』, 한국문화사, 2014.

11 Space Security Index 2020. 우주 안보 핸드북에서는 우주 안보를 다음과 같이 정의한다. "어떠한 간섭이나 방해없이 우주를 이용하고 우주에 접근할 수 있으며, 지구상의 안보를 위해 우주를 이용할 수 있는 모든 기술적, 규제적, 정치적 수단의 총합이다." Handbook of Space Security (Springer, 2020).

12 David Baldwin, "The Concept of Security", Review of International Studies, Vol. 23, No. 1, (January 1997).

13 우주력에 대한 이론적, 개념적 논의는 정책결정자와 군사지도자가 같은 논리를 기반으로 우주 전략, 작전 및 전력 발전에 힘쓰도록 돕는다.

14 Clementine Starling and Julia Siegel, Opinion : Do Commercial Space Companies Have Too Much Power?, Aviation Week Network, September 28, 2023.

15 박시수, "미 정보당국 · 우주군, 중요 상업위성 보호한다", SPACERADAR, 2023. 9. 6.

16 행성협회 홈페이지(https://www.planetary.org/) / 2020년 9월 라이트세일-2에서 촬영한 사진. 홈페이지(https://www.planetary.org/)에서 회원으로 가입하고 활동할 수 있다.

17 과학기술정보통신부, 우주쓰레기 경감을 위한 우주비행체 개발 및 운영 권고, 2020.

18 밴 앨런대는 1958년 미 아이오와대의 교수였던 제임스 밴앨런(James Van Allen)이 발견한 것으로 지표면으로부터 4만 킬로미터에 이르는 상공이 안쪽과 바깥쪽의 두 방사능 벨트로 나뉘어져 있다.

19 우리나라 정부도 2023년 3월 24일 오후 1시 17분 태양 코로나 물질 방출에 의한 태양풍(Solar Wind) 변화로 지자기(지구 표면 및 주위 공간에 만들어진 자기장) 교란이 발생했고, 이는 '우주전파환경 경보 4단계' 상황이라고 밝혔다. 과기정통부는 우주전파재난 위기관리매뉴얼에 따라 이날 오후 2시 30분 '관심' 단계를 발령하고 위성운영사, 항공사, 항법 운용기관, 전력사, 방송통신사 등에 관련 내용을 전파했다. 우주전파환경 경보는 미국 ·

영국 · 일본 · 중국 등 20개국이 참여한 국제 우주 환경서비스 기구에서 태양 활동 관측 데이터를 분석한 결과다. 총 5단계로 구성되며 피해 위험이 강할수록 숫자가 커진다. 우주전파센터에 따르면 4단계는 낮시간 광범위한 지역에서 수 시간 동안 단파통신(HF) 두절이 나타나거나, 수 시간 동안 항법시스템의 데이터 오류가 발생해 시스템이 두절되는 피해가 예상된다.

20 유용원, "가짜 무기도 한눈에 알아본다… 불붙은 초소형 영상 레이더 위성 전쟁", 『조선일보』, 2023년 6월 15일.

21 뉴턴의 중력 공식은 두 물체의 질량을 곱하고 이를 물체 사이 거리의 제곱으로 나누고 상수 G를 하나 곱한 것으로 뉴턴은 이 상수를 알아내지 못했다. 하지만 뉴턴은 혜성의 궤도를 예측하는데 성공한 이후 보편적으로 작용하는 이 상수에 만유인력이라는 이름을 붙였다. 다만, 뉴턴의 중력 이론에는 모든 것이 포함되진 않았다. 200여 년이 지나 아인슈타인이 중력이론을 개선한다. 아인슈타인은 3차원의 공간과 1차원의 시간을 합쳐 4차원의 시공간으로 중력을 이해했다. 뉴턴의 이론은 매우 성공적이었고 200여 년간 작은 예외를 빼면 거의 모든 것을 설명했다. 아인슈타인은 그런 작은 예외도 해결했다. 아인슈타인은 1915년 일반 상대성 이론에서 거대한 질량을 가진 물체는 주변의 공간을 왜곡한다고 주장한다. 여기서 중력은 힘이 아니라 물체 주변의 시공간을 휘게 만들고 물체의 운동에 영향을 준다. 즉 뉴턴은 두 물체가 서로 끌어당기는 보편적 영향을 알아냈지만, 끌어당기는 이유는 아인슈타인이 설명한 시공간의 왜곡 때문이다.

22 유발 하라리, 『호모데우스』, 김영사, 2017.

23 정지궤도의 정확한 고도는 35,786km이나 편의상 약 36,000km로 표기한다.

24 극궤도 위성이라고 해서 인공위성이 정확하게 남극점과 북극점을 횡단하는 궤도경사각 90도에서 운영되진 않는다. 극궤도 위성은 극점에서 10도 이내로 살짝 기울어진 궤도인 80~100도에서 운영된다.

25 배학영 · 임경한 · 엄정식 · 조태환, 『우주전장 시대 해양우주력』, 박영사, 2022, p. 20.

26 조승한, '어디서부터가 우주일까' 우주 경계 "고도 기준 바뀐다", 『동아사이언스』, 2018년 12월 19일.

27 중국은 2007년 창어-1을 달 궤도에 진입시켰고, 2010년 창어-2로 고해상도 영상을 촬영했다. 2013년 창어-3로 달 탐사로봇 위투(玉兎, 옥토끼라는 의미)를 착륙시켜 31개월 동안 탐사를 실시했다. 달 뒷면 착륙에는 창어-4를 위한 통신위성 췌차오(鵲橋, 오작교라는 의미)가 활용되었다. 창어(嫦娥)는 중국 신화에 나오는 달의 여신이다. 참고로 췌차오 위성은 통신중계 임무를 마치고 현재는 전파망원경으로 새로운 임무를 수행 중이다. 중국은 네덜란드 우주국과 협력하여 전파망원경 안테나 3개를 췌차오 위성에 설치했으며, 이를 통해 빅뱅 직후의 미약한 빛 신호를 포착하는 과학 임무를 수행한다. 췌차오가 위치한 라그랑주

점(L2)은 달 너머에 있어 전파 간섭을 받지 않고 저주파 신호를 포착할 수 있다.

28 Brig Arvind Dhananjayan (Retd), 'Cis-Lunar' Space: The New Military Battleground!, Chanakya Forum(Geopolitics & National Security), December 8, 2022.

29 미국이 계획 중인 국방 심우주 센티널 HPV는 '랑데부/근접 작전'과 '우주 물체 제거 및 회수, 기타 방어 우주 작전에서의 응용'을 수행할 수 있으며, 이는 우주통제 작전에 사용될 수 있다. DARPA의 핵추진 달궤도 작전을 위한 데모 로켓(DRACO) 프로그램은 감시 및 지속적인 영역인식을 포함한 다양한 임무를 위해 시스루나 공간에서 민첩하고 반응성이 뛰어난 기동 능력을 구축하는 것을 목표로 하며, 필요한 경우 무기화된 임무에도 사용될 수 있다.

30 이재구, "MIT '화성탐사선, 달근처 기지에서 연료보급 받는다.'", 『전자신문』, 2015년 12월 4일.

31 Nichols, Randall K. etc, "Space Systems: Emerging Technologies and Operations" (2022). NPP eBooks. p. 47.

32 궤도 경사각은 인공위성이 돌고 있는 궤도면과 적도면(지구의 자전방향) 사이의 각도 차이이다. 만약 인공위성이 적도 궤도에 있으며 궤도경사각은 0°이다. 반대로 적도 궤도를 돌면서 지구자전과 정반도로 돌면 궤도경사각은 180°이다. 자전축(극점)을 횡단하는 인공위성은 궤도경사각이 90°이다.

33 배학영 외, 『우주 전장시대의 해양 우주력』, 박영사, 2022, p. 30.

34 탑재체 30kg을 기준으로 지상 발사체의 발사 비용은 약 100억 원 이상으로 알려져 있으며, 공중 발사체는 약 5.9억 원으로 예상된다. 공중 발사체의 발사 비용이 지상 발사체 대비 5.9%밖에 되지 않는다. 조태환 · 이성섭, "초소형위성 발사를 위한 공중기반 우주발사체 발전방안", 『한국항행학회논문지』, 25권 5호, 2021. 8, p. 268.

35 공중 발사체 기술은 항공무기체계 개발에도 도움이 된다. 공중 발사체 기술은 공중 발사탄도미사일(ALBM)과 기술적으로 유사하다. 공중 발사체에서 위성 탑재체 자리에 탄두를 실으면 된다. 한국형 3축체계 구축에 타격 능력을 다양화할 수 있다. 공중 발사탄도미사일(ALBM)은 평시에 일정한 작전 공역에서 비행하는 항공기에 탑재돼 있다가 유사시 즉각 발사될 수 있다. 그런 만큼 북한이 중대한 무력 도발 조짐을 보일 때 예방적 타격을 하는 데 동원할 수 있다. 또한 만약 북한이 핵 도발 등을 통해 우리 측 지상군에 선제공격을 하더라도 ALBM을 탑재한 항공기가 이를 회피할 수 있는 공역에 머물면 북한에 보복 응징을 가할 수 있으므로 북한을 억제할 수 있다. 우리나라에서 공중 발사체를 개발할 경우 이미 보유 중인 KF-16, F-15K 전투기나 C-130 수송기 등을 개량하거나 중형 수송기 개발에 반영할 수 있다.

36 예를 들어 서울에서 부산까지 자동차로 5시간이 걸려 도착했다고 하자. 만약 같은 거리를 4시간만에 도착했다면 속도를 높여서 연료를 많이 소모했을 것이므로 힘은 많이 쓰였지만

연비는 낮을 것이다. 이 경우 추력은 좋으나 비추력은 나쁜 경우이다. 반대로 같은 거리를 6시간에 도착했다면 과속하지 않고 달렸으므로 힘은 적게 쓰이고 연비는 높을 것이다. 이 경우 추력은 낮으나 비추력은 좋은 경우이다.

37 이성규,『호모 스페이스쿠스』, 플루토, 2020, pp. 240~242.

38 세계 최초로 액체 메탄을 사용한 로켓 발사에 성공한 국가는 중국이다. 2023년 7월 12일 중국의 민간우주기업 Land Space는 액체 메탄을 사용한 주췌 2호 발사에 성공했다.

39 Tim Ryan, Rain or shine : Why upgraded space-based weather-monitoring is crucial for the military, Breaking Defense, November 17, 2023.

40 현행 GPS는 위치 오차가 약 10m로 항공기와 같이 정밀한 위치정보가 요구되는 분야에서 활용이 제한적이다. 이러한 제한을 해소하기 위하여 주요 국가들은 GPS 위치 오차를 줄임으로써 GPS 신호의 정확도와 신뢰성을 높이는 기술로 위성기반 보정항법시스템(Satellite Based Augmentation System, SBAS)을 운영하고 있다. SBAS는 GPS 위치 오차를 3m 이내로 정밀하게 보정하고 그 신뢰도를 확인하는 데 필요한 정보를 정지궤도위성을 통해 국토 전역으로 제공하는 시스템이다. 한국형 위성항법정보보정시스템 KASS는 SBAS로는 세계 7번째로 개발되며, 우리나라 지형과 환경을 고려하여 정확성과 신뢰성을 만족하도록 SBAS 국제표준에 따라 개발되고 있다.

41 송진원, "프랑스서 미리 만난 무궁화6A호… KASS 위치오차 1m, 세계 선도",『연합뉴스』, 2023년 11월 26일.

Ⅲ__ 우주 안보의 영역

1 김대원 외, "국방우주분야의 무기체계 개발 동향 및 국방전략기술 발전방향", 한국산학기술학회논문지, 제24권 제9호, 2023, p. 584. 구분을 저자가 수정

2 SLR은 지상에서 발사된 레이저가 위성에 반사되어 오는 왕복시간을 측정하여 위성까지 거리를 mm 정밀도로 산출하고 이를 통해 인공위성의 고정밀 운용에 필요한 궤도를 결정하는 능력이다.

3 극초음속 및 탄도미사일 추적 우주 센서(Hypersonic and Ballistic Tracking Space Sensor, HBTSS)는 NDSA의 7계층 중 초음속 미사일 등 최신 미사일 위협 경보 및 추적을 수행하는 추적 계층(tracking layer)과 유사한 목적으로 개발되고 있다. NDSA 계층은 뒤에서 다루는 방어적 우주통제 무기체계를 참고.

4 유로컨설턴트에 따르면, 위성영상분석 시장은 연평균 8%의 성장률을 기록하고 있고, 2020년 3,000억에서 2030년 6조 정도의 규모로 위성 데이터의 부가가치 시장이 커질 것으로 전망된다. 최연주·이정호, "인공지능 활용 위성영상분석 기술 어디까지 왔나", 『SPREC 글로벌 이슈리포트』, 2023년 8월, pp. 16~19.

5 현재 지구 궤도에는 약 6,700개의 위성이 운영 중이며 2027년에는 현재의 2배 가까이 운영되며 엄청난 정보가 생성될 것이다. 이제 우주는 올라가는 것이 문제가 아니라 우주 물체뿐 아니라 우주 잔해물 속에서 우주와 통신하는 것이 해결해야 할 과제가 될 것이다. 예를 들어 2020년에 약 2,600여 개의 지구관측위성이 하루 동안 촬영하는 정보의 양은 수천TB이다. 이를 초 단위로 평균 내면 1초에 약 수십GB가 우주에 쌓이는 수준이다. 게다가 최근 지구 관측용으로 관심이 높아지고 있는 SAR는 기상 여건에 구애받지 않고 상시 지상을 모니터링할 수 있으며, 공간 분해능도 매우 좋다는 장점이 있다. 그러나 전파를 사용하는 레이더의 특성상, 상당히 많은 양의 자료가 누적된다는 문제가 있다. 실제로 2024년에 발사 예정인 2톤 무게의 NISAR 위성의 경우, 하루에 4.3TB의 관측자료가 누적된다. 3.5Gbps의 속도로 자료를 전송할 수 있지만, 하루 4~5시간 정도는 자료 전송에 할애해야 한다. 이처럼 한 대의 위성이 감당할 수 있는 통신 대역폭은 한정될 수밖에 없다. 그래서 지상국과 우주를 연결하는 위성 또는 한 번에 많은 사용자에게 동시에 서비스를 제공해야 하는 위성에서 병목 현상이 발생할 수밖에 없다.

6 2023년 4월 NASA와 MIT 연구진이 주도한 이번 실험에서 기록된 최고 데이터 전송 속도는 초당 200기가바이트(Gb)였다. 위성이 지상국을 통과하는 5분 동안 고화질 영화 1,000편에 해당하는 2테라바이트 이상의 데이터를 전송하는 속도다. 실험은 고도 530km에서 지구를 돌고 있는 테라바이트 적외선 전송(TBIRD) 시스템을 이용해 실시됐다. 박시수, "우주용 IT기술 개발 서두르는 우주 선진국", 『SPREC 글로벌 이슈리포트』, 2023년 8월, p. 31.

7 레이저 우주광통신의 장점은 첫째, Tbps급의 통신이 가능하다. 우주와 지상의 통신 허브 역할을 하거나 SAR 위성 등의 대용량 지구관측자료를 지구로 바로 전송할 수 있다. 둘째, 통신에 전파 사용 허가가 필요 없다. 스타링크가 2019년에 약 3만 개 위성에 대한 전파 허가를 미리 받아 놓는 이유는, 위성 사업에서 전파 사용 허가를 받는 과정이 가장 오래 걸리며 행정 소요가 크기 때문이다. 셋째, 소형화할 수 있고 전력을 효율적으로 쓸 수 있다. 전파보다 짧은 파장의 적외선 레이저는 같은 조건에서 더 좁은 영역에 모아서 송출하는 것이 가능하다. 따라서 적외선 레이저를 사용하면 송신기의 크기와 사용 전력에서 상당한 이득을 볼 수 있다. 마지막으로 높은 보안성이다. 전파는 넓게 퍼지기에 쉽게 도청과 방해가 가능하지만, 광통신은 송수신기 바로 옆에 접근하지 못하면 도청과 방해가 매우 어렵다.

8 강원석, "우주 광통신, 우주의 정보 장벽을 허물다", 『SPREC 글로벌 이슈리포트』, 2023년 8월, p. 20.

9 윤용식 외, "우주태양광발전 기술 동향", 『항공우주 산업기술동향』, 제7권 2호, 2009, pp. 34~35.

10 현재까지 전기추진체 기술은 소행성 Vesta 및 Ceres 탐사를 위한 미국의 Dawn 프로젝트와 정지궤도부터 달까지 이동하기 위한 유럽의 Smart-1, 소행성 Itokawa 탐사를 위한 일본의 Hayabusa 등 우주 탐사에서 활용되었다.

11 DARCO 프로그램은 2025년까지 시스루나 공간에서 핵추진 로켓을 시험하는 프로그램으로 화성 탐사를 위한 선행연구 개념이다. DARCO 프로젝트는 빠른 속도로 신속히 궤도 비행이나 행성 간 비행을 달성하는 데 목적이 있다. Darren Orf, For the First Time Since '65, the U.S. Military Will Blast a Nuclear Reactor Into Space, Popular Mechanics, November 27, 2023.

12 조태환 · 이성섭, "초소형위성 발사를 위한 공중기반 우주발사체 발전방안", 『한국항행학회논문지』, 25권 4호, 2021. 8, pp. 269~270.

13 러시아는 지상 발사 ASAT 미사일인 A-235 PL-19 Nudol(누돌)을 2018년 12월 시험했다. 이동형 무기체계인 Nudol은 저궤도 위성을 공격할 수 있다. 또한 러시아는 1962년 3개 핵탄두를 400km 상공에서 폭발시켜 발생한 전자기 펄스가 저궤도 위성에 끼치는 치명적인 영향을 확인했다. 이 밖에도 러시아는 IL-76MD 수송기에 레이저 무기를 장착한 A-60 Beriev를 운영 중이며 GPS 및 위성통신 방해가 가능한 위성 및 이동통신 재머(트럭탑재형) R-330Zh, UHG 전파감시 플랫폼 R-381T2, 광대역 재밍시스템 Krasukha-4 등을 운용 중이다.

14 국방기술진흥연구소, 『첨단과학기술이 선도하는 미래무기예측』, 2022, p. 110.

15 국방기술진흥연구소, 『첨단과학기술이 선도하는 미래무기예측』, 2022, p. 118

16 Defense Intelligence Agency, Challenges to Security in Space, 2022.

17 Andrew Jones, China's Shijian-21 towed dead satellite to a high graveyard orbit, Spacenews, January 27, 2022.

18 Defense Intelligence Agency, Challenges to Security in Space, 2022.

19 Space Threat Assessment 2023 (CSIS, 2023), p. 6.

20 Rajeswari Pillai Rajagopalan, Electronic and Cyber Warfare in Outer Space (UNIDIR, May 2019), p. 5

21 국방기술진흥연구소, 『국방전략기술 수준조사』, 2023, p. 179.

22 "북, 민군겸용 무궁화 5호에 전파교란 공격", 『조선일보』, 2012년 11월 15일.

23 정한영, "북한 GPS 전파교란, 공격 4회 만에 전파교란 영향 17배 증가", 『세미나투데이』, 2017년 9월 25일.

24 Defense Intelligence Agency, Challenges to Security in Space, 2022.

25 Todd Harrison, Kaitly Johnson, Makena Young, Defense Against The Dark Arts in Space (CSIS, February 2021).

26 최성환, "우주 쓰레기 제거기술을 활용한 우주무기 개발 개연성 고찰 및 우주기동전(Space Maneuver Warfare)의 이해", 우주기술과 응용, Vol 3, No. 2, May 31, 2023. pp. 165~198.

27 최성환, "우주 쓰레기 제거기술을 활용한 우주무기 개발 개연성 고찰 및 우주기동전(Space Maneuver Warfare)의 이해", 우주기술과 응용, Vol 3, No. 2, May 31, 2023. pp. 165~198.

28 신상우, "OECD 우주 경제 보고서의 주요 내용과 시사점", SPREC Insight Vol 7, 2022. 10, p. 8.

29 과학기술정보통신부, 2023 우주산업실태조사, 2023. 12., p. 15

30 과학기술정보통신부, 2022 우주산업실태조사, 2022. 12.

31 Euroconsult profiles of government space programs.

32 홍준기, "미국 국방비, 중국의 3배로 독보적 1위… 한국은 몇 위?", 『조선일보』, 2023년 8월 25일.

33 Adnan Merhaga, Matteo Ainardi, Tobias Aebi, The Space Agency of the Future, Arthur D Little, March 2019.

34 씨티그룹, Space the Dawn of the New Age, 2022. 5.

35 2020년 30회, 2021년 56회, 2022년 62회임. 정환수, 우주 발사체 산업 동향(이슈브리프), KDB 미래전략연구소, 2023. 3. 6. p. 5

36 윤영혜, "2022년 우주로켓 발사 성공 180건으로 역대 최다", 『동아사이언스』, 2023년 1월 12일.

37 자주적 우주발사체란 일반적으로 자국에서 생산되고 자국 정부나 기업이 소유하고 운용하는 발사체를 의미한다. 그런데 복잡한 우주 시스템 생산과 운영에는 여러 국가와 기업이 참여하는 경우가 많기 때문에 100% 생산과 소유 및 운용을 기준으로 자국의 우주발사체로 구분하긴 어렵다. 따라서 발사체의 대부분이 자국의 부품과 기술이고 핵심 요소(추진시스템, 전자체계 등)이 자국에서 조달된 발사체도 자국의 우주발사체로 분류한다. 더욱 구체적으로는 발사체 전체 무게, 달러 가치, 구성부품 등이 50% 이상인 경우로 한정할 수도 있다.

38 『宇宙輸送を取り巻く環境認識と将来像(資料２)』, 内閣府宇宙開発戦略推進事務局, 2023年6月27日, p. 4.

39 실시간 위성의 분포와 위치를 알고 싶으면 다음 웹페이지를 참고하기 바란다. https://satellitemap.space/

40 UCS Satellite Database.

41 안형준 외, "뉴스페이스 시대, 국내우주산업 현황 진단과 정책대응", 과학기술정책연구원, 2019, pp. 21~22.

42 김병운 · 최가은, "6G Industrial IoT 및 위성통신 시장전망", 한국전자통신연구원, 2021.

43 지구관측 시장은 활용 분야에 따라 공간정보(GIS), 기상, 환경 등으로 나눌 수 있으며, 관측기기 종류에 따라 광학, 레이더(SAR), 초분광 등으로 나눌 수 있다. 또한 데이터 가공 정도에 따라 원시데이터, 가공데이터, 분석정보, 예측정보로 구분할 수 있다.

44 김은정, "세계 지구관측 위성 시장 현황 및 전망", 항공우주산업기술동향 제16권 1호, 2018, pp. 22~26.

45 문성록 · 최충현 · 한민규, 『우주 쓰레기 제거 기술(KISTEP 브리프 86)』, KISTEP, 2023, p. 25.

46 우주 잔해물 제거 기술은 임무 후 처리(Post-Mission Disposal, PMD)와 능동적 잔해물 제거(Active Debris Removal, ADR)로 구분할 수 있다. PMD는 가장 보편적으로 활용되는 기술로 우주비행체나 위성을 지구 대기권이나 우주무덤에서 처리하는 방식이다. 반면 ADR은 PMD보다 기술적 난이도가 높고 비용도 높으나, 우주 잔해물을 인위적으로 경감할 수 있는 유일한 방식이다.

47 이해인, "'우주 클라우드'가 뭐길래 MS·구글까지 뛰어드나," 『조선일보』, 2023년 12월 10일.

48 가장 최근 개정된 한미 미사일지침에서는 민간 우주발사체에 대한 제한이 없었으나 군용으로 활용될 수 있는 탄도미사일에는 사거리 800km라는 제한이 있었다. 누리호 개발 과정에서 고체추진체를 완전히 배제하고 액체추진체로만 개발한 이유도 한미 미사일지침의 제약 때문이었다. 황진영, "한미 미사일지침 폐기와 우주개발", 『항공우주 산업기술동향』, 제19권 1호, 2021.

49 Michael Sheetz, FCC enforces first space debris penalty in $150,000 settlement with Dish, CNBC, October 2, 2023.

50 우주인들이 우주에서 지구를 바라보면 아름다움에 대한 각별한 느낌과 광경을 통해 인생관이나 생명관, 윤리관이 크게 바뀌는 것으로 알려져 있다. 심리학에서는 이렇게 우주인이 멀리 떨어진 곳에서 지구를 바라보면서 느끼는 의식 상태를 조망효과(Overview Effect)라고 한다. 큰 시야로 보게 되면 시각 자체에 변화가 생기고 예전과 달리 생각하는 것으로 알려졌다. 흥미로운 사례도 있다. 아카야마 도요히로는 1990년 12월 2일 소련의 소유즈호에 탑승하여 우주로 올라간 첫 번째 일본 우주인이자 세계 최초의 언론인이다. 그는 인터뷰에서 우주의 경험이 자신의 인생관을 바꾸었다고 밝혔다. "동기 중 누가 국장이 됐다, 이사가 됐다며 승진에 관심 갖는 게 바보 같다는 생각이 들었다."고 한다. 그래서 5년 만에 회사를 관두고 유기농업을 하기로 결심했다. 이후 시간이 흘러 그는 미에현의 산간 마을에서 농사를 짓고 조용한 삶을 살고 있다. 그는 "우주에 갔다 온 후 시간에 대한 생각이 바뀌었다."며

지구는 46억 년이나 됐지만 인간은 겨우 100살밖에 살지 못한다고 말했다. 최진주, ""TV·인터넷 싫다" 산골 파묻혀 사는 일본 첫 우주인 근황", 『한국일보』, 2023년 4월 9일.

51 Susan J. Buck, The Global Commons: An Introduction (Routledge, 2017); Scott Jasper, Conflict and Cooperation in the Global Commons: A Comprehensive Approach for International Security (Georgetown University Press, 2012)

52 MJ Peterson, "The Use of Analogies in Developing Outer Space Law", International Organization 51, no. 2 (1997), pp. 245~74; Michael Sheehan, The International Politics of Space (Routledge, 2014).

53 James D. Rendleman and J. Walter Faulconer, "Improving International Space Cooperation: Considerations for the USA", Space Policy 26, no. 3 (August 2010), pp. 143~51.

54 Bertrand de Montluc, "Russia's Resurgence: Prospects for Space Policy and International Cooperation", Space Policy 26, no. 1 (February 2010), pp. 15~24.

55 David André Broniatowski et al., "A Framework for Evaluating International Cooperation in Space Exploration", Space Policy 24, no. 4 (November 2008), pp. 181~89; Martin Machay and Vladimír Hajko, "Transatlantic Space Cooperation: An Empirical Evidence", Space Policy 32 (May 2015), pp. 37~43; Cornelia Riess, "A New Setting for International Space Cooperation?", Space Policy 21, no. 1 (February 2005), pp. 49~53.

56 Jose Monserrat Filho, "The Place of the Missile Technology Control Regime (MTCR) in International Space Law", Space Policy 10, no. 3 (1994), pp. 223~228.

57 Dan St. John, "The Trouble with Westphalia in Space: The State-Centric Liability Regime", Denver Journal of International Law and Policy 40 (2012), pp. 686~713; Joel A. Dennerley, "Emerging Space Nations and the Development of International Regulatory Regimes", Space Policy 35 (February 2016), pp. 27~32.

58 Jana Robinson, Strategic Competition for International Space Partnerships and Key Principles for a Sustainable Global Space Economy, Prague Security Studies Institute, January 2022. p. 9.

59 우주상황인식(Space Situational Awareness, SSA)이란 일반적으로 인공 우주 물체의 충돌, 추락 등의 우주 위험에 대처하기 위하여 우주감시 자산을 이용하여 지구 주위를 선회하는 위성, 우주 잔해물 등의 궤도 정보를 파악하여 위험 여부 등을 분석하는 활동이다.

60 우주의 군사화란 통신, 조기경보, 감시 항법, 기상관측, 정찰 등과 같이 우주에서 수행되는 안정적이고 소극적이며 비강제적인 군사활동으로 민간 및 상업 우주 자산의 군사적 활용

에 초점이 있다. 반면, 우주의 무기화란 ASAT 무기의 배치, 우주기반 탄도미사일 방어 등과 같이 적극적, 강제적, 독립적이면서 불안정한 군사활동으로 군사용 우주 자산의 개발과 활용에 초점이 있다.

61 참가국으로는 알제리, 아르헨티나, 호주, 벨라루스, 브라질, 캐나다, 칠레, 중국, 이집트, 프랑스, 독일, 인도, 이란, 이탈리아, 일본, 카자흐스탄, 말레이시아, 나이지리아, 파키스탄, 한국, 루마니아, 러시아, 남아프리카공화국, 영국, 미국 등 총 25개국이다.

Ⅳ__ 우주 안보를 이해하는 관점

1 케네디 대통령은 대중 연설 이전인 1961년 5월25일 미국 상·하원 합동 연설('국가의 긴급 과제에 대한 특별 교서')에서 우주 개발에 대한 미국의 정치적 목적을 밝혔다.

2 Walter A. McDougall, The Heavens and The Earth: A Political History of The Space Age, (Basic Books, 1985), 월터 맥두걸, 『하늘과 땅: 우주시대의 정치사』, 한국문화사, 2014.

3 제1차 우주시대는 1957년 스푸트니크 발사로 시작되어 1990년 냉전이 종식되고 소련이 해체되기 전까지이다. 이 시대는 미국과 소련이 지배했으며, 궤도 발사의 96%와 궤도에 배치된 위성의 93%를 두 국가가 수행했다. 최초의 인공위성 궤도 진입, 최초의 인간 우주 비행, 최초의 달 착륙 등 수많은 '최초'를 달성하기 위한 경쟁이 이루어졌다. 이 시기 우주 활동은 군사적 임무가 중요했는데 실제로 4,100개 이상의 위성 중 65%가 군사용이었다. 제2차 우주시대는 1991년에 시작된 우주활동의 다양화와 상업화의 시기였다. 여전히 미국과 러시아가 발사 횟수와 궤도에 진입한 위성은 우위를 차지했지만, 다른 국가들도 우주 활동에 뛰어들면서 차츰 비중을 늘리기 시작했다. 특히 2011~15년에는 미국과 러시아를 제외한 다른 국가들이 발사 건수의 56%, 궤도에 진입한 위성의 49%를 차지하기도 했다. 상업용 우주 시스템의 역할이 커지면서 제1차 우주 시대에는 전체 위성의 5%가 상업용이었으나 제2차 우주시대에는 30%를 차지했다. 제3차 우주시대의 시작은 명확하진 않지만 대략 2010년대 중반으로 본다. 제3차 우주시대 특징은 우주기업의 혁신과 우주시장의 확대이다. 대표적인 성과가 대규모 군집위성 구축으로 특히 스페이스X가 주도하는 재사용 발사체 기술과 발사 비용의 하락이 이를 견인하고 있다. 예를 들어, 연간 발사되는 위성 수는 2016년 176개에서 2022년 2,380개로 급증했으며, 같은 기간 상업용 위성은 전체 위성의 83% 이상을 차지했다. 향후 발사 비용이 더욱 낮아지고 우주에 대한 투자와 사업이 확장될 것으로 전망된다. Todd Harrison, Kaitlyn Johnson, Zack Cooper and Thomas G. Roberts, Escalation and Deterrence in the Second Space Age (CSIS, October 3, 2017).

4 Steven Lambakis, On the Edge of Earth: The Future of American Space Power (University

Press of Kentucky, 2013).

5 James Clay Moltz, 3rd ed. The Politics of Space Security (Stanford University Press, 2019), pp. 15~20.

6 Walter A. McDougall, The Heavens and the Earth: A Political History of the Space Age (Basic Books, 1985), p. 225.

7 James Clay Moltz, 3rd ed. The Politics of Space Security (Stanford University Press, 2019), p. 25.

8 Max M. Mutschler, Arms Control in Space (Palgrave Macmillian UK, 2013), p. 37.

9 Gregory D. Miller, Sun Tzu in Space (Naval Institute Press, 2023), pp. 160~166.

10 John J. Klein, Space Warfare: Strategy, Principles and Policy (Routledge, 2006).

11 Everett C. Dolman, Astropolitik (Routledge, 2001), pp. 157~58.

12 Max M. Mutschler, Security Cooperation in Space and International Relations Theory, in Kai-Uwe Schrogl et al, eds. Handbook of Space Security, (Springer 2015) pp. 48~49.

13 Gregory D. Miller, Sun Tzu in Space (Naval Institute Press, 2023), p. 98.

14 Gregory D. Miller, Sun Tzu in Space (Naval Institute Press, 2023), pp. 127~156.

15 전쟁(war)과 전쟁수행(warfare)은 개념의 차이가 있다. War는 우리가 일반적으로 전쟁이라고 부르는 개념으로 두 개 이상의 국가나 정치적 집단 간에 발생하는 조직화된 무력 충돌을 의미한다. 전쟁의 목적은 정치적, 경제적, 영토적 또는 이념적으로 다양하며 국제적 또는 내전의 형태를 취할 수 있다. 반면 Warfare은 전쟁수행의 방법을 의미하며 군사 기술의 발전, 군사 조직과 교리의 변화, 작전 수행 등 군사력의 활용을 주로 다룬다. 우주 전쟁수행은 새로운 전장 환경으로서 우주 공간에서 군사력의 활용 방법에 초점을 둔다.

16 Greg Hadley, Saltzman: China's ASAT Test Was 'Pivot Point' in Space Operations, Air & Space Forces Magazine, January 13, 2023.

17 Theresa Hitchen, "'Stop debating' over space weapons and prepare for conflict: Space Force general", Breaking Defense, June 26, 2023.

18 전략의 개념은 원래 전장에서 군대를 운용하는 방법을 의미하다가 이후 장군의 지휘술로 인식되었다. 근현대에 들어 전략은 많은 전략가들에 의해 정의되었다. 클라우제비츠(Carl von Clausewitz)는 전쟁목적을 달성하는 수단이자 전투 운용에 관한 술(art)로 정의했고, 콜린스(John M. Collins)는 전·평시를 막론하고 국가이익과 국가목표를 달성하기 위하여 국가의 모든 힘을 결집하는 술(art) 차원의 힘으로 정의했다. 시간이 지나면서 전장의 용병술로 좁게 정의되었던 전략은 전술이라는 용어로 대체되었고, 전략은 상위의 목표를 달성하기 위해 행위자의 능력과 수단을 활용하기 위한 술(art)과 과학(science)으로 통용되고 있다.

우주 안보의 이해와 분석

V__ 우주 안보의 분석

1 Report to Congress: Risk Associated with Reentry Disposal of Satellites from Proposed Large Constellations in Low Earth Orbit, Federal Aviation Administration, October 5, 2023.

2 Rachel Jewett, ESA Officially Launches its Zero Debris Charter, Via Satellite, November 8, 2023.

3 U.S. Senate Committee on Commerce, Science, & Transportation, Cantwell, Hickenlooper Bill to Clean Up Space Junk Passes Senate Unanimously, November 1, 2023.

4 Andrew Jones, China's Shijian-21 towed dead satellite to a high graveyard orbit, Spacenews, January 27, 2022.

5 사실 우주정거장의 최초 아이디어는 1959년 브라운 박사가 미 육군에 제출한 「호라이즌 계획(Project Horizon)」까지 거슬러 올라간다. 호라이즌 계획의 최종 목적은 인간을 달에 보내는 것이었다. 이 계획은 기존의 로켓을 개조해 우주정거장을 구축하는 것으로서 이후 여러 가지 제안이 추가된 결과 최종적으로 스카이랩 계획으로 실현되었다.

6 우주왕복선은 총 5기가 제작되어 총 135번의 우주임무를 수행했다. 첫 번째 우주왕복선 엔터프라이즈(Enterprise)는 1976년 제작되어 시험 비행용으로 활용했고 이후 컬럼비아(Columbia), 챌린저(Challenger), 디스커버리(Discovery), 아틀란티스(Atlantis), 앤데버(Endeavour)가 차례로 제작되어 임무를 수행했다. 이중 챌린저호가 1986년, 콜롬비아호가 2003년 폭발하는 사고로 우주인 14명이 사망했다. 우주왕복선 프로그램은 2011년 7월 8일 아틀란티스호가 마지막 임무를 수행하고 공식적으로 종료되었다. 특히 1986년 첫 번째 우주왕복선 폭발 사고는 이 프로그램 존폐의 큰 위기였다. 하지만 ISS 프로젝트가 본격적으로 추진되면서 미국은 우주왕복선 프로그램을 다시 활용하게 되었다.

7 2014년 NASA는 상업 우주인 수송 프로그램(Commercial Crew Program)을 발표했다. 해당 프로그램은 민간과 협력해 미국 우주인들을 국제우주정거장으로 수송하는 것을 목표로 했다. 미국 정부는 스페이스X(26억 달러)와 보잉(42억 달러)을 협력 파트너로 선정했다.

8 "China sets out preliminary crewed lunar landing plan", Spacenews, 2023. 7.

9 "921 Project Shenzhou, China and Piloted Space Programs", Globalsecurity, 2021.

10 "ESA is no longer planning to send astronauts to China's Tiangong space station", Spacenews, 2023. 1.

11 Kristin Burke, Trends That Impact Perceptions of the Chinese Space Program, China Aerospace Studies Institute, 2023. 8.

12 최인준, "민간 여행부터 소행성 자원 탐사까지… '1조달러' 우주 선점 경쟁", 『조선일보』, 2023년 9월 14일.

13 Russian cosmonauts to make first landing on Moon in 2031–2040, TASS, November 15, 2023.

14 "SpaceX, Blue Origin, others set to compete in military Moon business program", Defense One, December 5, 2023.

15 우주에서 랑데부하려면 반드시 두 물체는 거의 비슷한 궤도경사각을 돌고 있어야 한다. 궤도경사각 차이가 단 1°만 있어도 매우 큰 추가에너지가 필요해서 랑데부가 힘들어진다. 서로 다른 궤도경사각을 돌아도 궤도가 겹치는 부분은 있으니까 시간을 기다리면 언젠가 만날 수도 있다. 하지만 너무 빠른 속도로 서로 휙~ 지나쳐버려서 도킹은 현재 인류의 기술로는 불가능하다. 반드시 두 물체가 같은 궤도경사각으로 같은 고도를 돌고 있어야만 랑데부, 도킹을 할 수 있다.

16 이성규, 『호모 스페이스쿠스』, 플루토, 2020, pp. 49~50.

17 최성환, "우주 쓰레기 제거기술을 활용한 우주무기 개발 개연성 고찰 및 우주기동전(Space Maneuver Warfare)의 이해", 우주기술과 응용, Vol 3, No. 2, May 31, 2023. pp. 165~198.

18 우주조약 4조는 달과 다른 천체를 평화적 목적으로만 사용할 것이며 그곳에서 군사기지 건설과 무기 시험을 금지한다. Peter Garretson, How and why the Pentagon is laying the groundwork for an economy on the Moon, THE HILL, 2023. 9. 7.

19 노바-C는 높이 3m, 폭 2m 크기다. 총 100kg의 탑재물을 실을 수 있다. 이번 임무 때에는 고성능 스테레오 카메라 등 총 9개의 탑재물을 실을 예정이다.

20 안형준, "위성항법시스템의 국제경쟁과 국제협력", 『우주 경쟁의 세계정치』, 한울아카데미, 2021, p. 273.

21 Raymond McConoly, China's Beidou GPS is a strategic challenge for the U.S, May 24, 2021.

22 안형준, "위성항법시스템의 국제경쟁과 국제협력", 서울대 국제문제연구소 워킹페이퍼 No. 171, 2020. 9. 2, p. 9.

23 Sarah Sewall, Tyler Vandenberg, Kaj Malden, China's BeiDou : New Dimensions of Great Power Competition, Belfer Center for Science and International Affairs, February 2023, pp. 16~17.

24 Josh Smith, Rival Koreas race to launch first spy satellites this month, Reuters, November 21, 2023.

부록 1: 우주 입문자를 위한 국내 도서 추천

　우주활동의 붐을 타고 우리나라에서도 최근 1~2년 내에 우주관련 번역서나 저서가 많이 출간되었다. 반가운 일이다. 그중에서도 우주 입문자를 위해 도움이 되는 유익한 국내 도서를 선별하여 소개한다.

우주로 가는 물리학

　　　　마이클 다인 저/이한음 역, 은행나무, 2022년 12월
미국의 물리학자 마이클 다인이 쓴 책으로 우주의 비밀에 대해 우리가 알고 있는 것과 알지 못하는 것, 그리고 알고 싶어하는 것을 흥미롭게 설명한다.

우주탐사의 물리학

　　　　윤복원 저, 동아시아, 2023년 3월
유인 우주탐사에 필요한 과학 지식을 중심으로 흥미로운 질문을 설명한다. 특히 외계행성 찾는 법, 중력파 관측에 관한 지식을 비롯해 유인 우주비행에 필요한 인공중력을 만드는 방법을 자세히 알려준다.

우주 모멘트

일본과학정보 저/류두진 역/와타나베 준이치, 황정아 감수,
로북, 2023년 10월

우주의 시작과 끝은 어떤 모습인지, 지구와 인류는 어떻게 탄생했는지, 우주 전체에 에너지는 얼마나 있는지 등 어려운 수식 없이 친절한 설명과 함께 우주에 관한 거의 모든 기본적인 정보들을 담았다.

우주 쓰레기가 온다

최은정 저, 갈매나무, 2021년 7월

우리나라를 우주 위험에서 지키고 있는 한국천문연구원 최은정 박사가 쓴 책으로 과학기술뿐 아니라 환경의 관점에서 우주 잔해물의 현황과 전망을 재미있게 설명한다. 우주 활동이 활발해지는 만큼 우주 잔해물의 위험도 높아지는 상황에서 꼭 필요한 이야기를 전해준다.

우주미션 이야기

황정아 저, 플루토, 2022년 9월

우리나라 발사체 누리호에 탑재되어 발사된 도요샛 인공위성을 개발한 한국천문연구원 황정아 박사가 쓴 책으로 우주임무의 처음부터 위성 개발과 시험, 지상국 원리까지 인공위성에 대한 핵심적인 이야기를 전해준다.

우주로 가기 위한 로켓 입문

고이즈미 히로유키 저/김한나 역, 생각의집, 2022년 10월

제목에 담긴 로켓의 과학과 기술뿐 아니라 인간이 우주에 나아가기 위한 다양한 지식을 담고 있으며 입문서답게 그림과 함께 알기 쉽게 설명하고 있다.

우주탐사 매뉴얼

김성수 저, 위즈덤하우스, 2023년 7월 14일

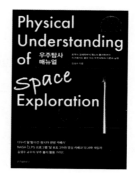

우리나라 달 천문학의 개척자인 김성수 교수가 쓴 우주탐사 개론서이다. 물리학, 공학뿐 아니라 경제학까지 실용적 관점에서 우주탐사에 다양한 이야기를 들을 수 있다. 재사용 로켓의 과학과 경제학을 비롯해 우주엘리베이터처럼 흥미로운 설명도 담겨 있다.

우주에 도착한 투자자들

로버트 제이콥슨 저/손용수 역, 유노북스, 2022년 6월

우주로 확장된 비즈니스 시대를 막아 기회와 부를 얻을 수 있다는 주장을 담고 있다. SS 플랫폼, 우주 채굴, 우주 공학, 위성, 로켓, 로봇, 우주정거장 등 우주 경제를 이해할 수 있는 8가지 핵심 기술과 산업을 설명한다. 우주 산업에 투자하기 위해 알아야 할 지식을 정리했다.

우주를 향한 골드러시

페터 슈나이더 저/한윤진 역, 쌤앤파커스, 2021년 1월
독일의 저명한 저널리스트 페터 슈나이더가 우주산업
을 심층 취재하고 현재와 미래를 흥미롭게 이야기한
다. 스페이스X, 블루 오리진 등 세계 일류 기업과 창업
자들, NASA와 관계 등 뉴스페이스 시대 불꽃튀는 경
쟁을 담고 있다.

우주산업혁명

로버트 주브린 저/김지원 역, 예문아카이브, 2021년 7월
우주공학자 로버트 주브린이 쓴 책으로 우리가 우주개
발을 해야하는 이유와 어떻게 할 수 있는지 두 가지 중
요한 화두로 풀어낸 깊이 있는 책이다. 다양한 우주 프
로젝트가 현실이 되는 이야기부터 다가올 미래의 재앙
에서 벗어나기 위한 우주 활동을 설득력 있게 제시한다.

우주전쟁 2.0

브래드 버건 저/최지숙 역, 드루, 2023년 9월
우주탐사의 중요성과 가능성을 보여주기 위해 우주 산
업의 최신 자료를 컬러 이미지와 함께 시각적으로 아름답
게 보여준다. 민간 우주선, 화성 이주 문제 등 풍부한 자료
와 상상력을 담고 있다. 스타워즈와 같은 군사적 우주전쟁
은 아니니 오해 없기를.

우주 안보의 이해와 분석

우주 기술의 파괴적 혁신

김승조 저, 텍스트북스, 2023년 9월

우주기업의 혁신과 그 밑바탕이 된 기술의 현재와 미
래를 다루었다. 우주 기술 산업화 7대 분야에서부터
우주 경제를 위한 조언까지 기술의 경제적 의미를 체
계적으로 이야기한다.

일론 머스크

월터 아이작슨 저/안진환 역, 21세기북스, 2023년 9월

천재인가 몽상가인가, 영웅인가 사기꾼인가? 수많은
논란에서도 미래를 만들어 가는 스페이스X의 창업가
일론 머스크의 이야기이다. 그가 어떤 사람인지 개인
으로서 흥미보다 그가 꿈꾸는 미래가 어떤 것인지 인
류의 미래를 위해 꼭 읽어보기 권한다.

부록 2: 우주 관련 홈페이지 및 유튜브 자료

우주는 눈에 보이지 않기 때문에 과거에는 영화나 소설로만 상상을 채울 수밖에 없다. 하지만, 지금은 24시간 우주를 이해하고 볼 수 있는 좋은 홈페이지나 유튜브가 많다. 그중에서 몇 가지를 추천한다.

1. 스페이스 허브TV(https://www.youtube.com/@SpaceHubTV)

한화그룹의 우주 사업 통합 브랜드 스페이스 허브 채널로서 우주와 관련된 과학지식, 소식을 접할 수 있다. 우주 전문가들과 나누는 흥미로운 이야기가 인기 있고, 특히 우주학교 온라인 클래스(우주 조약돌)은 우주 입문자들에게 매우 유익하다.

2. 한국항공우주연구원 KARI TV(https://www.youtube.com/@KARItelevision)

우리나라 항공우주 분야 중심 연구기관인 한국항공주우연구원 공식 채널로서 우주기술 개발과 항공우주의 가치를 잘 보여준다. 특히 누리호, 다누리 등 우리나라의 우주활동을 자세히 볼 수 있으며, 우주과학 지식과 소식을 친절하게 설명해준다.

3. NASA(https://www.youtube.com/@NASA)

미국 항공우주국(NASA)의 공식 채널로서 우주탐사, 과학실험, 우주연구에서 미래를 개척하는 모습이 인상적이다. 이 채널은 우주정거장 우주인들과 실시간 대화를 방송하기도 하며 우주 유영, 특히 아르테미스 임무에 대한 최신 내용을 볼 수 있다.

우주 안보의 이해와 분석

4. MINOS(https://www.youtube.com/@Minoschanel)

우주 다큐 시리즈를 제공하는 채널로서 물리학, 천문학을 비롯해 우주와 관련된 많은 흥미로운 질문을 10분 내외로 볼 수 있다. 이 채널에서 계속 업데이트 중인 우주 다큐는 현재 시즌 2를 방송 중이다.

5. 엘랑의 우주정복(https://www.youtube.com/@elangmusk)

로켓/항공우주 과학기술 채널로서 다양한 정보를 생생한 시뮬레이션, 영상과 함께 설명한다. "우주에서 총을 쏘면 총탄은 어떻게 될까?" 등 흥미로운 질문에 대해 과학적 설명과 재미있는 시뮬레이션을 볼 수 있다.

6. 우주아저씨(https://www.youtube.com/@Mr-Wooju)

우주과학 정보와 지식, 상식에 대한 채널로서 우주탐사 중인 탐사선의 근황, 태양계 다양한 별들에 대한 유익한 설명을 제공한다.

7. The Space Race(https://www.youtube.com/@TheSpaceRaceYT)

우주 탐사를 중점적으로 다루는 캐나다 채널로서 스페이스X, 블루오리진, NASA의 소식을 주로 소개한다. 특히 국가 간 우주 경쟁 상황과 역사에 대한 이야기도 잘 정리하여 보여준다.

8. Isaac Arthur(https://www.youtube.com/@isaacarthurSFIA)

미국우주협회 회장인 아이작 아서의 채널로서 과학에 기반한 우주 탐험을 주로 다루지만, 외계인, 문명의 종말 등 공상 과학소설과 같은 흥미로운 이야기도 함께 소개한다.

저자 약력

엄정식

"우주에 진심인 우주 안보 전문가이자 교육자"

공군사관학교 졸업. 서울대학교 외교학과에서 국제정치를 전공한 후, 공군사관학교 군사전략학과에서 국가안보와 미래전을 가르치는 교육자이다. 과거로는 한미안보 관계로부터 미래로는 우주 안보의 군사적, 전략적 중요성과 활용성을 연구하고 있다.

조기경보위성체계 작전운용(국방과학연구소), 공군우주조직(공군본부), 해군우주작전(해군본부) 등 국방우주 연구에 참여해왔고, 우주전문교육 합동과정, 공군우주전무과정, 해군우주실무교육, 학군단 및 민간대학에서 우주 안보를 강의하면서 많은 입문자들과 만나왔다.

　책으로는 『국가안보의 이론과 실제』(공저), 『미래전의 도전과 항공우주산업』(공저), 『우주 전장시대 해양우주력』(공저) 등과 논문으로는 U.S. Space Power Augmentation and Security Strategy against China(Korean Journal of Defense Analysis(KIDA) 등이 있다. 서울대학교 국제문제연구소(우주안보연구위원), 한국국방우주학회, 한국우주안보학회, 한국항공우주학회, 한국우주과학회 회원으로 발표와 토론에 활발히 참여하고 있다. 앞으로도 우주에 진심인 많은 분들과 즐겁게 교류하면서, 대한민국 우주 안보에 조금이나마 기여하겠다.

우주 안보에 대한 강연을 통해 만나고 싶은 분들을 언제나 환영합니다.
저자 이메일 : gongsa45@hanmail.net

우주 안보의 이해와 분석

초판발행	2024년 1월 30일
지은이	엄정식
펴낸이	안종만 · 안상준
편 집	장유나
기획/마케팅	최동인
표지디자인	이은지
제 작	고철민 · 조영환

펴낸곳   (주)**박영사**
서울특별시 금천구 가산디지털2로 53, 210호(가산동, 한라시그마밸리)
등록 1959. 3. 11. 제300-1959-1호(倫)

전 화	02)733-6771
f a x	02)736-4818
e-mail	pys@pybook.co.kr
homepage	www.pybook.co.kr
ISBN	979-11-303-1918-6 93390

정 가   28,000원